原启光——著

《小逻辑》读与思

人民出版社

图书在版编目（CIP）数据

《小逻辑》读与思 / 原启光 著 . —北京：人民出版社，2018.11（2022.2 重印）

ISBN 978－7－01－019515－5

I. ①小⋯　II. ①原⋯　III. ①黑格尔（Hegel，Georg Wehelm 1770—1831）－辩证逻辑－研究②《小逻辑》－著作研究　IV. ① B811.01 ② B516.35

中国版本图书馆 CIP 数据核字（2018）第 146175 号

《小逻辑》读与思

XIAOLUOJI DU YU SI

原启光　著

人民出版社 出版发行

（100706　北京市东城区隆福寺街 99 号）

北京建宏印刷有限公司印刷　新华书店经销

2018 年 11 月第 1 版　2022 年 2 月北京第 2 次印刷

开本：710 毫米 ×1000 毫米 1/16　印张：26

字数：355 千字

ISBN 978－7－01－019515－5　定价：65.00 元

邮购地址 100706　北京市东城区隆福寺街 99 号

人民东方图书销售中心　电话（010）65250042　65289539

目　录

导　言 /1

　　一、哲学的目的与价值 /1

　　二、批判固有的观念，得到理性的认识 /2

　　三、有限与无限的统一是认识理念的途径 /3

　　四、宗教用知性的思维把神抽象化和单一化 /4

　　五、哲学的历史就是关于对"绝对"认识的历史 /6

　　六、宗教和精神的区别与关系 /7

　　七、科学对思想和哲学的发展作用 /9

第一章　哲学的性质 /11

　　第一节　哲学研究的开端或对象 /11

　　第二节　从思维看哲学的性质 /13

　　第三节　从哲学历史发展看哲学的性质 /19

　　第四节　从哲学体系看哲学 /27

第二章　逻辑学概念的初步规定 /32

　　第一节　用形而上学的思维方式认识世界 /32

　　第二节　依靠经验认识世界 /58

　　第三节　哲学思维与直接知识或直观知识的关系 /101

　　第四节　逻辑学概念划分为感性、本质和理性的认识 /111

第三章　存在——事物外在性的认识 /124

　　第一节　存　在 /124

　　第二节　纯有——客观世界存在的统一性 /130

　　第三节　无——没有具体规定性的存在 /134

　　第四节　变易——存在向定在过渡的桥梁 /138

　　第五节　定在——有规定性的存在 /145

　　第六节　自为存在——对自身规定性

　　　　　　有完整性认识的存在 /154

　　第七节　量——表现事物变化的过程 /160

　　第八节　尺度——量变达到质变的界限 /170

第四章　本质——事物的内在关系 /177

　　第一节　本质的基本性质——与存在和概念的区别 /177

　　第二节　本质作为实存的根据 /185

　　第三节　实存——有根据的自在存在 /203

　　第四节　物——有根据事物的自在存在 /207

　　第五节　现象——本质真实的全面的反映 /215

　　第六节　内容与形式——事物本质具体化的外在表现 /219

　　第七节　关系——内容与形式在整体中的联系 /223

第八节　现实——合乎理性的真实存在 /234

第五章　实体关系——现实在整体中的关系 /256

第一节　实体——整体中的现实为实体 /256

第二节　因果关系——实体内的必然和偶然变化 /261

第三节　相互作用——实体内的原因

与结果的相互决定 /266

第六章　概念——真理性的认识 /276

第一节　概念总论 /276

第二节　主观概念——思维对客观世界

全体的整体的统一反映 /282

第三节　判断——依据普遍性对概念

各环节予以区别和规定 /292

第四节　推论——概念作为推论的前提，

得出真理性的结论 /310

第七章　客体——世界存在客观性的统一体 /333

第一节　客　体 /333

第二节　机械性——客体的外在联系 /336

第三节　化学性——客体的内在变化产生新的事物 /341

第四节　目的性——具有主观与客观统一的能力 /346

第八章　理念——自动实现的真理 /361

第一节　什么是理念——主体与客体绝对统一的真理 /361

第二节　生命——直接性的理念 /372

第三节　认识理念——主观与客观理念

　　　　达到统一认识的过程 /379

第四节　绝对理念——彻底自由和最高阶段的理念 /395

后　记 /408

导　言

一、哲学的目的与价值

哲学的目的是认识真理。哲学的价值是使人的精神升华到最高的高度，即让人的精神达到思维与存在统一、主观与客观统一，才能得到时代精神。因为时代是不断发展的，旧有的哲学理念有些不符合新时代，只有哲学理念与客观的时代统一，才是时代精神。时代精神就是人的主观能够认识客观世界，而且达到自由的状态，掌握事物的规律，不被客观所左右。

哲学的目的就是追求关于对整个世界认识，不像科学只是认识世界的一部分。人们在哲学里得到的是对整个世界真理性的认识，是精神的自由认识。在科学里得到的是关于世界部分知识的认识。虽然哲学认识客观世界是一条极其艰难的道路，但是唯有这条道路才能使人们得到精神上的价值，面对客观世界具有自由，不被客观世界所左右。当人的精神一经走上哲学这条思想道路，就不会陷入虚浮。如果一个人没有认识哲学真理，人们对精神的认识永远是虚假表面的。只有正确的哲学理念，才能够规范人类的精神思想，把握精神的实质，即把握主观世界和客观世界的统一，并保持于客观实质之中，不被世界的表面现象所迷惑。人类在这样的思维进展过程中，是为了要恢复对世界绝对内容的认识，不是对世界部分内容或相对内容的认识。

二、批判固有的观念，得到理性的认识

如何做到哲学的理性认识。我们的思想最初是要向外的，即离开并超出这些有限的内容，离开固有观念的羁绊，研究现实的客观世界，正是为了恢复精神最特有的最自由的素质，不让自由的精神被固有的旧观念所束缚。因为固有的观念没有做到主观与客观的统一，而是主观与客观分离的，是支离破碎的知识。

如何对待已有知识的态度。黑格尔认为要把这些已有的知识批判地接受，把原来已有的有限知识，包含在我们的哲学理念之中。因为哲学理念也是从有限到无限的认识。有的人以为哲学与感官经验知识，与法律的合理现实性，与纯朴的宗教和虔诚，皆处于对立的地位，乃是一种很坏的成见。哲学不仅要承认这些有限的形态，甚至要说明它们的道理。真正的哲学能够以理念的辩证性和绝对性来消除这些对立，即把握了感官经验知识和法律的现实性，以及宗教的思想处于什么地位，把它们的这些有限思想包含在自己的哲学体系内的一个环节之中。只要这些东西为哲学理念所把握了，便成为思辨理念本身内的一部分组成内容。它们与哲学的冲突在于，它的内容被规定为范畴后，没有把这些范畴统一到概念上去，并成为理念的组成部分。这些范畴是真理的一部分，是

认识真理的重要阶段，而且是不可缺少的。因为这些知识虽然有限，但是也是人类认识客观世界的一部分宝贵思想财富，我们在此基础上批判地继承，才能省出不少力气，才能继续很快地向着理念的目标迈进。这些有限知识也是我们通向理念的阶梯。

三、有限与无限的统一是认识理念的途径

　　有限与无限的关系。有限认识是不能对事物达到真理性的认识，有限认识就是对事物表象的认识，或者片面的认识，就没有达到普遍的全面的认识。只有对世界达到普遍的和全面的具体的认识，即达到概念性的认识，才具有无限的认识。譬如我们对人的认识，如果只是对几个人或对人的表象的认识，只能得出对人片面的特殊的认识，即有限的认识。如果我们只有对各种各样的人，普通人、企业家、政治家、科学家、伟人、圣人等等，历史上的人和现代的人，形成普遍的、全面的和深刻的概念性的认识，形成主观与客观统一的认识，才能达到对人的无限认识。

　　人的认识如果没有经过中介，就达到真理性的认识，这就是否认客观知识认识真理的可能性。所谓认识真理需要中介，就是认识真理，必须由浅入深，由表及里，由片面到全面，由主观到客观，认识的每一步都需要中间过程，才能逐步达到真理性的认识。而认识的每一个中间过程，就是认识真理的中介。认识真理只有以客观为基础，以哲学范畴或概念为中介，不断地否定和扬弃有限，才能走向无限。有限范畴是人们对有限世界认识的主观反映，从辩证法的思维看，有限的认识包含无限的东西，人们只有不断地根据客观世界的本质否定和扬弃有限，使认识

过程构成一个对主观世界与客观世界完整的统一体的认识，就是无限认识。譬如黑格尔的绝对理念就是无限认识，而绝对理念是由一个个哲学范畴和概念构成对主观与客观完整的统一的认识。所谓没有达到真理性的认识，就是因为人们的主观没有完全认识客观事物，只是认识了客观事物的一部分，没有达到主观与客观真正的统一，才称为有限认识。孔子创立的儒家思想体系，两千多年了还是真理性的认识。黑格尔形成的绝对理念体系，也是无限认识，永远具有真理性的价值。即使后来科学发展，也不能推翻他们的理论体系，只能是不断发展完善而已。

哲学思维就是从有限过渡到无限的。人们对有限范畴依据情感和主观意见作出肯定和否定，就会停留在有限范畴的认识上。事实要经过科学原理来证明，不能依靠主观论断和叙述事实来证明。哲学依据辩证思维原理，对科学有限范畴的有限性加以研究，从有限中发现无限的价值，逐步脱离有限的知识或者有形的客观现象，过渡到无限的理念之中，就是在科学认识客观世界不断发展的基础上，不断从有限范畴的认识，形成对主观与客观世界统一的系统认识，就能够过渡到无限的认识。科学只能认识客观世界的一部分，不能对客观世界形成系统的认识，因此不能对客观世界形成无限的认识。人们不能在直接性上面寄托精神上的最高需求，必须在否定直接性的基础上，在无限认识上寄托精神的最高需求。

四、宗教用知性的思维把神抽象化和单一化

宗教在认识上存在的问题。宗教讨论把哲学搁置一边，缺乏科学作为其依据。宗教真理的探讨是从假定开始的，用支离抽象的理论予以证

明，用有限的范畴予以推论。探讨真理必须以科学认识的客观世界为依据，运用辩证思维，从有限世界过渡到无限世界。真理的前提不能从假定开始，也不能是没有科学依据的主观推测。知性的特点在于认识的抽象性，即片面性和有限性。知性将具体精神的统一性当作一个抽象的无精神性的同一性。精神是具有丰富内容的，知性思维把精神（即神）抽象化，内容单一。譬如在知性同一性里一切是一，没有区别，善与恶是一样的东西。从辩证思维来看，善包含恶，恶包含善，演绎出来的内容是极其丰富多彩的。就像一个文学人物，不能好就是好，坏就是坏，那样太简单了。一个人物只有复杂多变，跌宕起伏，才符合现实人物，才能吸引读者。斯宾诺莎认为神为实体，不是主体或精神，不具有主观性。实体只是客观世界的部分反映，与主观和客观世界对立。只有精神才能够完全反映主观与客观世界的全体，即主观与客观的统一体。斯宾诺莎把神看作实体，就是把自由高尚的精神看作一个物体的东西，把神降低为一般的物了。神就是人的主体或精神塑造出来的，是人类幻想的化身，怎么可能没有主体和精神的力量在其中。实体性的统一不外是善与恶，二者被合二为一，而恶已经被排除了。所以神本身没有善与恶的区别，因为神是具有大善的，包含的恶已经排除了与善的对立性，从属于善。但是恶不能完全排除。普通人善与恶是对立的，甚至恶占据主导。

　　知性的思维只看到同一。斯宾诺莎还作出一种区别，人区别于神。他把人和一般有限事物降为一个样式。人有善恶，神没有恶，恶在神性里已经转化为善了，斯宾诺莎的思想具有一定的思辨性。斯宾诺莎认为一般人不具备神的本性，但其实人经过修养，完全可以化恶为善的。黑格尔把绝对精神（人）上升到同神一样的地位，否定了斯宾诺莎关于人的知性认识。在斯宾诺莎的学说里，把人处于与实体事物接近的地位。真正的人同一般有限事物具有本质的不同。人是有目的性和能动性的，人能够认识自己和世界，也能够改造自己和改造世界。斯宾诺莎以纯粹对神的爱为原则的高尚纯洁的道德观，把人与神割裂开来，深信神的高尚纯洁的道德就是他的体系后果。人具有主观性和理性，人能够运用理性思维把世界一切不同的现象，抽象为存在为客观世界的统一范畴。因此，存在作为范畴具有主观性的一面，也就是人的主观意识给予客观世界以抽象的概念。人最后能够脱离客观存在的束缚，上升到主观精神的自由世界。

五、哲学的历史就是关于对"绝对"认识的历史

绝对就是哲学研究的对象。从古至今哲学家研究世界是什么？古代哲学家认为世界是具体的事物，对思维与存在的统一都是相对的认识，没有达到绝对的认识。哲学认识的历史就是由相对到绝对的历史。绝对就是从有限中发现其包含的无限思想，运用理性的思辨思维，达到无限的认识。从苏格拉底发现目的这一范畴，由柏拉图和亚里士多德予以发挥得到确认。目的范畴具有主观能动性，主动发现事物内在的本质和概念，具有发现世界的绝对精神的属性。因此，发现目的这一哲学范畴，对于认识绝对具有重大意义。

古代哲学家关于哲学本体的认识都是有限的东西，都是水或火等具体物，而且是客观具体事物，都是知性思维方式，没有目的性和主观能动性，离绝对精神相差很远。老子关于"道"的概念包含世界的本质，具有目的性和主观能动性。必须有理性思维，才能够理解"道"的含义。黑格尔的绝对理念必须有理性思辨思维，才能够理解与领悟。哲学史就是哲学家运用哲学范畴，对客观存在认识，加以概括形成主观范畴的历

史。研究哲学史，就是要明白哲学历史命题或范畴的价值，不能歪曲也不能夸大其价值。发现其内在联系，并把这些哲学范畴贯穿起来，不能割裂开来研究。对于思想方式的进一步认识，是正确把握哲学事实的第一条件。没有正确的思想方式，就要歪曲哲学命题和范畴的价值，使自己的认识偏离理性的轨道。思想的认识和主观思维的教养绝少是直接的知识，就像科学和艺术也不是直接知识一样，只是它们的间接性不同而已。主观思维的教养，就是具有把握哲学范畴的能力，就是能够把哲学范畴放在科学的哲学体系中，正确地去研究，即不能以自己的主观偏见代替理性认识。

六、宗教和精神的区别与关系

宗教是意识的一种形态，以感性信仰为基础的，以理性为辅的。宗教信仰只是盲目相信上帝，不知道真正的上帝是什么。真理是一种意识的特殊形态，基于科学性或客观性认识的意识形态。认识真理不是所有人能够做到，只有少部分人可以胜任。真理的内容表现在两种语言里，一为感情的、表象的、理智的，基于有限范畴和片面抽象思维语言。另一种为具体概念的语言，具有无限性的语言。真理的感情和表象思维语言，能够接触实际，接触表象，依靠理智能够分析得到认识。而无限性的语言则无法依据事物的表象，依据感觉，只能依靠理性领悟世界的统一性和无限性。宗教的信仰和教义及信条，包含有哲学的真理成分在里面。近代宗教观念只是理智的，缺乏真理性，理智宗教与哲学是互相排斥的。真正的宗教，精神的宗教，必须具有一种信仰，一种精神内容。信仰是人相信敬仰的东西，比自己的生命等一切东西都重要的，属于精神范畴的东西。如果精神作为情感而不是理性，还是一个没有对象内容的痛苦和情调，是意识的一个最低阶段（感性认识），与禽兽一样有共同形式的灵魂。动物也具有灵魂。譬如有些动物有灵性，人对它好，它就对人特别忠诚，这也是一种信仰，这就是具有灵魂的表现。灵魂是感性的东西，因情感而产生的。但是动物没有以理性为主的精神灵魂。人的精神是以理性为主的，只有人的理性思维，能够使人的灵魂上升成为精神。灵魂是一种宗教信仰，精神的宗教是具有科学内容的宗教，接近哲学真理。譬如中国儒家思想，就是具有理性的信仰，杀身成仁，舍生取义。只有理性的真理性的精神，才使人彻底异于禽兽，并使宗教可能处于本质科学的形态里，脱离迷信信仰的灵魂形态。精神实质就是思维与存在的统一的反映。一般人只能做到思维与事物现象的统一，这不是精神，只是知识。精神能够像天一样通向世界的一切，没有任何阻碍。儒家的天人合一的仁义道德精神，就是永恒的精神。

精神的理性使人能够从宗教令人悲观苦闷、颓丧绝望的情绪中解放出来，转变为理性信仰，使人脱离迷信情感的折磨。精神是以客观真理为内容的信仰，能够使人从自然无知的状态和自然迷失错误里解放出来，得到新生。这种精神也能够使人的心情从片面的抽象理智的虚妄里解脱出来的，使人的认识进入理性的世界。宗教的虔诚使人认识世界的内容是狭隘的，因而缺乏精神性的广度和深度，就不知道真正的宗教教义和哲学精神的广大。思维着的精神不会以这种纯粹纯朴的宗教虔敬为满足，因为纯朴的宗教就是以反思和抽象的理论产生的结果，缺乏对世界的理性认识，对世界只是一知半解或似是而非的认识。

巴德尔先生说，宗教从科学方面获得自由研究，从而达到真正信念的尊重，才使宗教能够避免邪恶，享受普遍"爱"的宗教，不是狭隘的教派与派别的爱，才会受到人们的尊重。狭隘的爱就是各个宗教派别互相攻击，自以为大。科学宗教应该是各个宗教派别都是平等友好相处，互相学习，取长补短。

巴德尔以思辨的精神，将宗教历史体现在宗教、哲学和艺术品里的内容，提高到科学的尊荣，发挥并证实哲学的理念。他认为重知主义的理智的概念，是不适合于把握那样狂放或富于精神内容的享受或形态。思辨精神是以绝对内容为前提的，并根据这前提来解释、论证和辩驳。不像狭隘的教派以有限的前提来解释和论证自己的教义。有限前提得出的结论必然有限，因为前提本身的东西就是有限的。各个宗教都以自己的宗教设定狭隘的前提，来解释自己的宗教理论，以为只有自己的宗教是最好的，其他宗教都是错误的。

吸取宗教合理的理念成分。纯粹模糊形态的真理，在古代和近代的宗教和神话里，注重知识的和神秘的哲学里已经够多了，它们也运用一些理性思维建立自己的学说。在这些形态里我们可以发现理念的成分，取其精华，去其糟粕。因为任何宗教或神话，都有无限遐想的思维，这些都是理念的思维成分。

七、科学对思想和哲学的发展作用

科学发展能够不断发现客观存在新的本质认识，使客观存在的联系不断扩展，内容不断丰富，促使思想和哲学产生新的发展冲力，概括客观存在的范围会越来越广阔，不断产生新的理性内容，能够不断提炼出时代精神，自在自为地向着精神所形成的思想本身的至高处迈进。理性的新内容要采取配得上的新的概念形式，必然性的形式。理念形式的建立和发展，是哲学科学本身的进步。理解理念不是从表面上去了解，要从客观性的内容去理解。科学就是不断地从各个角度，去发现世界客观性的科学。

科学真实地反映客观存在，本身就是概念。从概念的原则出发，去判断科学概念价值的大小。牛顿的万有引力定律和爱因斯坦的相对论的哲学价值不同。对科学概念（即无限性）价值的判断，是哲学思维的一种进展。这类判断能够推进哲学和科学发展，推进思维发展，这才是我们重视的。

第一章

哲学的性质

第一节　哲学研究的开端或对象

一、哲学与科学有不同的开端或对象

科学可以假定表象直接为研究对象。科学都是以一定范围作为其研究对象的，或者假定在认识的开端有一种现成的方法。这样科学的认识比较容易开始，任何科学研究对象都是具体的有限的。黑格尔哲学是以无限的存在作为研究的开端，以真理为研究对象。真理是具有无限性的，没有事物的表象为研究对象和开始的起点。因为从一个事物的表象是不能得出真理性的认识。要想得到真理性的认识，必须以整个世界为研究对象，才能对世界有一个深刻全面系统的无限认识，才能得到真理性的认识。哲学则是按照人的认识的时间次序，对于认识对象总是先

从表象，后从概念，唯有通过表象，人的能思的心灵才进而达到对于事物把握和认识。科学止步于表象认识，哲学则是从表象进入概念(真理)的认识。科学认识对象范围有限，适用范围也必然有限。哲学研究对象无限，适用范围也具有无限性。

哲学是对事物作理性的和无限性的考察。哲学把事物变为思维形式或范畴，脱离具体事物的表象，考察事物的普遍本性。譬如哲学研究存在的定在，就是研究所有具体事物的规定性，不是一个或一类事物的规定性。用思维的范畴表述所有事物的规定性就是质的范畴。科学是对事物本身进行考察，化学研究具体事物的对象，譬如水分子就是由一个氧原子和两个氢原子构成的。科学概念都是用具体的事物来表现其属性的，而哲学则是用抽象的范畴来表现事物或世界的属性。哲学不是研究具体事物，老子把世界抽象为"道"，孔子把人的本性抽象为"仁"，黑格尔把客观世界抽象为存在，主观世界抽象为概念，思维与存在的统一抽象为"绝对理念"。这些抽象的概念，都要依靠哲学理性思维去把握。世界的普遍性是抽象的，用人的感官是感觉不到的，世界展现在人们面前的都是事物的表象，不是一个整体的内在统一的世界。要把握世界的整体和统一性，只能用人的理性思维，才能够感悟到。

二、哲学概念与科学概念的关系与区别

哲学是在科学知识原理的基础之上，来研究人的思维范畴和概念的。科学对于世界部分得出科学理性的认识，哲学运用理性思维，把科学对于世界各个部分的理性认识统一起来，形成对客观世界存在一个整体的完整的统一的认识。哲学研究的是思维的内容和形式，不是事物的内容和形式。譬如质、量、度等范畴，都是思维范畴和形式内容。哲学理性思维就是否定事物的偶然性，指出客观存在统一的必然性。对于

思维的对象的存在及其规定性，必须加以科学证明和思维证明，才能满足人们对于思维考察的要求。科学原理只要事实证明就可以了，而哲学理念必须在符合科学原理的基础上，用逻辑思维的内容和形式来证明。黑格尔的绝对理念就是由一系列的哲学范畴和概念形成一个整个体系，与客观性统一来证明的。哲学思维概念的主观性与客观世界的客观性是统一的。科学思维概念的有限性与世界具体的事物有限性也是统一的。只有哲学（和宗教）有绝对真理的概念，有永恒的概念，科学都是相对真理。哲学是以研究客观存在的实在性和无限性，以追求绝对真理为目的。

哲学与科学概念不同。马克思的政治经济学以商品作为开端，历史学则以人类诞生作为开端。科学研究的前提有限，概念都是有限的和相对的。哲学开端是无限的，概念包含的内容也是无限的。老子的哲学以"道"作为开端，黑格尔以无限的"存在"作为开端。

第二节　从思维看哲学的性质

一、哲学思维与科学思维的区别

哲学思维的性质。哲学定义为对于事物进行思维性的考察，哲学把事物看成思维的对象，不是把事物本身是性质作为研究的对象。所谓思维的对象，就是不去研究事物本身的性质，而是研究事物在思维中所起的作用。科学是对事物的本身性质进行研究和考察。哲学则是对科学知识进行思维考察，对科学原理用哲学的思维进行加工，得到哲学范畴和概念，这些范畴和概念构成整个体系，对事物或世界得出无限的理性认识。譬如哲学关于质的范畴，科学对事物的具体性质进行分析，得出对具体事物的规定性认识，不同的事物有不同的规定性。而哲学不研究事物的具体性质，而是研究所有事物性质的共性，即所有的事物都具有规定性，就是哲学质的范畴的含义。

一般思维借助的是情感（文学）、直觉或表象（科学）等形式出现，不是以抽象思想的形式出现。这些表象的思维形式（围绕表象产生的思维），必须与作为形式的思维本身区别开来。所谓形式的思维，就是围绕事物普遍性整体性而产生的思维，对整个客观世界所有的事物的规定性进行考察，不是针对那一个或者那一类事物的规定性进行考察。因为哲学思维不是与具体事物的表象对应，而是以世界的整体为表象的。哲学只是把所有事物的表象变为思维的形式，进行研究和考察的。因此，哲学思维的形式可以脱离具体事物而独立存在的。科学思维形式仅仅依赖表象的存在，并且与具体事物的表象一一对应。

宗教和思维不能分离。许多人认为宗教信仰不需要思维，虔诚相信就行了，有了思维就把宗教信仰情绪消灭掉了。这种观点认为的思维是一种反思的思维，不是概念的思维。反思是以思想本身为内容的，思辨思维则是以概念和理念为内容的。思想只是一种见解、一种观点和看法，是对世界的部分认识，只是部分正确，还没有达到无限的真理性的认识。只有运用思辨的理性思维，才能产生科学宗教。因为宗教是对整个世界的认识，上帝为世界的唯一创世主，只有思辨思维能够把复杂的对立的世界，统一为一个整体的世界，统一到上帝。只有信仰没有思维，宗教就是迷信，是盲目的崇拜。反思只是对世界所有事物的内在本性进行的思维，产生的思想包含在反思和推理中，也包含在哲学的体系之内。

反思是达不到永恒的真理。反思的思想只能帮助我们认识客观事物的本质，不能达到对整个客观世界真理性的认识。

　　意识的内容。意识包含有许多种表现方式，有情绪、直观、印象、表象、目的、义务等，以及思想和概念的规定性的要素。这些意识内容分为单纯感觉的东西（情绪），或者掺杂有思想在内被感觉着、直观性，即感觉和思想掺杂在一起的，甚至完全单纯地被思维着，没有感觉的东西了，是纯思的东西。感觉是面对存在的表象，反思是面对事物内在的本性，都不是客观世界整体的对象，只是主观对客观事物片面的或内在的抽象反映，不是客观全面具体的反映。概念是纯思维的，完全脱离了具体事物，只是对所有事物的普遍性和整体性，以理性的形式反映出来的，是纯思维性的意识。概念把客观世界看成是一个整体的，即客体。客体是客观世界内外统一的整体性的东西。

　　自在是分析反思得到的思想，自为自由是判断推理得到的概念。自在是对事物的部分认识，自为自由是在主观与客观世界统一体里畅通无阻的。感觉往往是表象表现出来的东西，内容是内在根据表现出来的东西。每一事物在不同的条件下、不同的环节中有不同的表现内容与形式。

　　内在决定外在，内是内因，是事物变化的根据，外是内在的表象。譬如一个人的内在具有很高的修养或信仰，必然通过外在的气质表现出来的。如果一个人内在修养不够，也一定会通过外在反映出来。外在的形式反过来也能影响内在。一个人在成长的过程中，外在的形式影响较大，礼仪行为能够影响儿童的品德和习惯的形成。

　　我们所意识到的情绪、直观、欲望等规定，一般被称为表象。表象只能够反映概念部分内容，不能全面反映概念的内容。哲学是以思想和范畴，确切说是用概念表现事物或世界的整个表象所代表的客体的客观实质性。像事物的表象，一般来讲可看成是思想和概念的比喻。一个人面对表象，却未必能理解这些表象对于思维的意义，未必能理解表象所表现的思想和概念。一叶一世界，一般人不知道一叶这个表象怎样能够代表整个世界。一叶内外关系统一构成的原理，能够映现整个世界的客观性。人们说一个人就是一个小宇宙，一个人的品德和智慧能力具有无限性，就能达到天地一样的境界。上帝或圣人就是具有天地一样的境界和能力，具有创造世界和改变世界的能力。

二、如何学好哲学

学好哲学必须具备抽象思维和辩证思维的能力。哲学难懂在于很多人不习惯作抽象思维和辩证思维，不能够抓住纯粹的思想，使自己的思维运动于纯粹的思想之中。在平常的意识状态里，思想就要穿上感觉和精神的材料外衣，混合在这些材料里面，分不清思想和材料的关系，不能把材料和思想截然分开。在反思和推理里，往往把思想掺杂在情绪、直观和表象里，以情绪、直观和表象代替思想，用直观的东西来表达思想，没有把思想从材料中抽象脱离出来，用哲学范畴和概念的思维来表达思想。一个意思，用表象的思维来概括表象是一般的思维，用理性思维来概括事物的客观性是哲学思维。譬如"这片树叶是绿的"，是感觉的表象，绿的也是可以感觉的，如果认识就此止步，只看到树叶绿色的规定性的思想，没有看到树叶代表思想的其他含义，这就是一般的思维。如果把这片树叶看成是存在和个体性（即植物体生命体），从这个树叶统一体上升华到这个树叶包含世界统一体的原理，就有哲学的辩证思维了。哲学除了思维那个概念本身外，已经完全脱离具体表象了，这样扬弃表象，认识到整个世界。如果局限于树叶这个表象，只能被局限在有限的表象范围里认识事物。譬如"存在"这个哲学范畴，我们依靠感觉根本无法感知到存在这个范畴，具体的事物都不是抽象的存在，只是具体的存在。存在其实就是世界上的所有事物作为统一性和客观实在性的东西。定在也不是具体事物的表象反映，而是思维所有事物的普遍性，即所有事物的规定性。根据表象反映事物本身的规定性是特殊性的东西，指具体某物的规定性。理性思维是纯粹思维的哲学范畴，不是具体事物表象的科学思想。普通的思维总是竭力寻求一个熟习的流行的观念或表象来表达事物的思想。一般人的意识一经提升到概念的纯思维的领域时，它就不知道究竟走进世界的什么地方了。哲学具有思辨的思维能力，有能力对宗教和真理，即世界一切事物的统一性加以认识的。

要想真正知道外界东西的变化，以及内心的情绪、直观、意见、表象等真理性的认识，就要运用人的思维能力，把表象的外在性、片面性和零碎性，以及情绪等外在东西祛除，把情绪和表象加工为思维的形式，即哲学的范畴和概念，才能完整的、全面的和统一的反映世界的客观性。

哲学知识的形式是属于纯思和概念的范围，哲学的内容属于活生生的精神范围的东西，是精神世界，是属于意识所形成的外在和内心的无形的世界。科学的知识是以表象为对象，来反映事物的客观性。譬如各种科学公式，都是一定事物表象客观性的反映。哲学思维的对象都是抽象的东西。存在作为思维的范畴，是反映整个客观世界所有事物统一的范畴，存在是思维的对象，也可以称为思维的表象，不是具体事物的表象。

哲学的内容就是现实的。什么东西是飘忽即逝、没有意义的表象，譬如外在的形式绿色树叶，离开大树很快就变色消逝。什么东西是本身真实够得上冠以现实的名义，反映整个树叶内在的本质及其各个环节表现的内容，就是哲学的范畴和概念，不因树叶的消逝而消逝。哲学的目的在于确认思想和经验的一致，达到自觉的理性与存在于事物中的理性和解，理性与现实的和解。理性是意识的东西、精神的东西，存在于人的思维中，以思维的形式（主观意识）表现出来。现实是以客观存在的形式表现出来。存在表现了理性的内容就是现实，存在没有包含理性就不是现实的存在，只是虚假的存在。

什么是现实的存在。凡是合乎理性的东西都是现实的，凡是现实的东西都是合乎理性的。这里所说的合乎理性就是反映客观的本质属性，在主观上表现为概念。自然界一般都是合乎理性的存在，只有人为的主观性东西，不符合客观性和理性，就不是现实的存在。譬如政府组织机构如果不符合客观性和理性，就不是现实的政府，就不是一个好的政府。任何事物的产生，都要有其内在的根据，无根据产生的东西就不是现实的东西。只要人们主观反映出现实存在的根据，就找到符合理性的东西，就是找到了现实的东西。知性思维的人，就是根据的表象的东西，即飘忽即逝的东西作为根据，这只是一个偶然的存在，不配享有现实存在的美名，只是一个可有可无的存在。只有现实的东西，才能长久存在。

一般人认为理念是幻想。一般观念一方面认为哲学不过是脑中虚幻的幻想体系而已，理性或理念不能实现。另一方面又认为理念和理想为太高尚纯洁，没有现实性，或者太软弱无力，不易实现其自身。运用理智的人喜欢把理念与现实分开，把理智的抽象所产生的梦想当成真实可靠的。譬如政治领域的人按照主观意愿去规定"应当"怎样做，而不是按照理念的规定应当怎样做，往往无法达到他们所要的东西。依据主观建立起来的社会典章制度，只不过是现实性的浅显外在的表现而已，没有多少现实性的成分在其中，即没有多少合乎理性的东西。只有符合社会发展客观规律的社会典章制度，才是现实的东西。

第三节　从哲学历史发展看哲学的性质

一、哲学思维历史发展状况

反思只是包含哲学的原则，不是哲学本身。因为反思只是反映事物的内在关系，没有反映一个事物发展变化的全面性，即只反映必然性，没有反映自由性。古希腊哲学和现实缺乏联系，只是抽象地认识世界，缺乏科学性和理性。近代哲学反思取得了独立，依据科学发展认识了事物的许多内在的本质属性，反映事物不是单纯抽象的思想，指向无限量的材料的性质。在无限量的经验的个体事物的海洋中，寻求普遍和确定的标准，以及在无穷的偶然事物表面上显得无秩序的繁杂体中，寻求必然性所得来的知识，被广泛称为哲学知识了。现代哲学思想内容，取材于人类对于外界和内心，心灵和心情的直观和知觉，依据经验和一定的思维，取得对世界的认识，还没有使思想内容达到理性的认识。

经验哲学与理性思维的区别。以经验为原则的哲学，为了承认任何事物为真，必须与那一事物有亲密的接触，用外部的感官，或者用较深邃的心灵和真切的自我意识去感知事物，这就是经验哲学。牛顿依据物理学形成的哲学思想，叫作自然哲学，格老秀斯收集历史上的国家，提出一个普遍的原则，就叫作国际公法的哲学。他们把一个部门的经验的普遍规律，称为哲学，这是狭隘的哲学。将寒暑表风雨表之类的皆叫作哲学仪器。只有思维才配得上称为哲学的仪器工具。经验哲学最大的缺陷就是依据一定的科学知识，得出对客观世界的认识，不是把所有的科学知识形成有机的统一的整体，通过理性思维来认识客观世界。理性思维就是把所有科学知识形成一个有机的统一体，才能对客观世界得出真理性的认识。

经验不能满足理性的要求。第一，在经验范围之外，譬如自由、精神和上帝，为经验知识所无法把握的。因为它们不是感官所能感觉到的，更重要的是它们的内容是无限的。固然意识都是可以经验的，感官与思想意识是相同的，但是感官只能感觉到思想意识的一部分有限性，不能感觉到客观世界和意识的无限性。只有理性思维能够把握思想意识与客观世界的无限性。黑格尔认为心灵或精神依据理性思维，才能够悟到世界整体的统一性和无限性。理性思维具有无限的穿透力。法律的、道德的和宗教的情绪，这种情绪也是经验的，其内容都是以思维为根源和基础的。没有思维，一切经验和思想意识都是空的，只是经验的思维是有限的，而理性的思维是无限的。

理性思维与经验思维的区别与联系。主观的理性，按照它的形式，要求比经验知识提供更进一步的满足，就是广义的必然性。因为它概括客观世界的能力比经验更强，能够穿透客观世界的一切东西。科学必然性是有一定范围的狭义的必然性。科学的普遍或类等，本身是空泛的、不确定的，而且与特殊东西有内在的联系。因为每一门科学都是有自己的范围的，所以普遍性是有局限性的。科学在自己范围的普遍性是确定的，有内容的，超出自己的范围就是不确定和空泛了。理性和概念与它自身每一个环节都有内在的联系，没有对立不畅通的环节，这样理念与概念就能够与世界的无限性相通，它们的内容不是空泛的，世界的每一环节和每一部分都是与理念或概念相同的。因为理性与概念才能够真正反映自身每一环节客观真实性的东西。古代形而上学只是空泛地反映客观世界，范畴和概念内在缺乏有机的联系，每一环节没有具体的内容。科学的特殊性东西之间彼此的相互关系也是外在的和偶然的，因此它们之间没有普遍性作为内在联系的纽带。哲学理性则是有普遍性作为联系的纽带，所以它们之间的每一环节具有内在联系。一切科学方法总是基于直接的事实，给予的材料，或权宜的假设。理性是基于概念和客观性的统一。

在经验与科学的情形之下，因为只能反映有限性，所以不能满足普遍必然性的形式。要达到真正的普遍必然性的知识的反思，必须用思辨思维，亦即真正的哲学思维。哲学思辨思维能够把客观世界所有的事物联系成为一体，寻求它们之间的内在联系，祛除偶然和外在的联系。哲学是基于思维的无限性为基础的，不是依据科学或经验以某一事实某一材料为基础的。哲学思维能够把主客观世界作为统一体联系在一起，概括出普遍的概念体系，真实地反映客观世界的统一体，即客体，从而达到思维与存在、主体与客体的统一。哲学把科学的普遍原则、规律和分类等加以承认和应用，包括进去充实其自身的内容。科学的普遍原则和原理只是哲学的一部分内容（材料），再用哲学的思辨思维予以加工，成为哲学的范畴和概念。譬如水分子是一个氧原子和两个氢原子的关系，上升到哲学就是内在的差别与同一的关系，即氧原子和氢原子是有差别的和对立的，但是它又是一个化学分子，又具有同一性。所有事物都具有差别性与同一性。科学概念的科学性能够证明哲学范畴和概念的客观性，科学概念能够为哲学的理性思维提供材料，形成哲学概念和理念。哲学理念的理性思维能够帮助科学扩展思路。所以思辨的逻辑，包含有以前的逻辑与形而上学，同时又用较深广的理性范畴和概念去发挥和改造它们。思辨的概念就是自身具有无限性，才能把握世界的无限性。

知性思维是以经验和感觉为依据，来分析事物的正确与否。理性思维则是以否定经验的理性的判断和推论，以及想象来认识把握事物和客观世界的。理性思维的判断和推论，完全是依据理性的普遍性为前提，才能得出无限性的认识。科学是依据有限的普遍性为前提，只能得出有限的认识。

人的认识能力和方法，决定是否能够认识绝对的对象。概念式的思维，即个体性、特殊性和普遍性相统一的思维方法，足以认识绝对对象，譬如上帝、精神、自由等无限的东西。对这些绝对对象的认识方式的必然性以及能力，必须加以考察和论证。换言之就是要认识绝对对象，必须有正确的认识方法。没有正确的认识方法，不可能认识绝对对象。认识绝对对象是哲学的目的，认识绝对对象的方法就是黑格尔哲学的全部内容，即哲学的范畴与概念的逻辑演绎过程。用科学的认识方法是无法认识上帝等绝对对象，必须用思辨的方法，才能认识绝对对象。康德的批判哲学的主要观点，教人在探究上帝及事物本质之前，先对人的认识能力本身予以考察。考察人的认识能力，就是考察人的有限认识能力或无限认识能力。

莱茵哈特认识到哲学开端的困难，提出一种初步的假说试探式的哲学思考，以作为哲学的开端。他的方法并没有超出普通的方法，即从分析经验的基础开始，或从分析初步假定的概念的界说开始。这种哲学开始的方法是依靠经验，经验的有限性必然导致研究对象的局限性，造成了认识方法的局限性，以及认识结果的局限性。因为认识方法是从研究对象中产生的，研究对象的局限性就决定了研究方法的局限性。黑格尔用无限的"存在"作为其哲学开端，就必须具备无限思维的能力，才能逻辑演绎下去。黑格尔的哲学开端是无限性的存在，不是经验性的定在（有限存在）。研究对象的无限性，必须要有思维的无限性，才能把握得住。如果没有无限思维的思辨性，就不能在哲学的开端存在起步。经验哲学之所以要用从经验假定的概念开始，就是没有思辨的思维，不得已而为之。

只有理性思维是无限的，其他思维都是有限的。感觉和直觉，是以感性事物为对象；作为想象，是以形象为对象；作为意志，是以目的为对象；作为精神，是以思维为对象的。只有理性思维能够与无限的主观与客观世界联系起来。从依赖感性事物的感性思维，只能产生感觉和直观。只有从理性思维中才能产生精神的无限性的思想。思维作为抽象理智的思维，自身要纠缠于矛盾中，无法解决自身的矛盾，丧失了它的独立自在的过程，思维无法继续前进。只有在理性思维中，才能完成解决它自身有限的矛盾，以及有限与无限的矛盾，思维才能够继续前进，直至达到无限。譬如一个人的动物欲望和人性道德是矛盾的，欲望是满足自己的私欲，一旦欲望泛滥，必然把道德抛到九霄云外。强调道德就排斥欲望，就不能有一点私心。在经验哲学看来，欲望和道德始终是对立的，互相排斥的，矛盾是无法解决的。理性思维认为人的道德修养到一定高度，达到天人合一的境界，道德占据人的主导地位，必然抑制人的欲望泛滥，把人的欲望控制在一定合乎理性的范围内，二者的矛盾不仅消除了，而且具有统一性，欲望还能够成为一个人追求理想、无限发展动力之一。

　　思维自身的本性即是辩证法，即从存在到定在，从定在到本质，从肯定到否定，从有限到无限。思维作为理智必陷于矛盾，自己否定自身，无法解决自身的矛盾，即有限与无限的矛盾。当思维依靠自身的能力，解除它自身的矛盾无能为力的时候，借助于精神的别的方式或形态，譬如情感、信仰、想象等，求得解决和满足。譬如宗教信徒只相信上帝是万能的，不知道上帝为什么是万能的。而对于思维能力则采取消极的态度，把直接知识当作认识真理的唯一方式。

　　经验的意识和理性的思维意识的区别。经验是指直接的意识和抽象推理的意识而言。直接的意识就是感觉的意识。譬如人看到一个花感觉是红色的，但是本质不一定完全是红色的。推理的意识就是依据感觉材料推理出来的意识。感觉自身就是肤浅的东西，根据感觉推理出来的结论必然是肤浅的。思维意识是纯粹不杂的纯思维的意识，完全脱离感觉和材料，根据一系列纯思维的范畴和概念推理出来的意识。理性思维的范畴和概念，能够把事物或世界联系起来，解决它们之间的矛盾和对立，把事物或世界统一起来。纯思维的意识只有对经验采取一种疏远的、否定的关系，思维才能在普遍本质的理念里，得到自身的满足。思维意识对经验和抽象理智的意识不进行否定，就要阻碍思维的自由发展。经验科学给思维提供直接的、现成的、散漫杂多的、偶然而无条理的材料的知识和形式思维，理性思维在抽象普遍性的基础上，只有发挥思维自由的意义，才能按照事情本身的必然性，自由地发展出来理性意识。

直接与间接性的关系。二者虽有区别，互相否定排斥，但是又具有不可分割的联系。超感官的上帝（间接）的知识，本质上都包含有感官或直观的知识，相对于直接知识，只是一种提高。上帝对直接性的否定，就是从直接性中得到间接性。因为经验科学并不停留在个别性现象的知觉里，乃是能用思维对材料进行加工整理，从而取消其顽固的直接性和材料性，在有限的材料里发现普遍的特质、类别和规律，基于思维自身的一种发展，进入哲学思维。思辨思维在科学这些公式原理的基础上，按照其内在的逻辑关系，即机械性、化学性和目的性连接客观世界为统一体，成为反映客体的哲学范畴和概念。经验科学中包含有哲学思维的成分，但不是哲学思维本身。因为经验科学的思维，只能在自己研究的范围内发挥作用，得到相对的真理。哲学思维只是分析事物的时候，能够用得上科学思维，把主观与客观世界联系成为统一体的时候，经验科学的思维显然是不能发挥作用了。哲学在有限普遍性的基础上，进一步发展自己的思辨思维，达到概念的普遍性。经验的事实经过哲学思维，成为完全自主的思维活动的，说明哲学能够赋予科学以必然性的保证。

二、从哲学史看哲学的起源和发展

上面是纯粹从逻辑方面去说明哲学的起源和发展，另外我们也可以从哲学史去揭示哲学的起源和发展。从外在看理念的发展阶段似乎只是偶然的彼此相承，彼此有原则分歧，好像没有联系，彼此纷然杂陈。但是几千年来哲学的工程建筑师，他们的本性就是思维，就是得到精神和意识的成果。当精神成为思维对象的时候，精神就会超越自己，而达到它自身一个较高的阶段。精神意识与具体事物联系在一起，就是低级阶段（古代哲学家说哲学研究的对象是火、是水等），精神就不能脱离事物，囿于具体事物的困扰。精神意识只有脱离具体事物，才能自由自在的飞翔，才能达到无限的境界。哲学史上所表现的种种不同体系，正是人类哲学在历史发展过程中不同思维的认识阶段。作为各个哲学体系的特殊原则，只不过是同一思想整体的一些分支罢了。在时间上最晚出现的哲学体系，乃是把前面一切哲学体系的成果包含在内。所以真正名副其实的哲学体系，必定是包含历史的最渊博、最丰富和最具体的哲学体系。

普遍性与特殊性在哲学体系中的表现。对于不同的哲学体系，有把哲学体系的普遍与特殊区别的必要，看看各个哲学体系的价值范围。有人认为每一体系只是一种哲学，而不是哲学本身，否定特殊性中包含普遍性。普遍与特殊各有各的用途，不能混淆。譬如说水果是普遍的，樱桃、梨、葡萄则是特殊的。怎么会有人只要水果，不要樱桃、梨和葡萄。普遍性离不开特殊性，普遍性离开特殊性就是无源之水，无本之木，没有内容和价值。普遍性概括特殊性，不能代替特殊性。特殊性包含普遍性，也不能代替普遍性。人们开始得到普遍性，思维方式都是从特殊性到普遍性，没有特殊性就没有普遍性。普遍性是特殊性的抽象、概括和提升，是人类认识世界无限性的需要。

哲学历史与逻辑的关系。哲学历史表述的思维进展过程，同样是哲学本身表述的思维进展过程，不过在哲学逻辑本身摆脱了历史的外在性和偶然性，纯粹从思维的本质去发挥思维进展的逻辑过程罢了。人类哲学认识的历史，都是从具体存在认识，到抽象存在认识，又从抽象存在到具体逻辑内容的认识。真正自由思想的本身就是逻辑的具体概念，不是逻辑的抽象概念。具体概念就是各个逻辑环节互相是相通的，形成一个逻辑理念的体系。逻辑的抽象概念只是对事物一个抽象的概括，各个环节彼此不通，各个环节没有形成相同的逻辑体系。自由思想是理念和绝对，绝对就是一个体系，一个完整的体系，在自身中展开其自身，联系在一起，保持在一起，各个环节是具体的相通的，完全是一个封闭的自由系统，全体的自由性和各个环节的必然性。必然性是指理念的客观性，自由性是指理念的主观逻辑性。必然性是指客观规律的客观本性无法改变的，但是人们运用主观思辨思维，按照人的意愿可以改变必然性的具体实现方式，这就是自由性的意思。各个环节的必然性，只有通过对各个环节加以区别和规定性（机械的和化学的，生命科学和社会科学的目的性），才能实现。各个环节有自己的规定性，在整体中又有统一性的功能。譬如质量互变、对立统一和否定之否定等思维规律，在不同的环节，具有不同的运用和表现。

第四节　从哲学体系看哲学

一、哲学体系

哲学体系的作用。哲学体系是科学性的需要，没有体系不能成为科学。哲学只有科学体系，才能形成对世界一个完整的全面的认识，才能自圆其说，无懈可击。客观世界本身就是封闭的体系，生态有生态平衡体系，天体有体系。世界上任何东西，只有形成体系才能生存和发展。动物如果失去生态平衡的体系，就要消亡。哲学没有科学的理论体系，只能表示个人主观的特殊心情，它的内容必然带有片面性和偶然性的。哲学的内容，只有作为全体中的有机环节，才能得到正确的证明，否则只能是无根据的假设或个人主观的确信而已。真正的哲学体系，不是排斥不同的原则哲学，而是包括一切特殊原则于自身之内，批判性地接受成为各个环节互相区别互相统一的原则。譬如黑格尔的哲学就是在批判历史上各个哲学派别不同的原则后，形成自己的哲学体系的。

哲学部分与全体的关系

哲学的每一部分都是一个哲学的全体，一个自身完整的圆圈体系。每一部分都包含全体，譬如存在论包含本质论和概念论的东西，只是用自己的范畴和方式来表现。分析存在范畴，要用本质和概念的思维，即理性的思维去分析存在范畴，才能把握住存在的范畴。分析本质和概念，也不能离开质量互变的原理。譬如研究本质的差别范畴，事物内在两个方面的差别，从质量互变来看，其实就是差别的两个方面含量不同而已，一方包含的这方面量为主，另一方包含那方面的量为主，二者互相包含，既有差别性，又有同一性。哲学理念的每一部分只表达一个特

27

殊的规定性，因为哲学理念必须表现在不同环节和过程中，每一环节和过程有自己的范围，就有自己的特殊规定性。每一个部分都是单一的圆圈，自身也是一个整体，自身有特殊性，从自身的特殊性中发现普遍性，才能打破自身的特殊性的限制，在更大的范围内建立起来联系，建立一个更大的封闭圆圈。譬如一类人表现人的一种特殊性，另一类人表现人的另一种特殊性，各类人都包含有人的各自的特殊性，但是他们又都以自己的特殊性包含人的普遍性。他们各个特殊性的统一性就是人的普遍性。每一类人的特殊性，表现人的普遍性内容侧重点不同。理念表现在每一个个别环节之中，从各个环节要能够感悟到理念的内容。譬如一个人面对问题没有思路，就是因为只看到事物本身的特殊性，没有研究其普遍性。只有看到更广阔的普遍性，才能不断寻求新的出路。譬如从一个动物的细胞，科学家就能够克隆出来一个动物，就证明每一个动物细胞，不仅仅是动物细胞，而且包含动物自身的一切东西，只是以细胞的形式存在而已。

黑格尔此书既是全书式的，对特殊部门比如自然哲学和精神哲学，不能加以详细的发挥，只能对基本概念加以阐述，只能在全书中的逻辑演绎过程中加以详细发挥。

究竟需要多少特殊部分，才构成一门特殊的科学，迄今尚不确定。但是每一部分不是孤立的环节，必须是一个有机的全体，不然就不是一个真实的部分。譬如一个人的肢体，如果不与有机生命体联系在一起，就是一个没有价值的肢体。因此，只有从哲学的全体看各个部分，才能使各个部分充分发挥其功能。智能机器人，就是充分运用有机体全体的智能智慧，才能够代替人做许多智能之事。哲学全体可以由几个特殊部分所组成，才真正地构成一门科学。

哲学全书与一般百科全书有别。一般百科全书只是许多科学的凑合体，排列在一起。而科学大多是偶然的和经验的方式得来的。这些科学聚合在一起，科学材料具有偶然的性质，只是外在的统一，只是一个外在的聚合、外在的排序，而不是一个内在联系的体系。哲学不是知识的聚集，也不是实证科学。哲学全书内在各个部分是有机的联系，形成统一的逻辑理念体系。这类科学的理性部分是哲学，实证部分是科学。科学把理性普遍原则应用到经验中的个别和现实的事物时，便陷于偶然而失掉了理性准则。在偶然的领域里，无法形成概念，只能对这种变化和偶然事实根据和原由加以解释而已。例如法律科学，一个法律决定是由相应条款设定为根据的。根据此点可以如此决定，根据彼点又可以另作决定，没有最后确定的准则。历史学也是如此，虽然理念构成历史的本质，但是理念的表现却陷入偶然性与主观性范畴。历史思想是随着历史偶然发展和变化而产生的，没有从历史的发展变化中找到理性的真理性的永恒的思想。马克思唯物主义认为，生产力决定生产关系，经济基础决定上层建筑，是人类社会历史发展的规律。哲学理性思维应用于历史发展的具有最终决定性和无限之中，不局限于历史现象的发展变化，才能产生历史发展的真理和理念。

二、科学与哲学研究的区别

科学研究的特点。实证科学研究的范围有限，不能揭示这些有限范畴进展到更高的过渡，而只是把这些有限的范畴当作绝对有效使用。科学有的是质料有限，有的是形式有限。有一类实证科学根据欠充分，一部分是形式推理，一部分是基于感情、信仰和别的权威。譬如人类学、心理学等属于这类科学。实验物理学和历史学以阐述外在形象反映概念自身发展过程的科学，把现象的材料感性直观加以排列整理，扬弃那些外在条件和偶然情况，使得普遍原则明白显现出来。哲学是把感性直观的材料予以扬弃，扬弃偶然性和外在的条件，不用外在形象或现象，而是用思辨逻辑范畴和概念构成普遍性的东西，构成无限的东西，达到绝对理念。

从研究开端看哲学与科学思维的区别。谈到哲学开端，也与别的科学一样，从一个主观的假定开始。科学各自假定它所研究的对象，如空间、数等概念，都是世界的一部分作为研究开端的。哲学也须假定思维的存在，作为思维的对象。哲学研究的存在不是科学研究的自然存在，思维的存在是具有无限性的和自由性的。只有存在作为研究对象，才能使哲学思维具有思辨的无限的思维方式，才能使思维彻底脱离依据材料的思维方式。因为哲学的"存在"范畴，纯粹就是依靠思维来进行研究的，没有具体的材料作为研究的依据。哲学是独立自为的，自己创造自己的对象，自己提供自己的对象，不受客观自然限制和制约。科学研究有一定的研究对象和范围，必然受到客观自然的限制。哲学的开端虽然也采取直接的观点，但是它是在体系中全体比较而言是直接性（存在），并不是单纯的直接性。因为哲学以直接存在为开端，必须在哲学体系发挥的过程里，开端包含终点并转变为终点，成为最后的结论。科学的开端与最后的结论不一致，结论没有包含开端的一切，结论要比开端范围更宽广。科学研究是一直向前发展延续，没有终点，呈直线型的。哲学开端则是直接的存在（无限），由外到内即本质，再由内到外（客体）统一为理念，最后形成一个圆圈，回到原点开端存在，达到思维与存在的统一。概念的理念与存在的范畴在本质上是一致的，只是表现方式不同，内容不同而已。理念把存在和概念的范畴包含进去，概念与客体的统一是理念。存在只是客体的外在表现。

哲学研究的特点。哲学研究的是一个圆圈。哲学研究的起点存在，只是就研究哲学的主体方便而言。为了认识理念，找到容易研究切入点而选择了存在作为开端。至于哲学本身却无所谓起点。如果具有逻辑思维很强的哲学家，可以直接从哲学圆圈中的任何一个点切入进去进行研究。哲学的科学体系是一个整体一个螺旋式的圆圈，从哪里开始都是一样的。科学是以具体事物为研究对象，是从具体开始的，不是从整体开始的，必须有具体的开端。政治经济学是从商品开始的，生物学是从细胞开始的，现在又从基因开始。每一门科学都有自己的具体开端。哲学是从存在的范畴开始的，结束也是世界主体与客体统一的包含在存在中的理念。

哲学与科学的关系。哲学对各个科学部门有机联系为一体的表述，才是理念。对于科学各个部门的划分，只有从理念出发，才能把握整个科学的有机联系为一个整体。理念是自己与自己的思维，自己与自己对立统一以实现自己，自己只能在自己本身内活动。譬如存在是思维的存在，存在是依靠思维才成为存在的范畴，客观实际看不到存在本身。思维设立存在的范畴，与自己产生对立，思维通过理性思维，又与存在消除对立和矛盾，达到统一。

哲学可以分为三部分：逻辑学，研究理念自在自为的科学，即理念在主观领域内的逻辑形式，与客体统一的理论体系。自然哲学，研究理念的异在或外在化的科学，理念在客观世界的表现。精神哲学，研究理念由它的异在而返回到自身的科学，主客观统一，理念在无拘无束的领域自由发展。

逻辑学是纯粹思维理念的科学，就是思维最抽象的要素(科学理性)所形成的理念。科学是有具体思维对象的科学，依据具体对象产生的范畴和概念。逻辑学没有具体的思维对象，是依据思维与存在统一的逻辑范畴和概念，作为逻辑学研究的对象。理念的产生是纯粹思维（思维概念与客体统一）的结果。

第二章

逻辑学概念的初步规定

第一节　用形而上学的思维方式认识世界

一、逻辑学概念

逻辑学概念的特点。逻辑学的概念是对于全体的，具有综观全局而据以创立出来的，不是局部创立出来的概念。逻辑学是研究纯粹理念的科学，所谓纯粹理念就是思维的最抽象的要素所形成的理念，意思是理念思维完全依据思维的规定和规律建立起来的，不是思维依据具体事物建立起来的。因此，逻辑学要得到对于世界理念性的认识，必须是研究思维的规定和规律的科学，即用思维把世界无形的联系反映出来的科学。具体科学研究的是有形的东西，譬如生物学研究细胞或基因，反映的是有形的联系。逻辑学研究的是无形的东西。面对世界众多的材料

（科学的理性），思维予以加工成为思维的范畴和概念，并形成一个完整的逻辑思维体系，反映事物或世界全体和完整的联系。譬如哲学把科学各种科学规定性的概念加工为哲学质的范畴，把科学研究具体事物的变化转化为所有事物量变的范畴。每一个事物都有具体的规定性，都是根据事物本身的性质（材料）产生的规定性。譬如化学水分子是由氢元素和氧元素组成的，两个氢原子和一个氧原子构成为水分子的规定性，都是由具体的东西构成的规定性。逻辑学的规定性不是具体事物的规定性，而是所有的事物规定性，即普遍事物的规定性，概括所有的事物的规定性为质。这些所有事物的规定性是抽象的，没有具体什么分子和元素构成的，只能是普遍性的东西称作质。这才是哲学的范畴和概念的特点。

理念不是形式的思维，而是有内容的思维，有许多思维内容的范畴和概念。思维特有的规定和规律自身发展而成的全体，反映客观世界的全体。这些规定和规律，乃是思维自身给予的，不是已经存在于外面的现成的事物之中的。客观世界存在规定和规律，但是必须有人的辩证思维予以反映。

逻辑学思维的特点。逻辑学是最难的科学，因为它处理的题材，不是直观的和感觉的东西，而是纯粹抽象的东西（纯粹的思想），不能依据具体的题材去思维和分析，需要一种特殊的能力和技巧，才能回溯到纯粹思想，紧紧抓住纯粹思想，让自己的思维在纯粹的思想中活动。一个人越能脱离具体事物去思维，越具有超强的逻辑思维能力，理解哲学的概念就能够越深刻和广泛。譬如存在的范畴，就是纯粹思维的东西，人们无法感觉到存在的具体现象。

逻辑学是一个能给学习的人得到思维训练的科学，是获得思维教养，使人的头脑得到真正纯粹思想的科学。逻辑学不是依赖具体材料思维得到的思想，逻辑学是依赖辩证思维，是最高尚的、最自由的和最独立的思维科学。

真正的人对逻辑思维对象真理的态度。真理是逻辑学的对象，只要人的精神和心情是健康的，则真理的追求必然会引起高度的热忱。有人怀疑人是否能够认识真理，有人把诞妄认作真理，有人漠视真理，认为真理没有意义，有人认为学习逻辑还是那样，有人认为思维超出日常表象，便会走向魔窟。

人们学到许多知识和技能，只能成为专门的技术人员，成为循例办公的人员。但是人们要培养自己具有直接的精神，不是仅仅具有知识和技能就能够做到的。一个人必须有自己的精神世界，才能努力从事于高尚神圣的事业。一个人只有有了精神追求，才能真正具有改变自己和改变世界的雄心壮志。中国大学现在培养学生精神的课程太少了，所以无法培养一大批改变中国的仁人志士。黑格尔鼓励青年人，不要仅仅满足于外在知识的草芥，而应该培养自己成为激励起一种对于更高尚神圣事业渴求的人。只有精神追求才是无限的和永恒的东西，才是对国家民族有利的。中国多少仁人志士都是具有精神追求的，为了国家和民族利益，抛头颅洒热血。名利追求都是有限的东西，都是为了个人一己私利，随着人的死亡而消失。只有为了国家和民族献身的精神，可以名垂千古。

对思维的估价。认为思维是逻辑学的对象，人人赞同。但是对于思维的估价，有很高的也有很低的。有人把思维看作是一个思想，主观任意的东西，不是真实和现实的东西。另有人认为思想才能达到至高无上的存在、上帝的性质，而凭感官对上帝毫无所知。真正的思维是对精神的最高追求，而不是研究一些学问知识。人们信仰上帝，但是上帝是精神，我们不可离开精神和真理去崇拜上帝。只有把上帝研究成为精神，信仰才是科学的信仰。

感觉思维的东西不是精神，感觉的方式是纯粹表象的东西，是人类与禽兽所共有。感觉的内容具有一定思想的东西，依赖于感觉材料的知识式的思想，只是对感觉的材料有价值，对其他毫无价值。感觉不是纯粹思想的东西，缺乏普遍性。感觉的形式是达到精神内容的最低级的形式。精神的内容，上帝本身，只有在辩证思维的形式中，才有其真理性。思想不单纯是思想，思想应该是把握永恒和绝对存在的最高方式，而且是唯一方式。思想有感性思想和理性思想，真正的思维与理性思想和精神具有密不可分的联系，与感性思想关系不大。

感觉思维如何达到自由思维。人的思维离开感觉以及材料越远，离理性就越近，则感觉思维就要进入理性思维之中了。以思想为对象的科学有高有低，有的科学逻辑性强，有的科学逻辑性弱。有的人学习逻辑以后，仍与过去一样，没有多大的变化，只能进行平时的一般思维，逻辑思维没有提高。逻辑思维就是能够产生思想，是超感官的活动，能够从有限的材料中，产生无限的思想。虽然数学是比较抽象的思维，但是还是感性的东西，有具体数的感觉形式，虽然是没有特定存在的抽象感性的东西。思想辞别这种最后的感性东西，舍弃外的和内的感觉，脱离感觉的束缚，排斥一切特殊的兴趣和倾向，思维纯粹在思维范畴和概念中活动，人的思维才能自由自在。逻辑学对于宗教、政治、法律、伦理各方面兴趣加强，形式逻辑无法研究这些复杂的现象。思维具有巨大的力量，逻辑学研究国家宪章，国家宪章成为思想的牺牲品，宗教也受到了思想的打击，哲学家一味否定国家宪章和宗教，动摇其政治统治则被处死。思维不但未能认识上帝、自然和精神的本质，未能认识真理，反而推翻了政府和宗教。因此，亟须对于思维的效果和效用的正确运用加以考察。所以考察思维的本性，维护思维的权能，便构成了近代哲学的主要兴趣。黑格尔告诉人们思维如果没有正确运用，会与宗教、政治、法律、伦理产生冲突，哲学家甚至被处死。哲学家不能一味地否定现有的国家宪章和宗教，要正确地运用逻辑思维，就会协调与这些东西的和谐关系，对此加以科学的改造。

感觉思维的特点。思维第一阶段是存在的思维，是与感觉联系的思维。思维从表面意义看，首先就思维主观意义来说，思维似乎是精神的许多活动或能力之一，与感觉、直观、想象、欲望、意志等并列杂陈。这个思维感觉所产生的产物是普遍抽象的思想，不是普遍具体的思想。所谓普遍抽象的思想，是指思维反映的只是事物的一个方面的性质，感觉思维只能反映事物表象的东西，反映事物表象的思想。而普遍具体的思想则是反映事物全面统一体的性质。精神的理性的思维，才能反映事物内外全面统一的思想，才是普遍具体的思想。思维具有能动性，主体而言是为"我"。"我"具有理性思维能力，能够通过有限达到无限的思维能力。

感觉、表象与思想的区别。感觉的特点在于个别性，外在性彼此相续性。感觉以表象的感性材料为内容的，具有我的东西和规定，也具有普遍性，自身联系性。表象还具有超出自我意识材料为内容的，如法律的、伦理的和宗教的也呈现出来的表象。如法律有具体的行为规则条文，伦理和宗教都有行为方式或仪式等表象的东西。思维就是要把表象与表象的思想区别开来。表象的思想和精神的规定都是简单的，不相联系的。如法律的权利、义务等。有的人权利多而义务少，有的人义务多而权利少。这种法律规定就不是理性的，是表象的不合理的规定。许多科学是各种个别化的、简单的规定，都是勉强连缀在一起的，没有内在联系的。

感觉事物都具有个别性和外在性，虽然也有思想和普遍性，但是那是感觉特殊性的思想和普遍，不是纯粹的思想和普遍性。感觉只能感觉事物外在的方面，譬如颜色、温度、长相等，从一个人的长相不能判断一个人的内在品质、智慧和外在能力。情绪、感觉之类是最不真实之物。当我说"这个"特殊东西时，思想和普遍性都是与这个特殊的东西相联系的。感觉肯定"这个"特殊东西，就排斥一切别的物的我，排斥普遍的我，其他各种的我。感觉的普遍性是一种外在形式。我有双重身份，一是我是个人的表象、情感以及个人经验的特殊性，完全是站在个人的角度看问题。二是完全从个人的角度里抽离出来，完全脱离自我的感觉，我的自身的理性思维与世界联系起来，把我融入到世界的普遍性之中，我的思维是一个抽象的普遍性的存在，一个抽象的自由主体，是与世界联系的主体思维，像儒家所说的天人合一。

二、一般思维与辩证思维

一般思维与辩证思维的区别。一般思维只是一种主观的活动，辩证思维不仅仅是主观活动，因为辩证思维的范畴或概念，始终与客观性相联系的。主观活动如记忆力、表象力、意志力等等，纯粹是主观性的活动，没有什么客观性的东西。如果思维仅是一种主观的活动，便成为形式逻辑的研究对象，成为与别的科学一样是特殊研究对象了。辩证思维是始终与世界的无限"存在"对立统一的，不是研究特殊的对象的东西。从主观上研究思维规律和规则，亚里士多德研究的形式逻辑就是这种思维形式。这是认识问题的逻辑工具，能够达到特殊的认识目的，但是绝不能达到对世界的绝对认识。从思维与存在的统一上认识世界，才能达到对世界的绝对认识。

反思思维活动的产物是普遍概念（本质概念具有普遍性），包含有事物的价值，亦即本质、内在实质。本质不是直接呈现在意识面前的，不是对象的外貌或偶然发生的印象提供给意识的那个样子。获得对象的真实性质，必须对它进行反思。什么是反思？生活中我们是有目的的，为了达到目的，我们便反复思索达到这个目的的种种方法，寻求最佳的方法就是反思的方法。目的就是寻求普遍的内在的东西，或者指导原则。反思在道德生活中也在起作用。反思回忆正义或义务观念，寻找遵循当前特殊行为下的普遍行为准则。普遍规定必须包含在特殊行为里，而且通过特殊行为可以认识的。我们观察雷电现象，只是表面知觉的事实，要把握它的本质，必须进行反思，知道雷电产生的内在原因，即水蒸气产生的雷云需要 20 公里。云的上部有冰晶，下部有暖气流，上下形成空气对流。云的上部以正电荷为主，下部以负电荷为主，上下形成一个电位差，达到一定程度就会产生雷电现象。这样一来，我们便把雷电现象分析成两面，内面与外面，力量与表现，原因与结果。内面和力量仍然是普遍的、永久性的，非这一闪电那一闪电（特殊的），闪电内在都是一样本质的东西。非这一物那一物，而是在一切特殊现象中持存着普遍性的东西。我们通过雷电现象，也认识了发电的普遍性原理。感性东西是个别的和变灭的，自然所表现给我们的是个别形态和个别现象的无限杂多体，我们在此杂多中寻求统一的要求，即内在的普遍性。我们加以比较研究，力求认识每一事物的普遍性。个体生灭无常，而类则是其中持续存在的东西，而且重现在每一个体中，类的存在只有在反思才能认识。譬如星球运行的规律，我们看到星球今夜在这里，明天在那里，这种不规则的情形，我们心中不敢信赖，我们心灵相信一种秩序，一种简单恒常而有普遍性的规定。心里有了这种信念，于是对凌乱的现象加以反思，而认识其规律，确定星球运动的普遍方式，依据这个规律，可以了解并测算星球位置的每一变动。同样方式可以用来研究支配复杂万分的人类行为的种种力量，万变特殊性中的不变普遍性。譬如我们研究各种各样的人，有好有坏，但是从内在本质看，每个人都是由人性与动物属性的对立统一构成其本性的。有的人表现人性多一些，有的人表现动物贪婪本性多一些，每一个人的本性万变不离其宗。反思总是去寻求那固定的、长住的、自身规定的、统摄的普遍原则。这种普遍原则就是事物的本质和真理，不是感官所能把握的。譬如人的本性就是善与恶的对立统一，一切行为都是这个本性的表现。如人的正义和义务，则是善恶本质的表现。而道德行为之所以成为真正的道德行为，即在于能符合这些善与恶的普遍本质属性。

普遍性是一般思维无法得到的。普遍是人所不见不闻的，不能依靠感觉和视觉得到普遍性。普遍性对精神而言是长住的，就是说人的思维否定感觉认识，脱离具体的现象，才能达到精神境界，才能得到普遍性的认识。宗教是精神的东西，宗教指引我们认识世界达到一个普遍性，普遍包含一切，一切东西产生绝对的普遍性之中。绝对是精神和思想的对象，不是感官所能感觉的对象。

反思的作用。经过反思，最初在感觉、直观、表象（质）的内容必有改变，以反思为中介的改变。反思就是研究事物的实质和本质的东西，不是表象的东西。一般思维认为质的规定性是同一的，反思怎么从某物变为他物，同一的东西怎么会出现不同的东西。质量互变规律没有研究质变量变的原因。其实从量变可以看出，量变在开始的时候，包含某物的质的成分多，量变逐渐发生变化，某物成分渐渐变少，他物成分逐渐增多，这就是量变的过程。量变最后达到质变为他物，就是他物的量占据主导地位，某物的量居于次要地位。经过反思得出的结论，量中包含某物与他物两个对立的量的东西，即证明某物不是纯粹同一的东西，即是某物与他物对立的东西，同一于一物。如果只从表象看，某物变化为他物，就是一个规定性变化为另一个规定性，两者之间表面上没有内在联系，只是某物与他物的外在联系。通过反思的方式，呈现于人的意识面前则是量中包含某物与他物的成分，某物之所以变化为他物，就是因为在量变过程中，包含某物与他物两种成分在变化，而且两种成分的地位发生变化，导致质变。反思事物内在的本质，形成主观观念，目的是要认识事物的本质、真实的、客观的东西，不是表面的东西。要想发现事物中的真理，单凭注意力或观察力不行，还要发挥主观的思维活动。但是真理是客观的，只要个人信念不符合这个客观标准便是错误的。思维的任务是揭示出对象的真理。

反思揭示事物的本性，但也是个人的活动，具有主观性的、特殊的活动。个人思维活动必须摆脱特殊性，只让普遍性的东西在活动。事物与一切个体的思维是同一的，思维就主观性而言是个体的，就内容而言是事物的本质。反思事物的本质，必须与客观事物一致。

三、思想的客观性

思想形式上是主观的，就其客观性内容来看是客观的，是人依据世界的客观性反映在思想上的，不是人们的主观臆造。思维形式也是具有客观性的形式，不纯粹是主观性的东西。因为思维要反映客观事物，就要具有一定的思维形式，才能够正确反映。因此思维形式是依据客观事物产生的。逻辑学与形而上学合流了。形而上学是研究思想把握住事物的科学。思想的某些形式如概念、判断和推论，是在逻辑学的范畴内研究的。思想对事物形成一个概念时，不是外在的规定和关系形成的，是反思深入事物的共性，共性本身就是概念的一个环节。反思事物的知性或理性在世界中，就具有客观思想的意思。客观思想是世界的内在本质。不要以为自然事物也有意识，是人在自然界的内在思维活动，自然界才有客观规律（共性的东西决定的）支配世界发展变化，人的思维能够提炼出来成为思想而已。理性统治世界，理性构成世界的内在的、固有的、深邃的本性，理性是世界共性的产生者。譬如我们指着一个特定的动物说：这是一个动物。动物是一个普遍的概念，动物（共性普遍概念）本身在自然界并不存在，只是一个个特殊动物客观存在的。人们这样判断是指这个动物的共性普遍性，即这个是动物，那个是动物，共性都是动物，从属于其类共性之下，类或共性构成其特定的本质。把一个动物的共性去掉，则这个动物就不是动物了，就是另一个物了。只有人具有理性思维能力，老虎眼里只有牛羊等食物，不知道牛羊是动物。人的本质是仁义道德，去掉这个本性，就不是真正的人了，只是动物性的人了。

思想的性质。思想不但是构成外界事物和反映外界事物的实体，而且是构成精神东西的普遍实体，即思想是精神的一部分反映。思维是一切自然和精神事物的真实共性时，思维能够统一自然和精神，思维便是统摄这一切的基础了。思想不是虚假的是实在的东西，思想低于精神，思想只是反映事物的普遍性，时代精神则是反映时代最高的精华的东西，完全是无限的无形的东西。人只有意识到他自身是一个普遍性者的时候，他才是有思想的。动物并不能意识到它自身的普遍性，只知道个别性。动物看见的是个别的东西，眼里只有食物。只有人才具有双重的性能，能够意识到自己既是一个特殊的个人，即感觉的人，又意识到自己能够反映世界的普遍性。我与思维是同样的东西，我是能思者思维的化身。人能说出自己是"我"的时候，说明意识到自己具有特殊性，与他人具有不同性质，说明人具有分析思维能力，分析出各种事物的特殊性，自然也就能分析出事物的普遍性来。这说明人具有认识自己的能力，也具有认识世界的能力。动物说不出"我"，不知道自己有什么特殊性。一个动物与其他动物没有任何实质性的区别，说明动物没有分析能力。动物把自己与世界万物都混同在一起，都是自然的一部分。动物既不能认识自己，更不能认识世界。一个人如果没有理性思维，也不能够真正认识自己，只能认识自己的表象而已。

逻辑学是以纯粹思想或纯粹思维形式为研究对象的。所谓纯粹的思想，是指完全脱离经验的东西，除了思维本身，和通过思维产生的东西之外，没有别的东西，不依赖于感性的材料。纯粹思想完全脱离具体事物的材料，不像科学就是以具体事物作为研究对象。经验是人依赖感觉和经历的感受产生的认识，是人与具体的人或事物接触产生的感受。而纯粹思维是不依赖任何具体的人或事，完全凭借思维产生的思想或认识。譬如说老子的"道"就是纯粹思维的东西，是老子把世界万事万物看成一体而产生的思想或认识，与具体事物或具体经验没有任何直接的关系。

思想是精神的初级阶段，没有达到自由的境界。精神是思想的自由境界。精神也是自由精神，自己依赖自己，自己决定自己，不依赖感性的东西。因为感性的东西是有限的，就不是自由的。精神的东西是无限的，依赖无限的自己，就是自由的。自己有多大的思维能力，就能扩展到多大的客观世界和主观世界，就有多大的自由性。当我思维时，放弃主观的特殊性，深入事情之中，让思维自为地做主（不是我做主），倘若掺杂一些主观意思于其中，思维就是很坏的。自己的意志与理性思维完全一致时，自己才是自由的。

思维的内容与形式的内在属性。思维内容，经过反思思考的是思想，能够正确反映事物的客观性。没有经过反思思考的，不能够反映事物的客观性不是思想。如果思维形式是未经过反思思考的，也不属于思想。或者相反，思想未经过思考，内容是感性的，形式经过辩证思考，符合客观性。思维与客观性是否一致，是确定思维的内容与形式是否是思想的客观标准。

逻辑学与自然哲学和精神现象学的区别。逻辑学是纯粹思维规定的体系，是依据纯粹思维方式产生的科学。而自然哲学和精神哲学就是结合自然和精神现象，对逻辑学进行应用产生的科学。自然哲学和精神哲学是认识自然和精神形态中运用逻辑形式，逻辑学是在研究思维形态中运用逻辑形式。譬如逻辑学研究存在，是一个纯粹的思维存在，不是自然性的存在和精神性的存在，而是包括自然、社会和精神世界的一切客观存在。自然哲学研究局限于自然界的存在，不包括社会和精神存在。

逻辑思维与科学逻辑思维的区别。逻辑学不只是研究逻辑形式，范畴、概念和判断推理，而且也研究内容，即范畴、概念和判断推理形式的内在思想内容。逻辑思想是一切事物共性自在自为地存在的根据。科学是自己部门学科的具体事物存在的根据，缺乏全面性。因此，科学思想反而比逻辑思想缺乏实质性和普遍性。因为科学思想概况范围有限，所以从更大的范围内看，实质性内容也就不强了，就有虚假的成分。逻辑学因为反映整个世界的客观存在，因此其思想则是最具有实质性的内容了。实质内容真与假，不是从经验和观察来看是否是真的，而是以思维为标准的。一般思维按照外在的标准，即以事物本身的特殊性，不是所有事物的共性判断一个概念正确与否。譬如看一个人的好与坏，如果以这个人或者那个人为标准来分析，这个人好，那个人不好，而不是不以人的共性，即思维概念为标准，就不能真实反映一个人的好与坏。逻辑学从思维本身去推演出思维的规定，从思维规定的本身来看它们是否是真的。科学是从事物对象本身推演出思维方式。譬如质的范畴，就是思维所有事物的共性得出的规定性，这个质就是依据思维而存在的范畴，不是依据那个事物的规定性。质的规定性具体看来并不存在，只能在人的思维中存在，实际存在的都是表象的东西。

　　无限与无形的逻辑思维是发现真理的思维。逻辑学由于以无限的存在和思维理念为研究对象，所以，逻辑学的思维就不受有限事物的限制，就是活泼自如的思维规定，循着它们自己的进程逐步发展。纯粹逻辑思维就是依靠思维规定进行的，不能依靠经验和感性思维进行的。经验和感性只能帮助理解有限的东西，极大限制人的思维能动性。真正明白真理性的东西，还是要依靠纯粹逻辑思维规定来完成的，发现事物和世界无限的普遍性。一叶一世界用无限的无形的思维去思考"一叶"的，就不能够被"一叶"的有限性来局限人的思维。从一叶有限的存在思维出无限性来，就能使思维脱离一叶的有限，思维到无限，就能够通过一叶看到整个世界，思维就具有深度和广度。

思想规定真与不真的标准。一般意识只要表象与一个思想相符合，就叫作真理。哲学意义上的真理就是思想的内容与其自身所有的全部相符合，不是只符合其表象，而是符合其自身的本质及其全部。一般思想的符合，质符合表面现象，只符合一部分。譬如说这个人是个真正的朋友，就是指一个朋友的言行态度及内心，能够符合友谊的概念，真心实意没有虚假成分的友谊，不是为了自己的利益表现出虚假的友谊。一个不好的政府即是不真的政府，因为它有侵害社会和百姓的东西。一件真艺术品，是说它反映生活的真实（客观性）和艺术的真实（主观思维的逻辑性）。不真即可说这个对象不符合真理的思想概念与客观性，以有限的东西反映有限的思想就不是真理。因为有限事物随时都要毁灭，思想也就自然消失了。必须从有限事物中，运用理性思维反映出无限的思想，这个思想符合无限的客观事物，才是不会消失的真理。所以纯粹逻辑哲学是以无限的存在作为研究对象，不能以有限事物作为研究对象。纯粹逻辑哲学思维不看事物具体的规定性，什么成分构成，而是看所有这些事物都有的共同规定性，就思维抽象为同一的东西，逻辑思维命名为"质"的思想范畴，不从具体成分研究事物的规定性为纯粹的思想范畴。按照有限思维的形式规定去思维和行动，就是导致一切幻觉和错误后果的来源。

认识真理的方式。有经验认识真理、反思认识真理、思维纯粹形式认识真理的几种方式。经验把有限的东西上升到哲学范畴，与无限联系起来。譬如定在与存在联系起来，定在包含存在的有与无。反思依靠辩证思维深入事物的内部，找到事物发展变化的内在根据，由内部根据发生发展而来的一切范畴。纯粹思维是在经验和反思的基础上，完全脱离有限的事物，进入到无限的思维当中，进入纯粹逻辑思维的范畴和概念中进行思维。譬如概念的主观性，由普遍性、特殊性和个体性三部分构成。概念直接针对思维范畴的普遍性，把事物的普遍性上升为思维范畴，不是针对某个具体事物。所以说逻辑学是以思维为研究对象，不是以具体事物为研究对象。逻辑学是以经验和反思的知识作为逻辑思维的材料（间接知识材料）进行逻辑思维的。

四、知识与精神的关系

宗教体现了知识与精神的关系。宗教关于人的堕落的神话，就是表达了知识与精神生活的普遍关系。这个神话的内容形成了宗教信仰的理论基础，即关于人的原始罪恶及人有赖于神力的解救之必要的学说。人的精神生活在其素朴的本能阶段，表现为无邪的天真和淳朴的信赖。但精神的本质在于扬弃这种自然素朴的状态。因为精神之所以异于自然生活，异于禽兽生活，即在于其不停留在它的自在存在的阶段，即知识阶段，只是在一定范围内有一定的认识和自由，而力求达到自为存在阶段，即精神的自由自在，通向世界一切地方包括通向神或上帝。而精神总是要通过自力以返回它原来的统一，精神的统一。而导致返回到这种统一的根本动力，即在于思维本身。一般人没有理性思维，不能达到精神的自由自在境界，不能与神合一。

神话这样说，亚当和夏娃最初的人或典型的人，被安排在一个果园里，园中有一棵生命之树，一棵善恶知识之树。上帝告诫他们禁止摘食知识之树的果子。人不应该寻求知识，而须保持天真的境界。人有了知识，就有能力攫取物质利益，就会让人的无穷欲望泛滥成灾，就会失去天真的境界，产生一系列的人与人之间的争斗。人类最初的境界是天真无邪和谐一致的。人有了知识就产生分裂斗争的状态，这不是人类最后安息之所。如果认为自然素朴的境界是至善境界也是不对的。精神不是直接的素朴的，它本质上包含有曲折的中介的阶段，即知识的认识有限世界的阶段。人的素朴经过知识的中介，否定了愚昧无知素朴天真，经过劳动和精神的教养，又否定知识的分裂状态，达到了精神的真正自由和谐状态。人有了知识，打破天真素朴的精神状态，追求自己的利益，打破素朴的善趋向恶。人受到外界的诱惑，偷食禁果，与他自己直接的存在淳朴善良破裂了。这是人类对自己素朴意识的初次觉醒和反思，人们发觉自身是裸体的，感到羞耻。赤裸是人的很朴素的意识，没有羞耻感，有了知识以后有了羞耻感（主观意识），就脱离了动物界。知道自身那些东西是不好公开的，应该加以掩饰和修饰的，那些应该大力弘扬的东西，即精神的道德的东西。但是这个羞耻是相对的，对自己的自私与恶，却没有羞耻感。只有对自己的自私有羞耻感，找到了精神的和道德的起源，以及后来大量的文化道德需求，用精神和道德的力量，努力克服自私的欲望，才能达到精神教养的最高境界。

人穿衣服为了克服羞耻感，人与自然产生了对立。人通过劳动创造财富，通过外物而和他自身相联系，通过种植各种植物和养殖动物，来满足自己的物质需求，改造自然的同时，也改造和提高自己的认识能力。自己与自然越来越分裂和隔离。动物满足自己需要之物，俯拾即是，不需要劳动。

摩西的神话，并不以亚当和夏娃被逐出乐园而结束。上帝说，看呀，亚当也成为相似于我们当中的一分子了，因为他知道什么是善与恶。这些话表明知识是神圣的。在这里还包含对于哲学的认识，不是属于精神的无限认识，而是有限性的认识。上帝把人从伊甸园里驱逐出去了，以便阻止他吃那生命之树的果实，让人们在人间苦难中进行反思。这话的真意在于指出人还处于自然状态的，是有限的会死亡的，人还没有达到精神境界，即永恒的境界。人只有否定知识阶段的自私和自在状态，才能得到精神永恒的东西。人在认识方面达到无限的境界，人的精神即是无限的。人通过精神认识，作为上帝的原始使命才会得到实现。

人本性是恶的，就无法达到精神自由的境界。教会有一信条，认为人的本性是恶的，是原始的罪恶。怎么看原始罪恶不是基于人的偶然行为，是其自然性的必然行为。因为精神的概念表明人的本性是恶的，精神与自然相反，精神是自由的。人只有达到精神的自由境界，才能否定人的本性之恶。人出自自然，有动物的自然恶，与自然分裂，又超出自然，有了人的知识之恶，还没有得到精神自由。因为人在知识的境界内，还是一个自然人，不是一个自由之人，是一个主观的人和个别之人，还不是一个认识世界普遍原则之人，是一个冲动和欲望（自然和知识混合）之人。虽然人在这个时候也有同情心、爱心等，但这些仍然出于素朴的本能。这些本来具有普遍内容的情欲，仍不能摆脱其主观性，仍不免受自私自利和偶然任性的支配。近代启蒙者认为人性是善的，他们的意思是作为真正的人本性是善的。但是人自从产生以来，就没有几个人成为一个真正的人。人类要不断演变进化，达到精神自由的境界，才能成为真正的人，即精神道德主宰的人。

五、思维与客观的关系

客观思想是最能表明什么是真理性的内容。真理是哲学研究的对象，现在哲学主要兴趣在于说明思想与客观的对立问题而展开的，这样就得不到真理性的认识。如果思维规定思想与客观对立固定不变，那么思维的本性就是有限的，只能产生有限的规定，便是知性的认识，思维便无法把握真理。思维之所以与客观对立，就是因为思维缺乏无限的理性思维，而是以知性有限思维去研究客观。

所谓思想的有限规定，一是他们认为思维只是主观的，没有客观性，永远有一客观和它对立。二是认为思维规定的内容是有限的，各规定之间彼此对立，尤其和绝对对立。譬如不同的宗教派别，他们认为彼此是对立的，互相攻击。因此，为了发挥逻辑学的意义和观点起见，对于思维对客观性的各种态度将加以考察。

哲学的进程，黑格尔在精神现象学里采取从最初、最简单的精神现象，直接意识开始，从直接意识的辩证进展，逐步发展以达到哲学的观点，完全从意识辩证进展的过程指出达到哲学观点的必然性。因此，哲学探讨不能停留在单纯一个形式里，即形式或者内容，二者必须相互依存、相互促进才能发展。因为哲学知识的观点本身同时就是内容最丰富和最具体的观点，经过许多过程所达到的结果。所以哲学知识须以意识的许多具体的形态，如道德、伦理、艺术、宗教意识内容为前提，将其内容抽象地包含进哲学内容里。

意识的发展过程，最初不仅限于形式，同时包含有内容发展的过程，这些内容构成哲学各个特殊部门的对象（具体科学）。但内容发展的过程必须同时伴随在意识范畴发展过程之中，没有内容意识无法产生。因为内容与意识的关系，乃是意识依据内容产生的。内容决定形式，形式表现内容。没有内容，思维形式的阐述较为繁难。只有对内容加以证明，才能理解思维形式（逻辑范畴）和意识形式。一般人对于认识、信仰等本性的观念，总以为是完全具体的东西，其实均可回溯到简单的思想范畴，上升到思维形式和意识形式上。这些思想范畴只有在逻辑学里，才能做到真正透彻的处理，在一般思维里是无法得到透彻的理解的。

旧形而上学对客观采取知性的玄思表达。所谓知性的表达就是素朴的有限的认识，抽象的片面的认识，缺乏明晰的深刻的全面的认识。

思想对于客观性（客观世界的本性）的第一态度是一种素朴的态度，它还没有意识到思想自身所包含的矛盾和思想自身的对立，即有限与信仰或无限的对立，相信只依靠反思作用即可认识真理，即可使客体的真实性呈现在意识前面。依靠信仰，思想进而直接去把握对象，造就感觉和直观的内容，把它当作思想自身的内容，这样以为得到真理初期的哲学和科学，甚至生活意识，都可以凭借信仰而生活下去。以有限的思维规定是不可能解除思想与客观的对立，不能以理性把握真理，只能以玄思来把握真理。这种形而上学，用抽象的理智观点（相当于定在的思维）去把握理性的对象，以考察这种思想态度在哲学系统内的地位。没有理性的无限的思维，怎么可能认识无限的客观世界。

康德以前的形而上学认为，思维的规定即是事物的基本规定，即有限的定在认识规定，认为思想可以认识一切存在。它们所说的存在是定在的集合体，而不是定在包含纯有与无的内外无限的统一体。第一，它们以抽象的孤立的思想本身为满足，可以用抽象孤立的思想来表达真理。认为用一些主观的名词概念，便可得到关于绝对的知识，没有考察知性概念的真正内容和价值，也没有考察纯用名言（谓词），去说明绝对的形式是否妥当。没有考察命题的形式是否能够表达真理的正确形式。如"世界究竟是有限还是无限的"，物是单一的或是一个全体的。旧形而上学认为思想可以把握事物的本身，事物的真实性质就是思想所认识的那样。人须有一种切近的反思，才可以发现呈现在当前的事物并非事物本身表象呈现的那样。"飞矢是运动的"，表面上思想的理智认为飞矢是动的，但是反思后发现飞矢确实有不动的一面。

旧的形而上学就是教人单凭秕糠去充当食物，把表象的知识当作真理。抽象理智思维就是片面认识事物的一些规定性，譬如认为飞矢动或者不动，二者是割裂的对立的，看不到二者的统一性，不能深刻地全面地系统地认识事物的各种内外统一性。一说到思维，我们必须把有限的、单纯的理智思维与无限的、理性的思维区别开。凡是直接地、个别地得来的思维规定，都是有限的规定。但真理本身是无限的，它不是能用有限的范畴所能表达的，并带进意识的。有限之物是指那物有它的终点，它的存在到某种限度为止，即当它与它的对方联系起来的时候，就要受到对方的限制，它的存在便以对方的限制作为终止。对方就是它的否定物，那就是有限之物的界限，有限之物不能把对方之物联系起来和统一起来，成为己方的一个有机的组成部分。抽象思维只研究一个事物本身的性质，区别于他物的性质，根本无法看到一个事物或世界永恒的本质的理性的东西，即一物能够贯通世界一切事物的本性本源的东西，即一叶一世界。理性思维却是自己在自己本身内，自己与自己的本身相关联，世界上任何万事万物都可以成为一体的，互相贯通融合的。运用理性思维，通过一些有限之物的辩证思维，找到有限事物与无限世界的统一性，就与无限的世界联系在一起，通过有限得到对世界的无限认识。

所以，以自己本身的思维为对象，我的思维就是无限的，我的思维思考的对象以及产生我的思想都是无限的。如果以具体事物为抽象的研究对象，必然产生有限的思维和有限的思想认识。当辩证思维在它自己本身形成绝对理念的逻辑形式的时候，思维的对象，即客观存在已不是对象了，对象的客观外在性已被逻辑理性思维扬弃了的，是观念性的东西了，即被思维统一了具有观念性主观性的客观存在了。譬如老子的"道"，黑格尔的绝对理念，都是思维与存在的统一，主体与客体的统一了。纯粹思维本身是任何客观和主观东西都无法限制的。思维有限是因为它停留在有限的规定里，没有超越有限达到无限的思维，并且认为这些有限规定为至极的东西。反之，无限的或思辨的思维，一方面同样认为客观存在是有规定的，但另一方面即在有限的规定和限制过程中，又不断地扬弃有限的规定，运用理性思维寻求无限性的东西。无限并不是一种抽象的往外伸张和无穷的往外伸延，而是客观真理性的概念内容具有无限丰富的性质。旧形而上学的思维是有限思维，把有限思维规定看成固定的东西，不再加以否定。因此，无法突破有限的限制。如上帝有存在吗？旧形而上学认为这里的存在为一纯粹肯定的、至极的、无上优美的东西。存在并不单纯是一种肯定的东西，存在没有认识真理和无限，就必然被否定。而低级的规定，不足以表达理念，不配表达上帝的认识必须被否定。他们以为有限与无限是固定对立的，有限永远无法进展到无限。被限制的无限，成为有限的一面，仍不过是一个有限之物。不断否定有限和扬弃有限，理性思维挖掘有限中的无限，才能达到无限。黑格尔运用逻辑思维范畴对客观存在进行理性思维：存在、定在、本质和概念等一系列有限的思维内容与形式，形成一体后，达到主体与客体的统一，最后达到了无限绝对的理念阶段，这就是从有限到无限的认识过程。

表达真理的思维方式。旧形而上学把谓词（有限）加给它们的对象，只能表示一种限制，而不能表达真理。这只是对于认识对象的外在反思。如果我们用谓词表达真理，便感觉到这些名言无法穷尽对象的意义。东方哲人称神为多名或无尽名是正确的，不能用一两个名词表达无限，必须用无穷无尽的名词，只可意会不可言传的意境，才能表达无限的真理含义。老子用"道"无穷的含义，来表达对客观世界认识的无限性，孔子用"仁"多种和无穷的含义，来表达"仁"的无限性。凡是有限的名言，决不能让人的心灵满足。于是东方哲人不得不尽量收集更多的名言，用尽名言也无法表达无限真理的含义。要想得到对于一个对象的真知，必须由这对象本身的内容自己去规定自己，即用自身的客观性而不是主观片面性来规定自身，不可从外面采取一些谓词来加给它。人们愿意把名字或谓词强加给被认知的对象，就是主观片面性。有限事物必须用有限的名言以称谓之，这正是知性施展起功能的处所。譬如，当我称某种行为为偷窃时，则偷窃的名词已足以描述那个偷窃行为的主要内容。然而理性对象具有无限性，却不是这些有限谓词所能规定的。

有限谓词的内容，它们不适宜于表达上帝、自然、精神等丰富的观念，不足以穷尽其含义的。谓词与主词是有联系的，但就内容而言，它们又是有差别的，所以它们都是从外面拾取而来的，彼此之间缺乏有机的内外在联系。因为有限谓词无法表达主词的无限性，东方哲人则用多名的说法去补救，当他们规定神时，便加给神以许多名字，他们承认名字的数目应该是无限多的，没有界限的。

形而上学的对象是大而全的，如灵魂、世界、上帝，本身概念都是属于理性的理念，属于具体共相的思维范围的对象。但形而上学家却把这些理性的对象从表象中接受过来，用知性的规定去处理它们。如"上帝是永恒的"这一命题，人们用表象表达理性对象时，必然有主观分歧，因为用表象表达理性对象，判断的形式总是片面的，上帝是什么？在逻辑学里，其内容须是用纯全的丰富的内容形式来表达，不能仅仅用表象来表达上帝是什么。黑格尔表达绝对理念就是用一系列哲学范畴和概念与客体统一来表述的，不可能仅仅用表象来表述的。

形而上学以主观代替客观认识，不是依据客观自身的本性来认识客观的。这种形而上学的思想不是自由的和客观的思想，因为它不让客体自由地从客体本身来规定自身，而是主观假定客体为他们认为的那样。经院哲学以教会给予的信条为其内容，也是不以客观自身为其内容的。希腊哲学代表的是典型的自由思想。我们近代人通过我们的文化教养，已经被许多具有深邃丰富内容的观念所熏陶，要想超出其笼罩，也是极其困难的。古代希腊的哲学家，大都自觉他们是人，完全生活于活泼具体的感官的直观世界中，除了上天下地之外，别无其他前提，神话的观念早已被他们抛在一边了。在这种有真实内容的环节中，思想是自由的，并且返回到自身，纯粹自在，摆脱一切材料的限制。纯粹自在的思想就是翱翔于海阔太空的自由思想，没有什么束缚，我们可以孤寂地独立在那里沉思默想。

形而上学是主观独断论，肯定其一必真，而另一个必错。譬如说飞矢不动，就不能说飞矢还动。因为它是按照有限和片面的固定地去规定事物的本性。如果按照玄思哲学无限全体来规定事物的本性，灵魂的本性既是有限，也是无限。说它是有限的规定性，是从静止的片面看，一个方面的规定看是有限的。说它无限是从变化和全体去看的。如"飞矢动与不动"，从全体看和全过程看，飞矢是运动的。从片面看，一霎那的时间和空间阶段相对地看，飞矢在那一点那一刻是不动的。独断论的对立面是怀疑论。怀疑论对持有特定学说的任何哲学，都采取怀疑的态度。理性目的在于克服知性的固执、分别与对立，达到对立基础上的统一。

形而上学在哲学命题各个部分的表现特征

（1）形而上学的第一部分是本体论，世界作为一个统一体是什么？即关于本质的抽象规定的学说。形而上学关于本体的研究，只是经验地和偶然地漫无次序地列举一些规定性来，缺乏纯粹的逻辑思维一个根本原则贯彻其中，只能用字面含义表象的字义为根据，去说明本体的某种内容，分析其正确性，而没有考虑到这些规定自在自为的真理性和必然性。譬如说世界的本源是水或火，用具体事物的表象来代替世界的统一性，无法正确表述世界本体的无限性。关于存在、定在，有限性或单纯性复合性等等本身是否是真的概念，它们只相信一个命题就能确定正确与否，不知道每一个命题是不同方面对立的统一体。形而上学研究本体没有分清客观与主观的东西，把火或者水的客观具体事物，当作世界的本体来研究，不知道研究哲学本体离开主观与客观的统一，思维与存在的统一，就根本无法避免片面性和有限性。真正的哲学是把思维的对象作为本体来研究的，离开思维无法研究世界本体的。黑格尔把绝对理念作为哲学研究对象，把存在作为哲学研究的开端，都是依据思维产生的范畴或概念。只有科学才把具体的事物作为研究对象。

（2）形而上学第二部分是理性心理学或灵魂学，即主观世界人的内心是什么？它研究灵魂的形而上学本性，亦即把精神当作一个实物去研究，没有明白精神是无形无限的东西，是要用逻辑的无限思维去把握的，不能用知性思维去把握精神的。把灵魂或者精神作为哲学研究的对象，倾向于主观性研究灵魂和精神，没有把精神看成是主体和客体的统一，割裂了主体与客体的统一关系。灵魂好像是肉体与精神之间的中介，欲望向精神发展的中间阶段就是灵魂。一个人没有灵魂，就没有精神世界。精神是灵魂的展开和发展，灵魂是精神的根据。良心与灵魂紧密联系。一个动物有感恩之心，就是有灵魂的动物。同样一个人没有感恩之心，就是一个没有灵魂的人。旧形而上学把灵魂理解为一个物，有表象有复合性，降低了灵魂的价值。灵魂包含无限性和精神性，是情感向精神发展的过渡阶段。精神具有主动性，有一个发展过程的，具有外在性的表现。但是精神实质是无形的无限的，不能把它降为一个有限之物来看待。

（3）形而上学的第三部分是宇宙论，即世界客观发展变化规律。探讨世界的偶然性、必然性、永恒性、在时空中的限制等，世界在变化中的形式的规律，以及人类的自由与恶的起源。

宇宙论认为世界是绝对对立的，主要有以下范畴：世界的偶然性与必然性；外在必然性与内在必然性；致动因与目的因，本质与现象，形式与质料，自由与必然，幸福与痛苦，善与恶。宇宙论研究的对象，不仅限于自然，还包括精神。它以定在、一切有限事物的总体作为研究对象，不是把世界的存在看成具体的统一体的对象，而是按照抽象的规定去研究对象，必然产生绝对对立，不能达到统一。如把偶然性和必然性截然分开，主要兴趣研究所谓普遍的宇宙规律，世界是永恒的还是被创造的？都是研究抽象的东西。从统一体的统一过程看，必然性存在于偶然性之中，二者对立统一，不能截然对立分开。

关于精神如何表现其自身于世界中的问题，讨论关于人的自由与恶的起源问题。把自由和必然彼此抽象地对立，只属于有限世界，在有限世界有效。一说到必然，从外面决定的意思，例如在有限的力学里，一个物体只有在受到另一物体的撞击时，才有运动，而且运动方向被另一物体决定。这是一外在的必然性，非真正内在的必然性。必然性不包含自由，自然界只有必然性，自然现象受到必然规律的支配，只有精神世界才有自由性。其实内在的必然性就是自由，即人们认识内在的必然性，并且在主观与客观绝对统一的基础上，才能真正掌握必然性，自由地利用必然性趋利避害为人类服务。外在必然性的偶然性大，人类无法掌握，也不能为人类服务。

善与恶的对立也是这样。人们认为恶为本身固定的，认为恶的不是善的，这有对的一方面。但是，两者不是固定不变的。素朴的善不是至善，由于愚昧无知，表面上的善，实质包含许多的恶。所谓好心办坏事就是这个意思。形而上学无法使它们统一起来。知性的恶否定素朴的善、愚昧的善，才能得到知性的恶或善，理性的善否定知性的恶与善，达到善与恶的统一，即善中包含恶，才能至善的境界。素朴的善和愚昧的善，不能直接过渡到至善，必须经过知性恶与善的中介，才能达到至善。从这里可以看出，知性的恶与善是达到至善发展的一个必经阶段。素朴阶段的包含恶的善，人没有多少欲望与动力，人类社会发展缓慢。人的发展阶段有了知识和能力，就有了欲望和动力，产生了恶，但是也大大促进了人类社会的发展。

（4）形而上学的第四部分是自然或理性的神学。上帝创造世界，它研究上帝的概念或上帝存在的可能性，上帝存在的证明和上帝的特性。知性的观点探讨上帝，只能表达上帝的表象，是一个空洞抽象的无确定性的本质，只有纯粹的实在性和否定性，没有具体的理性。

用有限思维去证明上帝的存在，寻求上帝存在的客观根据，只能以另一物为条件的。这种证明以知性的抽象同一为准则，陷入由有限过渡到无限的困难。上帝的存在不能依靠有限事物作为根据，应该以世界具有共同的根据作为上帝存在的根据。以有限事物作为根据，上帝就是有限的东西，就不可能是无所不能的上帝了。只有辩证思维，能够找到世界存在的无限根据，证明上帝的无限性存在。只看一个事物的根据，不看世界一切事物的根据，必然是有限的认识。依靠思维推论出世界一切事物的根据，就能从有限事物存在的根据开始，推论到世界所有事物存在的根据，就能走向世界存在的根据。依据知性思维证明上帝的存在，不能将上帝从存在的有限性里解放出来，只能将上帝认作有限世界的直接实体，不是世界的思维存在。这样就会流入泛神论，世界万物都是上帝，贬低上帝为凡物。上帝应该是万物的造物主，万物的主宰，万物统一于上帝；或者认上帝为永远与主体对立的客体，上帝没有主体性，就没有创造性，上帝也是有限的。这就陷入二元论，上帝只是创造世界的一部分，世界其他部分由别的东西创造。上帝应该是客体与主体的统一体，才能够创造世界的一切东西。

上帝的特性是多样的和确定的，难免陷于认作上帝是纯粹的实在和本质抽象的概念，没有逻辑性和理性。把有限世界认作真实的存在，就把无限的上帝看成是虚假的，与真实的有限世界是对立的。上帝对有限世界，表现出有限的性格，如公正、仁慈、威力、智慧等特性，无法体现上帝的无限的性格，不能把上帝引导到无限的世界。上帝只有大爱无疆，不以有限的标准评判公正与是非，以无限的标准评判公正与是非，才能体现上帝无限的威力和大智慧。

旧形而上学中的理性部分，只能认识上帝的一定限度，不能达到无限的程度。通过理性认识上帝是哲学的最高命题。宗教最初包含的都是上帝的表象，表象汇集成信条，当作教义传授，这种宗教不是科学宗教。要想使神学成为科学，必须对宗教达到思维的把握。旧形而上学探讨上帝不是理性科学，是知性科学。知性神学以表象为标准，只是肯定性和实在性的抽象概念，而排斥一切否定性的概念，上帝被界说为一切存在中最真实的存在。肯定一次只能得到一个抽象的规定性，不会得到一系列否定后的无限的肯定性。否定一次，能够从一个具体规定中得到一部分无限的内容，不断递进的否定才能得到无限具体的内容。知性思维由于不承认否定性，因此只能得到一个抽象的概念，得到一个最贫乏最空虚的东西。因而在知性思维里，上帝就是一个虚无缥缈的世界。纯粹的光明就是虚假的光明，就是纯粹的黑暗。没有黑暗就不知道什么是光明，只有在黑暗中点亮光明，人们才能感到光明的可贵。人类社会只有存在邪恶，才能感到上帝拯救人类的伟大。只有肯定性和否定性不断地对立和统一，最后才能否定有限性，不断得到无限性。

　　理性神学是上帝的存在的证明。知性证明上帝存在，只能此规定依赖另一规定，先有一个固定的前提，推出另一个规定。用这种方法证明上帝的存在，意思是上帝的存在依赖另一些规定，构成上帝存在的根据，这是不对的。因为上帝应是一切事物的绝对无条件的根据，因此上帝绝不会依赖别的根据。理性证明上帝存在，仍须以一个不是上帝的"他物"作为出发点，理性不让"他物"作为一个直接的东西，而是作为中介的东西和设定起来的东西，我们凭借一个有限他物，在认识上帝存在进程中，是上帝自己扬弃包含在自身内的中介，认识上帝真正直接的和原始的根据，依据自身而不是依据他物的存在。就是说这个"他物"其实也是上帝本身，只是把上帝一分为二分开来看而已。开始认识上帝于"他物"开始，经揭示出他物的实质后，上帝先于"他物"而存在，上帝包含他物。知性思维认为上帝与他物是对立的，理性则把他物包含在上帝之中。譬如黑格尔的逻辑学，开始是存在，在理念看来存在就是他物，没有内在规定性的空虚的存在，存在也是没有根据的存在，作为逻辑学的开端。最后逻辑演绎达到概念和理念阶段，绝对理念包含存在，绝对理念才是一切存在的根据。这是由于人的认识开始都是知性的思维，不可能一下子进入理念思维阶段，必须由存在进入本质，再进入概念和理念阶段，这是人类认识能力造成的开端问题与哲学逻辑理念体系的矛盾。

旧形而上学以知性思维不可能把握理性对象。旧形而上学以抽象的有限的知性规定去把握理性的对象，将抽象的同一性作为最高原则。这种知性认识的事物，本身仍是有限之物，因为它把许多特殊性排斥在外面，没有包含一切特殊性，于是这些特殊性便在外面否定它，限制它，与它对立。旧形而上学只有抽象的同一性，没有具体的同一性。但是在思辨思维里，知性也是不可少的一个阶段。思辨哲学用普遍性（上帝）包含一切特殊性（万物）。当时科学没有发展到让人们看到世界的特殊性和普遍性具有统一性。

第二节　依靠经验认识世界

一、经验主义认识世界的缺陷

经验主义认识世界的特点。经验主义是依靠感官，依靠科学认识客观世界，取得对客观性一些具体的认识。为补救上述形而上学的抽象的偏蔽性，有两层需要：一是深入客观事物的内在性得到具体的内容，知性自身无法从它的抽象概念进展到特殊的规定事实；二是寻求一个坚实的据点以反对抽象的知性范围，寻求事物发展的内在根据，按照有限思想的规定方法，去证明一切事物的可能性。这些引导哲学趋向经验主义，从外在和内心的当前经验中的有限性去把握真理，以代替纯从思想本身去寻求真理。形而上学以思想和表象，即冥思苦想，没有客观逻辑性的具体内容，比较空洞的冥想去寻求真理，缺乏充分的科学依据。经验主义依据近代科学，认识世界的部分事实，去寻求哲学真理。

经验主义要求有具体的内容，是指意识的诸多对象必须是自身的规定，即客观性的内容，而且是许多有差别的规定的统一。抽象知性的思维局限在抽象共相的形式里，不能进展这种共相的特殊化的有差别的丰富的具体的内容里。譬如关于灵魂的本质问题，抽象思维得到灵魂是单纯的答案，缺乏丰富的内容和多层次的系统的统一体的内容。单纯性不能把握灵魂或精神的丰富内容，也不能道出自然的充实丰富和生机洋溢之处。

形而上学以表象（冥思想象）寻求研究对象的根据，即从表象到抽象。经验主义以直觉、感觉和直观的内容提升为普遍的观念和命题，经验主义把具体内容抽象化。抽象的原则或概念，超出知觉范围之外，便没有意义和效用。所以经验的知识在主观方面得到一个坚实的据点，意识从知觉里得到它自己的确定性和直接当前的可靠性。经验主义一大原则，凡是真的必定在现实世界中为感官所能感知的，感知以外的都是无法确定的和虚假的。

科学的经验主义分析和分解的过程主旨，在于拆散那些集在一起的规定，逐个进行分析各个规定性的性质，便于透彻认识，然后再集中起来研究。就像拆解机器一样，这些都是我们主观分解的活动。但分析乃是从知觉的直接性进展到思想的过程。分析找到各个部分的规定性，只要把被分析的对象各个规定性联合在一起，一些规定性分辨明白了，这些规定便具有普遍性的形式了。经验主义自以为它是让对象呈现其本来的面目，但是事实上却将对象的具体的活生生的内容转变为抽象的了，把生命具体和整体的东西，拆解开来变成僵化的东西。分别只是认识过程的一个方面，主要在于分解开来的各分子复归于联合为一个有机的整体。只有分解没有联合，就是各部分清楚摆在我们面前，但是没有达到精神的有机的有生命力的联系。

分析从具体的材料出发，有了具体的材料，比起旧形而上学单纯的抽象思维略胜一筹。分析事物坚持只有区别，没有统一，因此区别仍然只是一些抽象的概念，只是一些思想，没有反映客观对象本身的统一性，就没有达到逻辑具体的统一概念，因此不是真理。

三种哲学思维认识世界的缺陷。旧形而上学依靠表象得出的普遍性的理性为对象，依靠表象得出对上帝、灵魂和世界为其抽象的理性内容。因为这些内容却是从流行的表象（譬如水或火等）接受来的，缺乏对事物内在客观性的具体丰富内容的认识。哲学的任务在于把这些内容归纳为思想的形式，概念和理念的形式，用来表达世界的客观统一性。旧形而上学因为缺乏理性思维，不可能做到这一点。经院哲学就是接受基督教会的信条作为内容，不是依据客观性和科学性得出的信条，只是用思维对于这些信条加以表面的严密的规定和系统化，缺乏客观根据。

经验主义也接受一种现成的内容，乃是自然的感觉内容和有限心灵的内容。这些感觉的内容是有限的，感觉只能认知世界的一部分，浅尝辄止，无法探究到世界最后本源性的东西，为人的思维与认识设定一个不可逾越的界限。经验主义探讨的是有限的对象，形而上学探讨的是无限的对象。但对于无限的对象，形而上学没有无限的思维方式，只能依据有限的知性思维去探讨，被知性的有限思维形式有限化了，只能得到抽象的结论，不可能得出具体的无限内容，不能得出理性概念。经验主义以外在的世界为真实，虽然也承认超感官的世界，但认为那一世界的知识不可能得到的，认为知识完全限于知觉的范围。物质的客观世界具有统一性的，是一个抽象的东西，根本无法知觉的。经验主义则认为抽象的物质观念是一切感官事物的反映，被认作是一般感性的东西，绝对的个体化，互相外在的个体事物的基础，没有把物质认作是无限的存在。经验主义认为感官事物是外界给予的材料，不是思维自身的材料，完全依赖外界事物的感觉材料，没有脱离感觉材料，没有完全进入纯粹思维的领域，那么这个学说便是一个不自由的学说。理性思维依赖的是思维中的存在，不是感觉中的材料。思维中的存在是自为存在，感觉中的存在是自在存在。因为经验的材料是感官感觉事物得来的，感官的感觉能力极其有限，因此经验材料也必然极其有限，得出的思想也极其有限。而自由的真义，在于没有绝对的外物与我对立，而依赖一种"内容"消除这种对立。这内容就是我自己的思维，能够思维世界一切东西，统一世界一切东西。只有用思维的对象作为认识世界的材料，而不是依靠感觉的对象作为认识世界的材料，思维才具有无限的自由的性质。就像一个艺术家，他用的材料不是纯自然的材料，而是经过思维和思想加工后的材料，是用心挑选的材料，把自己的思维和思想理念融入到材料之中，以自己的思维和理念作为艺术品的灵魂和精神，才能创作出不朽的永恒的艺术品。依靠感官感觉到外物都是有限的，只有依靠我自己的思维，思维之"物"才是无限的。

经验主义认为理性与非理性都是主观的，我们必须接受外界给予的事实，没有权利追问给予的东西是否合理。经验主义注重和相信事实，轻视思维的超强能力，注重事实给予我们有限的东西，没有看到人的超强的思维能力，能够否定有限，统一有限并且与无限达到统一，从而发现无限。哥德巴赫猜想就是依靠有限事实根本无法认识到的，而是依靠理性思维，超越现实的有限事实得到无限认识的一个例子。

经验主义认为经验有两个成分，一个是个别的无限杂多的材料，感知一个个具体的事物的特殊性；一个是从具有特殊事物的本身，寻求普遍性与必然性的规定形式，找到它们之间的内在联系。但是经验主义并不能提供世界的必然性的联系，即主观世界与客观世界的必然性联系，只能依靠感觉得来的材料，把这些有限的材料联系成为普遍性和必然性。因此，经验主义认识世界是有限的，把知觉当作真理的基础，其普遍性与必然性便会成为具有极大局限性的，是不合乎理性的形式。只是在一定范围内才具有普遍性和必然性，对于整个世界来说就是一种主观的偶然性。真理是依据概念与世界的客观性的统一得来的。知觉只能把握事物的部分认识，不能真正认识事物的客观全面性，不能达到主体与客体的统一认识。科学是从不同侧面研究事物的，从不同侧面反映事物的普遍性和必然性。用经验的方式把握道德礼教上的规章，以及宗教上的信仰，都带有主观性、片面性和偶然性，失掉其客观的真理性。因为这些社会现象是极其复杂的，是综合性一体性比较强的现象，根本无法用感觉去感知与把握，只有用理性思维才能把握。休谟的怀疑论，就是以假定的经验、感觉和直观为真，不知道理性思维的对象才是真理性的东西。因此怀疑客观世界普遍的原则和规律的存在，怀疑人的主观无法反映世界的客观统一性，只能依靠感觉反映客观事物。因为他在感觉上找不到客观世界的普遍原则和规律的证据，只能在理性思维中才能寻找到证据。古代怀疑论没有把感觉直观作为判断真理的准则，而是以抽象的形而上学思维对感官事物的真实性加以怀疑，认识感觉是不真实的东西。

二、批判哲学依靠经验和理性思维，得到理性认识

批判哲学认为依靠经验无法得到真理性的认识。批判哲学和经验主义相同，把经验当作知识的唯一基础，不过不以基于经验的知识为真理，仅把它看成现象的知识，还要依靠思维加工感觉和经验材料。批判哲学把经验分析中得来的感觉材料和感觉的普遍联系两者区别开来。知觉包含的是个别的东西，是连续发生的事情。普遍性与必然性也是我们经验的主要功能，但是普遍性和必然性的成分，不能仅仅从经验或感觉的成分产生，还应该依靠思维产生。思维的范畴或知性的概念构成经验知识的客观性（即真实性）。思维范畴帮助人们把感觉的东西联系起来，形成客观性的东西。但是批判哲学因为思维范畴和知性概念的有限

性，以及思维加工能力的有限，没有辩证思维能力，又仅仅依靠经验材料，就不能在更大的范围内对客观性加以思维，就无法得到真实的客观性和无限性。批判哲学依靠思维仅仅把经验的东西联系起来，还是不能得到真理。感觉的材料仅仅是我们认识真理基础性的东西，要依靠理性思维完全脱离感觉材料，进入纯粹的理性思维领域，才能得到真理性的认识。所谓依靠理性思维能力，就是依靠主观逻辑判断和推理推论，建立逻辑概念体系与客观世界的客观性达到统一，才能否定有限从而走向无限，形成真理性的认识。科学发展到今天，科学理性的材料越来越多，为哲学理性思维提供了丰富的真理性材料也越来越多。

批判哲学的可取之处。批判哲学形成的思维范畴和知性概念，构成了经验知识的客观性，它们包含有联系的作用，凭借这些范畴或概念的联系作用，形成了先天的综合判断，具有一定的理性思维成分。这些范畴就像数学公式一样，是前人总结经验和思维产生的对客观事物的理性描述的范畴和概念。虽然它们有一定的局限性，但是这些范畴和概念形成了综合判断，脱离一些经验的成分，增加了一些思维的成分，使对立者形成了一定的原始联系，推进了思维向前发展。知识中有普遍性与必然性的成分，休谟也不否认。康德哲学中仍然一样地被认为是有其前提的东西，因此思维和认识就有一定的局限性。

批判哲学的缺陷。批判哲学首先对形而上学以及别的科学和观念中所用的知性概念的价值加以考察，能够准确定位知性概念的价值，就是批判得准确彻底。但是这种工作对以前的哲学范畴，没有从客观世界的整体性上进行批判，对这些思想范畴的内容和范畴彼此互相间的整体关系上进行批判，只是按照主观性与客观性一般的对立关系去考察它们。客观性就是普遍性和必然性的成分，主观性就是知觉本身包含的个别的东西以及经验的总体。批判哲学没有形成思想范畴的丰富内容，是指没有从主观性和客观性统一中形成一系列内在范畴体系，只是从零碎的范畴去考察和批判经验哲学。

思维的形式先天具有两重性。思维形式的先天特殊性虽然具有客观性，反映了客观的特殊性，同时特殊性也是主观活动，即人的主观把客观性的一体化分割开来，用一种系统化的方式列举出来。这些系统化的范畴，没有与客观性完全统一，只是建立在心理的和历史的基础上的，是经过历代哲学家思维发展建立起来的。思维完全的客观性是指哲学家依据观察客观世界发展变化的规律，使自己思维的主观性不断地与世界的客观性相统一，反映上升到思维的形式上。

对哲学范畴进行考察是哲学思维很重要的进展。古代哲学思维偏重于存在阶段的范畴建立，对世界的认识是模糊的、表象的和不准确的。近代哲学进入本质阶段的范畴建立，是因为近代科学的发展，人们认识了客观事物的本质，对世界的局部有了深刻的认识。最后哲学进展为概念阶段的范畴建立，由表及里，由片面到全面，由局部到全体统一，达到主观与客观的统一，思维由有限发展到无限。素朴的意识大都应用一些现成的自然而然的范畴（存在阶段），没有人追问这些范畴本身在什么限度内具有的价值和效用。自由的思想不接受未经考察过的前提思想，必须确认思想在什么范围内有效，在什么范围内运用，才能不被其限制住，才是自由的思想。本来范畴的应用范围是很窄的，不了解范畴的应用范围而到处运用，就会处处碰壁，就不能得到自由。我们认识了有限范畴的范围，就能够知道在什么范围内使用，并且知道如何运用理性思维否定有限范畴，不断扩大范畴的范围，最后使范畴真正走向无限，使范畴逐步进展到理念环节，达到自由的境界。因此，旧形而上学的思想并不是自由的思想，因为它未经思想考验便接受其范畴，并把它们当作先天正确的前提。前提有缺陷，结论必然有缺陷。批判哲学的主要课题，就是考察以前的哲学范畴在什么限度内，思想的形式能够得到关于真理的知识。康德特别要求在求知以前先考察"知识"的能力，如在牛顿万有引力定律基础上的思维能力有多大，在爱因斯坦的相对论思维能力有多大。从思维形式或范畴的限度，去发现人思维能力有多高，以及存在哪些问题。人们在研究思维形式或范畴的过程中，如果没有发现其问题，说明批判能力低下，思维能力不高。需要边学习边提高，最后才能进展到批判阶段。对前人的哲学范畴和概念，只有发现问题和缺陷，批判地加以接受，才能发展哲学思维，以及哲学范畴和概念。人的思维能力就是对历史上的哲学范畴进行考察和批判，知道其真正的价值所在。

对思维形式本身当作知识的对象加以考察。我们必须对思维形式的本质及其整个的发展加以考察，才能认识到思维形式的发展脉络，透彻了解哲学范畴反映客观的真正内涵。哲学思维形式发展过程中的争论，以及认识上的弯路，都符合人们的认识规律。一个人开始学习哲学是一无所知的，经过一段时间的学习研究，逐步了解每一个哲学范畴的形成过程，以及有过多少不同的规定和不同的内容，才能逐步明白这个哲学范畴的真正含义。哲学认识历史的发展过程，就是一个人研究哲学思维过程的缩影。研究思维对象本身的活动，就是淬炼一个人的思维能力的活动。思维形式既是研究的对象，又是对象本身的活动过程。这种思想活动叫作思想的"矛盾发展"，即研究思维形式的价值与缺陷，能够提高人的思维能力，又能得到新的哲学范畴和概念，促进人的思维能力的发展和提高，二者相辅相成。

批判哲学以主观观点考察哲学范畴。康德对于思维范畴的考察，有一个缺点就是没有从思维范畴本身的客观性去考察它们，而是以自己的主观观点去考察它们。康德否认思维范畴有客观性的意义，割裂主观与客观的辩证关系。他否认知觉给予的材料形成的范畴是客观的，认为这种思维是自发性的，主观色彩浓厚，在这个意义下是主观的。其实知觉给予的材料形成的范畴虽然是主观的，但是也有一定的客观性，不纯粹是主观的。

感觉材料本身具有主观思维性，人为地主观分析和截取客观事物的一部分来研究，从这个意义上来说感觉材料是主观思维性的。但是感觉材料也具有客观性，感觉材料本身就是客观事物的一部分，必然反映事物的客观性。他又称有普遍性和必然性的思想内容为客观的，依据客观性反映出来的，主观色彩不浓厚，即主观任意性少。他没有看到只有人的主观思维才能够反映客观普遍性和必然性，具有比较强的主观思维性，又割裂主观和客观的辩证关系。有人责备康德，说他紊乱了语言的用法。但这种责备是很不对的，通常意总以为与自己对立的、感官可以察觉之物（如动物、星宿等）是本身存在的，独立不依的。康德看到了感觉的材料具有主观性，是人为割裂客观的主观性，是有一定正确性。反过来思想是依赖他物，没有独立存在的。康德又看到了思想具有客观性，具有独立性。康德具有批判的思维，看到了哲学范畴的另一面。

真正讲来，感官可以觉察追问才是真正附属的，无独立存在的，因为它们是依赖主观思维的，转瞬即逝的表象的东西。而思想倒是原始的，真正独立自存的。因为思想反映普遍性和必然性，具有永恒的性质，不依赖于人的感觉意识而存在。相反感官感觉到的事物反而依赖人的主观意识而存在，具有很大的主观性。在这个意义下，他完全是对的。以什么为标准，决定它是主观的还是客观的。以存在的表象为标准，譬如动物星宿等知觉之物是客观的，确实客观存在着。以客观性的真理为标准看待事物，普遍性和必然性是客观的，知觉之物不能真正反映事物的客观性，是人的知觉主观性的反映。对于艺术品的评价，大家总是说我们不是出于人的意识偶然的特殊的感觉和嗜好，而是要秉持客观公正的态度，基于艺术的普遍性和思想性的本质的观点，去评价一件艺术品。

　　思想的普遍性和必然性具有主客观分离性。思想虽说是具有普遍性和必然性的范畴，但是我们的思想与物自体间却有一个无法逾越的鸿沟隔离开。因为思想的普遍性和必然性没有全面正确反映物自体，只是抽象地反映物自体，必然是有一条鸿沟隔离开的。思想的真正客观性应该是，思想不仅仅是我们的思想，同时又是事物的自身或客观性的本质，即主体与客体的一致性。根据以上讨论，便知客观性一词具有三个意义。第一位外在事物的意义，以示只是主观的、意谓的或梦想的材料性东西，即看得见感觉到的客观。第二位康德确认的意义，指普遍性和必然性，以示有别于只属于我们感觉的偶然、特殊和主观的东西，是客观事物内在联系的东西，是对有限世界的认识。第三位客观性是指思想所把握的物自身，对客观世界整体性的把握，不是局部性的把握，以示于只是我们思想主观性的东西，仅仅是事物的实质或事物的自身有区别的主观思想。思想只有把握客观世界的整体性，才能真正克服普遍性和必然性的主观与客观的分离，达到主体与客体的统一。

三、纯知性的范畴与康德哲学范畴的区别

　　纯知性的范畴。通过感觉和直观所给予一些事物的表象，就其内容来看，乃是杂多的缺乏统一体联系的范畴。知性范畴就其形式来说，只是感性中的互相外在的表现，没有内在的统一的表现。在时间和空间两个直观形式来看，所有一切表象也同样是杂多的东西，同样缺乏内在的联系。当然时间和空间本身作为直观的普遍形式，却是先天的和不变的。但是时间与空间结合表象的杂多东西，就变为杂多的东西了。自我感觉的杂多事物相联系，联系在一个意识中，于是便得到同一性或得到一个原始的综合。二者外在或表象的联系的各种特定方式，就是纯粹知性的范畴。

　　经验和思维推理发现的范畴，必然性适用的范围不同。根据经验揭示各种不同的判断，列出各种判断形式，得到自我的规定或范畴，这是自我意识的抽象统一。一个判断得到一个特定对象的思维。费希特哲学的一大功绩，就是揭示出思维范畴的必然性，主要推演出范畴的必然性来。思维范畴或逻辑材料、概念、判断和推理的种类，不能从事实的观察中取得，不只是从经验去处理，而必须从思维自身推演出来，依靠思维推演方式得到的，不可能依靠材料得到的。一般的思维范畴，直接从材料中得来的东西缺乏必然性。用思维证明什么东西是真的，用理论来证明必然性，比用材料和一般思维形式包含得必然性的范围要大得多。因为思维推演和理论本身，是从材料中提取出来的东西，包含着很丰富的必然性，而材料是直接性的东西，包含很多偶然性的东西。哥德巴赫猜想，在没有材料证明的情况下，就是用思维用理论去推论和猜想的必然性，最后在科学基础上，用逻辑判断、推理证明了猜想的必然性。经验、材料和一般逻辑只能得出普通的概念，只能在很窄范围内有必然性。而理论思维本身具有无限性，证明的结论必然具有广阔的必然性和无限性。思维的高度和广度不同，得出的真理性概念范围也有很大的不同。爱因斯坦的相对论如必然性比牛顿的万有引力定律具有更大的范围。

　　康德认为思维范畴以我为本源的意义。康德认为思维范畴以我为本源，看到了人的思维能力在认识事物的巨大作用。康德的主张是说，思维的范畴以自我为其本源，而普遍性和必然性皆出自于我，即我的思维力度有多大，普遍性和必然性的范围就有多深多广。我们观察近在眼前的事物，则所得的尽是些杂多的东西，范畴也是简单的格式。感性的事物是互相排斥的，互相外在的，没有内在与外在的统一联系，就没有真正主观与客观的统一性，这是感性事物特有的基本性质。譬如说现在只有与过去和将来具有内在联系，才有意义。没有过去的概念，就不会有现在的概念，不将现在的概念放眼未来，也不会有未来的概念。现在是与过去和将来比较才存在的。现在的概念只有包含过去和将来的概念，才有丰富的意义。只看现在不看过去和将来，现在的概念是极其单纯的和浅薄的。感性事物都是互相比较外在显示出差别性。譬如说这个人好，是与比他差的人比较显示出来的。如果与比他好的人相比较，就不能说这个人好了而是差了。这就说明感性事物好与不好，不是看它自身的本性或客观性，而是通过外在比较得出的认识。真理性的概念是以自身为标准的，自身各种东西都具备了，主观性与客观性达到统一的程度，才是真正的真理性的概念。孔子在仁义礼智信方面的修养已经达到内圣外王统一的境界，符合人的最高境界的主观与客观性的标准，才是一个真正的圣人概念。一般人没有达到这个境界，就是不符合圣人的概念的标准，只是一般人的知性标准。内外统一东西是看自身的本性得出的概念，不是与其他东西比较得出的范畴。外在之物之所以存在，是由于他物的存在，并且与他物与之对立而存在的。但思想或自我是不排斥外在对立的。自我是一个原始的同一，自己与自己为一，自己在自己之内。因为自我有很强的思维能力，能够排除对立，自我同一。自我俨如一个烘炉，一股烈火，吞并一切散漫杂多的感官材料，消化吸收融合，达到内外统一，主观与客观的统一。就像中医把人的气血、经络和五脏连为一体一样，归结为统一的有机体，达到对人的主观与客观统一性的认识。这就是康德所谓的纯粹的统觉，以示于有别于只是接受复杂材料（外在的东西）的普通统觉，只能给复杂材料外在的描述。纯粹统觉是自我化的能动性，自我不断地认识和提高自己的思维能力，提高消化吸收复杂材料的思维能力，不断深入地认识客观世界内外本性，最后与自我主观思维合二为一。

康德的这种说法，已经正确地道出了所有一切意识的本性了。人的努力总是趋于认识世界，同化并控制世界，好像是在于将世界的实在加以陶铸锻炼，加以理想化，使世界符合自己的目的，达到绝对统一的状态。感觉杂多性得到绝对的统一力量，是自我意识的主观活动，这个同一性即是绝对，即是真理自身。这绝对是很宽大有序的，让杂多的个体事物各从所好，各得其位，形成一个有机的统一体。而不是外在互相排斥，不知自己的位置所在。知性思维没有有机统一体的概念，不知道感觉杂多材料在有机统一体的正确位置。

康德的自我意识缺乏客观性。康德说自我意识的统一只是主观的，不是主客观统一的，因此缺乏客观性。康德没有从理性思维上推理演绎如何达到主观与客观的统一。因此康德的自我意识就是先验的统一。人的认识能力还没有超出经验的范围，思维缺乏超越性，即客观世界与主观的一切还是对立的，没有超越主观而达到主观与客观的真正统一。所谓思维的超越性，是指应该超出知性的范畴和主观性而言的。这种意义的用法，最初见于数学里面。譬如在几何学里，我们必须假定一个圆周的圈线，是由无限多和小的直线形成的，圆周的线长了才显得弯曲，短了就不显得弯曲。知性则认为直线与曲线是不相同的概念，从外在看肯定是不相同的。思维要假设曲线即为小的直线，与直线是相同的，这就是超越知性的看法。外在表象是不同的，但是内在本性是相同的，世界万事万物就归而为一。大道至简，哲学思维就是找到世界万事万物的统一性，用统一性来认识一切，统摄一切。纲举目张，纲是一，目是多。认识纲就能举一反三，认识目的话，只能是胡子眉毛一把抓。所谓超越就是超越知性，超越表面的表象，超越有限，才能达到对客观世界统一性的认识，才能达到自己的主观与客观世界的统一，自己的思维能力才具有无限性。康德认为自我意识的统一是先验的，只是主观的，而不属于知识以外的对象自身，即客观性。把客观与主观割裂开来。其实客观世界本身也是一个统一体，只是被杂多现象所掩盖而已。

感觉是只能感觉到对象的一个特质，如糖果是硬的、甜的等等，这些特质统一在一个对象里。但这个统一却不在感觉里，感觉不能把各个特质联系统一起来，感觉不知道它们之间的关系与内在联系。思维产生的范畴，就是把两件事联系起来，如因果关系，一件为原因，一件为结果，原因产生结果。感觉只能感到两件事物依时间顺序相连续的割裂开来的个别事实，没有感觉到它们之间的内在联系，不知道是前一事物产生了后一事物。虽说这是思维本身的功能，但不能说只是主观的东西，而不是客观对象本身的规定性。康德认为范畴只属于主观的，而不是客观对象的规定。康德看到主观范畴没有完全反映客观性，思维没有达到主观与客观的统一，所以他认为范畴是主观的，他是主观唯心论。他认为自我能知的主体既供给认识的形式，即逻辑范畴，又供给认识的材料，即感觉对象的材料。认识的形式是能思之我，认识的材料是感觉之我。强调逻辑范畴和感觉材料的主观性，否定客观性。

康德的主观唯心论存在的缺陷。认为对象的统一性只属于主体，不是主观与客观的统一。这样认识对象便失去了客观实在性，认识对象只是一个外在的存在，主观性的东西。客观实在性是真实性，具有真理性、永恒性和无限性的。外在的存在只是外在性和表象性，受时间限制，转瞬即逝的东西，人们无法认识和掌握的东西。如果内容是主观的，没有客观性，就是一堆感觉印象的聚集体，不是客观性和真理性的表现形式。康德认为客观世界是具有无限广大的内容，感觉永远无法全部感受到。康德没有看到理性思维具有感悟客观世界无限广大内容的能力。

正确思维应该感到主观性和客观性的区别，而着重认识对象内容的真实性，即内容既是主观的，也是客观的，才具有真实性和真理性。外在的存在就是在时间上的体现，时间变化，外在存在就变化。范畴或概念的内容是事物内在本质变化过程的体现，与外在变化没有直接关系。即使时间发生变化，内容的客观性与主观性也可以不变。譬如说一个人的真正爱情上升到精神层面是永恒不变的，不因时间的变化而改变。但是人的存在（外在）因时间变化而必然变化，由年轻变年老。人的精神也可以永恒不变，人的精神的实在性和真实性是永远不变的。一个人的犯罪行为是客观存在的，但本质上不是真实的存在，因为从人的罪行要受到惩罚和禁止来看，不是符合人的真实性，它就不是一个人的行为的真实存在。符合事物的本性的东西，才是真实的存在。哲学研究存在的外在性，只是为了研究存在真实性的一个开始，是认识的开始而不是结束。

范畴的作用与局限性。一方面通过主观思维加工成为范畴，单纯的知觉被提升为客观性或经验，成为具有固定的符合一定客观性的思维形式。另一方面，这些范畴又只是主观意识的统一体，由于受外界给予材料的制约，本身就无限性来说就是空的，而且只能在经验范围内才可应用有效。经验的另一组成部分，感觉和直观的规定，同样是主观的东西，只是感觉到客观的一部分，不是客观的全部，因此，主观不可能与客观性完全统一。

一般范畴（感觉性）的内容是具有特殊性的内容，缺乏普遍性的内容。哲学范畴是感官感觉不到的，不在时空之内的，已经被人的主观从客观的具体性中抽象出来了。所谓不在时空之内，是说内容在通常意识里，已经得到普遍的认可，应有范围极其广泛，不受时间和空间的限制。譬如马克思主义唯物主义关于生产力与生产关系，经济基础与上层建筑的基本原理，适用任何人类社会形态。在经验的范围内的普遍性，都是应用范围很窄的普遍性，有时间和空间限制。逻辑范畴本身是空虚的，是指这些范畴和范畴总体（逻辑理念）不是停滞不动，而是要进展到自然和精神的真实领域去的，才能使逻辑理念的内容充实融合进自然和精神领域的丰富内容。纯粹理念的东西，是比较空虚的和缺乏真实内容的，主观性强一些，客观性差一些。

材料与内容是有区别的，一本小说中，堆积了许多个别的事实材料，如果没有经过人的主观思维和加工，就不是书的内容。而这些材料事实经过人的思想加工，形成小说的情节思维后，反映作者的思想，与社会客观实际相统一，才具有小说的思想内容。书的内容越深刻，就越是具有丰富的思想内容。内容不深刻，就没有多少思想内容了。材料是外在的东西，组成一定的文学表达形式，才能反映深刻的思想内容。思想内容是事物存在的意义和价值。

范畴与绝对的关系。范畴因为只是主观与客观的部分的片面的反映，因此是不能够完全表达绝对内容的。绝对不是在感觉中给予的，必须是在辩证的思维中和一系列的概念体系给予的。知性范畴得来的知识，不能认识物自体。物自体类似于人们所说的小宇宙，是一个事物完整的整体性的东西，存在于不同的范畴。存在表现事物的外在性，物自体（包含精神和上帝）表示一种实体的对象。物自体是一个完整的整体性的东西，不是感觉材料对事物表达的残缺不全的东西。物自体一是具有抽象性，它是对意识的一切联系，不是部分联系；二是具有否定性，否定表象和感觉的东西，否定特定思维等东西，不断趋向于纯粹抽象思维的产物。物自体的各种有限规定性被否定后，形成统一的无限的物自体。

理性思维能力。发现经验知识是具有条件的，那就是感觉事物的知性能力。理性却是无具体条件认识事物的能力。逻辑判断力和推论的能力，以及辩证思维能力等就是理性思维能力，是在脱离具体材料的情况下，无具体条件认识事物的能力。科学家和哲学家的许多猜想和想象力，就是在无具体条件的情况下认识真理的典型例子。理性的对象，就是自我同一性，不是自我一部分的同一性，是自我之原始同一性。理性是把纯粹的同一性本身作为对象或目的，不是具体事物的同一性，是抽象的自我同一性，依靠自我理性的思维能力统一的。这种完全没有规定性的同一性是经验知识所不能把握的。因为经验知识总是涉及特定的内容，有特定的对象，依靠特定的内容或对象同一。如果承认这种无条件的对象为绝对和真理，那就会认为经验知识不是真理，而只是现象了。经验知识相对于存在的知识，只是具有一些理性的成分。绝对都是存在于有形之中无形的自我同一的抽象关系。譬如黑格尔的绝对理念就是存在于他的逻辑范畴和概念之间关系的自我同一的体系之中的。

康德最早提出知性与理性的区别。知性以有限的和有条件的事物为对象，而理性则以无限的和无条件的物自体为对象。知性知识具有有限性，内容表现为现象，但它停滞在这种否定的成果里，归纳为纯粹抽象的、缺乏具体内容的和排斥任何区别的自我同一性。如果只是认为理性为知性中有限的或有条件的事物超越，则这种无限的理性事实上将会降低其自身为一种有限的或有条件的事物。只有否定没有肯定无限的东西，内容就是空虚的。只有在否定中肯定无限的内容，才能真正得到无限的理性的东西。康德只是批判经验哲学的知性范畴，没有肯定思辨哲学的概念内容。只说知性有限，无限是什么却不知道，等于没有无限思维，只是前进了一小步。只有否定之否定，才能在更高的基础上返回原点，即螺旋式上升，得到无限实在的内容。真正的无限不仅仅是超越有限，而且包括有限并扬弃有限于自身内，把有限中的无限因素提炼出来，肯定有限中无限的东西，而不是完全抛弃有限。譬如人性中欲望的东西是有限的，随着人的死亡而消失。而且人的欲望过度就会互相伤害，不代表人的本性，是动物的本性。因此对于人来说，恶是有限的东西。但是在欲望的成分中，也包含无限的东西，人有欲望才有人情味，才有竞争精神和进取精神，才能够促进人类社会向前发展。欲望不过度，与人的仁义道德和谐一致，也是人的本性必不可少的。因此欲望也包含有无限性的东西。佛家弟子没有人的欲望，也就没有人情味和竞争进取精神了，又走向另一极端了。扬弃欲望恶的一面后，吸收欲望合理的一面在善内，才是真正善的理念，真正的无限。

关于认识对象的本质属性。人的认识有三种属性，一是常识的知性认识。认识的对象都是独立自存的，明白这些对象彼此是互相联系与互相影响的事实时，也是外在的关系，人们看不到事物内在本质的关系与相互影响。二是主观唯心论的认识。康德认为直接认知的对象只是现象，不是根据，人们不知道根据是什么。这些对象存在的根据不在自己本身内，而在别的事物里。康德认为事物自身具有无限性，但是永远无法完全认识，无限认识是永远不能达到的彼岸。因为康德没有辩证思维，所以没有从肯定到否定、否定之否定的思维方式，不能从物自身找到根据。主观唯心论认为凡是构成我们意识内容的东西，只是我们主观设定的，与客观没有统一性。三是绝对唯心论。事实上我们直接认识的事物，就我们主观来说是现象，但是就其事物本身客观来说也是现象，不是纯粹主观的东西，而是客观的东西。而且这些影响事物自己特有的命运，它们存在的根据都不在它们自身内，而在普遍理念内。自身只是暂时的根据，转瞬即逝的根据。对于事物的这种看法也是唯心论，不是主观唯心论，而是绝对唯心论。就其内容实质而论，它不仅是哲学上特有的财产，而且是构成一切宗教意识的基础，因为宗教认为当前世界都是出于上帝（相当于本体或普遍理念）的创造，受上帝的统治。

理性只是认识对象的存在，就不能达到无限性。理性要求认识自我的同一性或空洞的物自体，但只是认识一个对象存在的特定内容。因为存在的特定内容包含许多别样性的东西结合在它自身内，这种结合是建立在与许多别的对象的联系上的。物自体与别的对象有一种联系，就有一种性质，有多种联系就有多样性的性质，这样就产生了不确定性的认识。想要规定那无限之物或物自体的性质，则理性除了应用它的范畴外，就没有别的认识工具了。依靠物自体的有限规定性来认识和把握无限，是根本做不到的。理性只有脱离认识对象的有限存在，设法应用理性的范畴和概念不断地梯级递进，才能去把握无限，则理性便成为飞扬的或超越的了，具有无限的把握和概括能力，才能真正反映世界的无限性。理性范畴本身就具有反映对象物自体的无限性，而不是依靠认识的对象——物自体，来得到无限性的认识。理性在物自体有形存在的基础上，运用理性发现物自体的无限性，就能脱离物自体的有限性，运用理性范畴和概念不断地判断和推论，达到无限性。

四、康德的理性批判

康德理性批判第二部分涉及一些内容的客观性。康德理性批判的第二方面尤为重要。第一方面认为所有范畴都以自我意识的统一性为本源（我的思维为本源），因此通过这些范畴所得到的知识，事实上不包含任何客观性。这点看来，康德的批判只是一种粗浅的主观唯心论，它并没有深入到范畴的内容的客观性，只是列举一些主观性的抽象形式，片面地停留在主观方面，认为主观性为最后的绝对肯定的规定。

康德批判哲学的第二部分考察范畴的应用，理性应用范畴以求得关于对象的知识时，略略提到了范畴的内容。我们看康德讨论范畴如何应用于无条件的对象时，是如何批判形而上学的。

（一）第一个无条件的对象是灵魂

在这个前提下，他把人规范为具有四种特性：一是能规定事物的主体，具有反映事物的规定性的能力，相当于人的分析能力；二是我是单一的东西或抽象的东西，人具有抽象能力，把一个事物抽象定义为是什么；三是在我的一切杂多意识经验中，我的意识是同一的，具有把所有杂多意识归纳为一的能力，即人的同一能力；四是我是能思维的，具有无限穿透的思维能力。

康德认为旧形而上学将上面的对象用经验规定、用思维规定或用相应的范畴规定，产生四个命题：一是灵魂是一实体。分析找到灵魂的规定性，就得到灵魂的实体性，具有实在性，不是空无规定性的；二是灵魂是一简单的实体。诸多规定性化为同一的，即人的归纳综合能力；三是灵魂在不同时间的特定存在里，无论怎么发展变化，数目上是同一的、一而不二的。灵魂不受时间限制，无论如何发展变化，灵魂是永恒不变的。在事物的发展过程中，旧形而上学注重抽象的同一性，看到诸多的不同性和多样性，无法达到内在的统一，看不到否定之否定的辩证发展过程；四是灵魂和空间的关系，即灵魂是否是具有无限性的。灵魂是否受空间制约，是不是自由的。

　　形而上学的缺点，就是将两种不同范围的规定，将经验中的规定（感觉的形式）和逻辑上的范畴（纯粹思维的形式）弄得混淆了，陷于一种背理的论证，没有从对立中达到统一。二者本来就是有矛盾和对立的，经验是感觉的和表象的东西，是外在的和有限的东西。逻辑范畴是思维的和内在的东西，是脱离材料的无限东西。康德认为由经验的规定推到思维的范畴，用思维的范畴以代替经验的规定，我们没有权利那样做。康德没有思维到有限的东西包含无限的东西，只是以有限为主，不知道如何从有限过渡到无限。同样无限的东西，也包含有限的东西，只是以无限为主罢了。所谓经验的认识范畴上升到思想的范畴，经验的东西必须明确诸多规定之间的内在联系和辩证关系，运用辩证思维扬弃有限东西的表象的外在的东西，挖掘有限中内在联系的无限成分，并扩大其内容形成无限的联系，才能够上升到思想的范畴。如果经验的东西，彼此之间互相对立不能扬弃，就无法上升到思想的范畴。思想范畴是能够反映事物整体性和内外统一关系的范畴。思想范畴充分反映人的概括能力、穿透能力、领悟能力和无限能力。经验认识的范畴只能反映人的分析和综合能力。经验的事实，无论就内容或形式而言，都是感觉的东西、外在的东西、知觉的东西，都是与思想范畴不同的。譬如我们分析事物的规定性——质，只是表象的性质，只是同一性，没有看到差别性，就无法进入本质的思想范畴。只有从质量互变的量上，看到量不是绝对的一个性质，不仅有某物的质，而且还包含他物的质，才能由某物变化为他物。思辨思维就是从质与量的同一性中，看到了量的不同性以及质的不同性，它们之间的对立性和矛盾性，自然进入本质的范畴。感觉范畴向思想理性范畴过渡，就是要发现感觉范畴的对立和矛盾，并扬弃对立和矛盾达到统一，在有限向无限的过渡中，不断运用理性的辩证思维扬弃范畴的矛盾，最后必然过渡到思想和理念的阶段。

经验中的意识和灵魂的各种规定，与思维的活动所产生的规定并不完全相同。知觉构成了知识和经验的范畴，需要转变上升成为思维的范畴。譬如，质变和量变外在的两重性，反思上升为内在的对立统一性的思想范畴。

康德批判哲学的很好后果就是从存在的实物上升为精神。古代哲学家研究哲学开端范畴，不是水就是火等具体实物，由于无法脱离实物进行思维，使人的思维受到极大的局限性。康德对于精神的研究，从灵魂是实物（与实物联系），从灵魂的单纯性、复合性、物质性等问题解放出来，上升为主观性的范畴。因为这种种形式不能在哲学中存在，只能在科学中存在。不是因为这些形式不是思想，而是因为这种思想是有限的思想，并不包含多少真理的成分。经验中的所谓思想，是肤浅的没有多少真理性的东西。

康德认为思想与现象彼此不完全相符合，是因为思想的缺陷，思想不符合现象。思想的范畴不适于把握限于知觉范围的意识，在知觉里也寻不到思想的痕迹。康德看到理智思想的缺陷，就是无法把握知觉范畴的意识，只能把握感觉范畴的意识，即感性认识。二者存在明显的矛盾是无法克服的。现象是抽象本质的反映，不是具体理性内容的反映。因此，现象有很多偶然性，本质与各种偶然条件结合，就会产生许多偶然的现象。现实才是本质的必然性的反映，现实是人们根据本质的本性，选择适合本性的理性的条件，实现合乎本质和理性的东西就是现实。譬如，一个政府本质是保证社会安定，实现各个阶级的利益，人民安居乐业。人们根据政府这个本质建立政府组织，履行政府职责，就是一个合乎其本质和理性的现实政府。如果建立的政府违反这个本质和理性，搞得社会不安定，就不是一个现实政府，而只是政府的一个现象。历史上存在种种政府，好多都是现象式的政府，真正合乎现实性的政府很难做到。

其实思想内容本身没有缺陷，辩证思想能够全面反映事物的本性，与客观性相统一。但是理智思想缺乏内在的有机统一，无法使知觉意识上升为具有辩证思维的思想。现象本身具有一定的客观性，但是有局限性的，是外在的。现象规定性之间是割裂的。

背理的论证是一种错误的推理。背理的论证在于将两个前提中同一名词加以不同意义的应用，对一个范畴没有固定的意义，可以这样用，也可以那样用，让人无法遵循。思想范畴是有固定含义的，不能产生彼此外在相反的意义。康德看到了背理论证在一个范畴中不同甚至相反的含义，但是他没有把不同的相反的含义辩证地统一起来。思想是辩证对立和统一的相反，不是没有统一的不同或相反。他把经验规定的灵魂认作灵魂的本质，其实经验规定的灵魂就是外在的规定性。灵魂其实是物质（人或动物）由于产生高尚的情感，否定物质上升到精华的层面，是情感的凝聚物，是超出人的自私私欲，纯粹高尚的情感东西，没有一点欲望的东西。士为知己者死的情感，梁山伯与祝英台式的情感，不是纯粹物质的东西了。一个人有了过分的欲望和私欲，他的情感就不能升华到灵魂的境界，就是物质的东西，死后成为一堆灰烬，消失得无影无踪。所谓灵魂不死，就是灵魂可以脱离物质单独存在。这样的灵魂本质，经验是无法规定的。因为灵魂的本质是无形的东西，是无法感知的，没有经验能够体会到，只能依靠思维感悟到。灵魂的内容不只是简单性和不变性能够表示的，知性的范畴太拙劣，无法表述灵魂的丰富内容，必须用无限的概念来表现灵魂的精神境界，才能比较准确地表达。康德攻击旧形而上学，把这些抽象的简单的谓词从灵魂或精神中扫除净尽。

（二）第二个无条件的对象是世界

理性在认识世界时，便陷于矛盾（二律背反）。对同一对象持两个相反的命题，甚至认为相反命题每一个命题都有同样的必然性。譬如说失败是成功之母，失败本身就是失败的东西，但同时又包含成功的因素。二者表面上看起来是矛盾的，失败就是失败，与成功是矛盾和对立的，人们失败就沮丧，成功就高兴，如果说失败是成功之母，那么人们失败也应该高兴啊！"飞矢不动"这一命题同样是矛盾的，从经验来看，明明飞矢是运动的，怎么能说还有不动的一面呢？飞矢既有运动性又有不动的停滞性，这不是矛盾吗？可见这种矛盾的规定，世界的内容不只是自在的实在那样的，还有虚假的成分。这其实既是现象的反映，又是本质的反映。康德认为这是认识对象的理性问题，对象本身没有问题，引起矛盾是理性内容自身或范畴本身没有正确地反映对象，是知性范畴认识理性的世界引起的矛盾。如果是运用辩证思维范畴，就能解决这个矛盾。他认为世界的本质是不应该有矛盾的，只好把矛盾归于思维的理性，或心灵的本质。矛盾不是世界的本质，而是思维的本质。其实矛盾既是世界的本质，也是思维的本质。辩证思维就是解决矛盾的思维，内在地揭示世界本质的矛盾性和统一性。

飞矢既有运动的一面，也有不动的一面两种属性，是从不同的条件下得出的不同结论，二者是在不同的条件下产生的对立和矛盾，并不是飞矢本身存在的矛盾不可解决，而是人的理智思维无法解决而已。飞矢的统一性是动中有静，静中有动。在运动中包含静止性质，在静止中包含有运动的性质。相对于一定的时间和空间是运动的，另外一定的时间和空间是不动的。飞矢动与不动的矛盾，是与时间和空间的联系决定的，飞矢的客观本身就有动与不动的矛盾性，只是人的理性思维如何解决这个矛盾。

还有的人说是应用范畴陷于矛盾，这也是错误的认识。理性在求知时除了应用范畴并无其他认识的规定。认识就是规定了的思维，具有规定性是思维的本性。如果没有规定性的思维，理性就是空洞的，没有时间和空间概念了。没有规定性就没有矛盾了。理性牺牲了规定性，牺牲内容和实质，换取自身矛盾的解除，是完全错误的认识。

康德对于理性的矛盾缺乏深刻的研究。康德不是从一个对象的本身概念去求出对象的性质，而是把对象安排在现成的图式内（主观模式内）。康德对于理性矛盾发挥的缺点，黑格尔加以阐述。康德只在四个对象发现矛盾，黑格尔认为在一切种类的对象中，在一切表象、概念和理念中都能发现矛盾。认识矛盾，认识对象的矛盾并解决矛盾，就是哲学思维思考的本质。这种矛盾的性质构成后来逻辑思维的辩证环节。前一个概念以此方面为主，以彼方面为辅，从此看是主导的正面的，从彼看是次要的负面的。随着事物的发展，概念的主要方面变为次要方面，概念的次要方面变为主要方面，思维范畴前后就是如此互相联系，辩证发展的。

旧形而上学认为知识会陷于矛盾，乃是思维的错误。康德认为思维认识要上升无限，思维本身的本性便会陷于矛盾，即认识能力有限，认识对象无限。其实人的理性思维能力具有无限性，能够解决这个矛盾。理性认识对象矛盾的真正的积极意义，在于认识一切现实之物都包含有相反的规定于自身内，譬如人体的阴阳。在自身的矛盾中就能不断认识世界的矛盾，不断地肯定和否定世界的矛盾，否定之否定，不断发现自身相反的规定，否定自身主要的东西，肯定自身相反的次要的东西，就能不断认识新的东西，就能使认识不断地丰富和发展，不能停止不前，最后对世界形成一个螺旋式的圆圈式的认识，即形成对绝对真理性的无限性的认识。

认识把握一个对象，就在于意识到这个对象作为相反的规定之具体的统一，不是抽象的统一。具体的统一是内外各个环节有具体内容的统一，不是抽象的外在一个方面特性的统一。旧形而上学抽象地应用一些片面的知性范畴，譬如外在看花是红色的，不包含有其他的颜色，就排斥其他颜色。旧形而上学排斥反面的属性。康德与此相反，尽力证明用这种抽象方法得来的结论，总是可以另外提出和它相反必然性的说法，去加以否定。譬如人们主观认为免疫细胞是好的，病毒细胞是不好的。但是辩证地看，人体没有病毒细胞只有免疫细胞，一旦病毒细胞侵入身体，免疫细胞没有免疫能力，人体生命就要结束。人体内只有包含一定数量的病毒细胞，还不对人体构成伤害，就是最佳的，因为人体包含病毒细胞，人体免疫细胞才能对这种病毒细胞具有免疫能力，一旦病毒细胞发作，能够捕杀病毒细胞。免疫细胞与病毒细胞二者既矛盾对立不同，又有共生性和同一性。免疫细胞离开病毒细胞没有任何作用。

康德举出思维认识上的四种矛盾。第一种矛盾是世界为限制在时空中的问题。世界无限，时空有限。用时空形式认识世界，无限的世界无法用时空范畴去认识。时空认识的都是相对真理，没有时空限制的无限就是绝对真理。解决认识这个时空矛盾，只有不断地否定有限的时空，不断让思维从有限的时空中发现无限，把有限时空与无限对立辩证地统一起来，就解决了这个矛盾。譬如老子的"道"和黑格尔的绝对理念，就是在有限时空的基础上形成的无限认识。

第二种矛盾是物质是无限可分的吗？还是物质由原子构成的？认识世界必须以基本单位为出发点，才能研究明白。如果以原子为出发点，就要研究明白原子的本质及基本性质特征，由此发生变化发展下去，万变不离其宗（原子）。如果物质在原子的基础上能够再无限分割下去，再以原子为出发就是错误的，结论必然是肤浅的。即使以比原子更小的单位为出发点，但是原子仍然会包含在它的范畴之内，不是完全无用和错误的。原来人体研究是以细胞为基本单位和出发点。如果无限分割下去基本单位，现在以基因为基本单位。人类的认识永远是在原来认识的基础上继续前进，而不是抛弃原来的认识概念，不能把原来的认识与新的认识绝对对立起来。哲学的理性思维，是以脱离具体事物材料的思维，不会因为物质的无限分割而发生根本性的改变。哲学理性思维是从有限中发现无限，从有形中发现无形，即使物质可以无限分割下去，但是无限理性的基本理念是不会变的，只能随着无限分割越来越丰富而已。

第三种矛盾是涉及自由与必然的对立。世界都是受因果必然性的支配吗？还是假定在世界中有自由的存在，有行为的绝对起点吗？客观自然是规律是不以人的意志为转移的，人不能违反客观规律得到自由。形而上学认为自由就是无拘无束的，不受任何限制的，这样的自由自然与必然是相对立的。辩证思维认为，人的自由是在必然性的基础上，达到主观与客观的真正统一，才能得到真正的自由。真正的自由不是无拘无束的，没有任何限制的，而是受到客观规律的制约。自由是人在充分认识客观规律的基础上，充分利用客观规律，去控制和改造各种条件，才能使客观规律按照人的意志运行，这样客观规律才能为人的自由提供很好的服务。人的自由绝对不是与客观必然性相对立的，而是在对立的基础上达到统一。

第四种矛盾是世界总的来讲究竟是有原因还是没有原因？具体事物有原因，有一因必有一果。世界作为一个整体，哪个部分是因，哪个部分是果。人为地切割一部分，你说这一部分是原因，下一部分是结果。可是如果一直推理下去，下一部分推理到它的原来前一部分，这个果是果还是因呢？循环看下去，没有谁是因，也没有谁是果。如果旧的形而上学片面地割裂地看问题，前一部分必然是因，后一部分必然是果。辩证地看循环发展地看变化，则无法分清谁是因谁是果了，既是因也是果。

康德对理性的矛盾，采取对立的方法加以证明。康德在讨论理性的矛盾时遵循的方法是，并列两个相反的命题，对正题和反题，分别加以证明，得出两个必然的结果。但他证明的命题似是而非，因为他要证明的理论总是已经包含在他据以出发点的前提里，没有推理出来新的概念含义来。康德把两个相反的东西割裂开来，没有互相包含，对立统一。如孟子说人性是善的，荀子说人性是恶的。孟子的前提就确定的人性是善的例子，自然推出人性是善的，没有按照人的客观本性作为前提去推论。人的客观本性本来就有善有恶的统一体，不能割裂开来。康德的批判哲学揭示出这些矛盾是一个很重要的收获，就是看到了任何一个命题都有矛盾性，不像形而上学认为的那样只有同一性，没有看到矛盾性。康德指出了思维的矛盾性是符合客观理性的，虽然没有解决，但是毕竟把理性思维向前推进了一步。这样说出来的矛盾，虽说是从主观性方面充分发挥出来的，但是知性呆板地分析了范畴之间的实际的统一性。譬如时间与空间有其分离的方面亦有其连续的方面的学说，同一性就是互相联系，分离性就是互相对立互相排斥。反之旧形而上学则是承认时空的连续性，不承认分离性。特定的时空（如此时此地）才是真实的，规定性的变化包含在特定的时空概念之中。特定的时空具有静止的特性（量变），规定性才能确定。如果时空一直处于变化之中（质变），规定性就会不断变化，人们难以认识和把握。知性所了解的自由与必然，只是构成了自由和必然的抽象的两个环节，把二者截然分开为二，互不相干，而不是互相包含、互相联系、不可分离。必然包含自由，必然达到理念的阶段，人们充分认识必然性在理念环节的各种表现，就能够运用必然性为人的自由服务。自由包含必然，自由不能违反必然，只有在遵循必然的前提下，才有自由的可能性。

（三）第三个无条件的对象就是上帝

上帝必须认识无限性，通过思维去规定的，即一部分一部分去研究其规定性。从知性的观点看来，单纯的同一性，一切规定都是一种限制，一种否定。规定上帝是有这个规定性，就是这个东西，有那个规定性，就不是这个东西。互相外在的否定，就互相割裂，互相限制。因此，上帝就是具有片面性和虚假性的，这不是上帝的真实反映。反之要想得到上帝的真实性，只可当作无限制地或不确定的。一有限制就要产生排斥和对立，就要受到限制，必然是虚假的。这样知性思维就缺少一些规定性，没有包含统一性和整体性，缺乏哲学的规定性，就不是真实的存在，上帝便成为单纯的抽象物，成为一个绝对抽象的规定性的"存在"了。这样的上帝就没有具体的规定性的统一。上帝一个个规定性都是各自独立存在的，归结为抽象的同一性。古代哲学家把世界抽象同一为水或火，根本无法用水或火把世界各种各样的事物统一起来。知性的观点也无法用抽象的上帝概念，来统一世界的各种内外规定性和本质属性。知性的观点只能简单地武断地认为世界一切都是上帝存在的表现，上帝如何表现世界无法真实说明。抽象的同一性（主观抽象思维）和存在就是理性想要统一的两个环节。抽象的同一性是上帝的内在，存在是上帝抽象同一性的外在表现，两个环节没有统一。因为外在存在是多种多样的形式，作为内在的抽象同一性是单纯简单的同一性，无法与外在的多样性统一的。把上帝内在的抽象同一性，逻辑思维演绎成具体的统一性，就要具有多种内容的相互联系和相互否定，各个环节才能有具体的衔接和有机的统一，这样丰富多彩的上帝，才能与存在的多样性有机地联系起来，达到真正的统一性，达到理性和理想的状态。抽象的逻辑内容是无法与丰富多彩的客观世界统一联系起来的。

　　上帝要达到内外统一有两种途径。可以从存在过渡到思维抽象物（各种抽象的规定性），或者从抽象物回归到存在。从存在开始，存在作为直接存在而论，它被看成具有无限多的特性的存在（特殊性），由特性存在组成的世界（譬如世界五大运动形式），或者把世界看成是无限多的偶然事实聚集体（宇宙论的看法）；或者无限多的目的（有主观性），及无限多的有目的的互相联系的聚集体（自然神学的证明看法）。如果把这个无所不包的存在叫作思维，必须排除个别性和偶然性，把它认作是一个普遍的、本身必然的、按照普遍的目的而自身规定的、能动的存在，就是上帝。自然神分散为特殊，上帝集中为普遍。这是思想的发展过程，开始认为存在是客观的特殊的，然后是主观的有目的性，最后是看作思维的存在。只有思维才能把握世界，把客观世界各种特殊的存在统一起来，形成统一的体系，统一的发展变化规律。面对客观零散彼此孤立的存在，人们根本无法把握世界。知觉的和知觉的聚集体（世界），本身不表现有普遍性，普遍性是思想纯化为知觉内容的产物。通过经验的世界观念，不能证实其普遍性。从经验世界出发，经过思维着的考察，超出知性提高到上帝的权利。唯有思维才能把握世界的本性和实体，把握世界的普遍力量和究竟目的。思维超出感官世界，才能从有限世界提高到无限世界，打破感官事物的锁链进到超感官界的飞跃，一切过渡都是思维自身造成的，证明上帝作为存在的统一体。没有这种过渡和提高的过程，就是没有思想。动物没有这种过渡，停留在感性的感觉和直观阶段，因此它们也就没有宗教，即思维的产物。思维能够从纷乱的世界中，寻求到普遍性和客观世界的统一性，以及实体统一性于上帝。

　　思维对经验加以否定得到理性认识。对于思维的这种提高作用，就是对于经验的形式的外壳加以否定和排斥，则感性材料的内在实质（质与量的内在实质）就会呈现出来。抽象理智的形式认为善就是好、恶就是坏，这是外在形式外壳表现出来的东西。思维否定外在的抽象认识，一个人善中包含恶，恶中包含善。

　　形而上学对于上帝存在的证明，即从精神由世界提高到上帝的过程，没有完善的表达和描述，不能从世界的存在如何演绎为精神过程里，所包含的逻辑必然的各个否定环节，具体逻辑演绎显著地表达出来。如果世界只是偶然事变的聚集体，则这世界便只是一个幻灭的现象的东西，本身是空的，没有实质内容的东西。精神的提高，其意义在于表示着世界虽然存在，但其存在只是假象，而非真实存在，非绝对真理。绝对真理只在超出现象之外的上帝里，只有上帝才是真实的存在。精神的提高固然是一种过渡和中介的过程，同时也是对过渡和中介的扬弃，譬如黑格尔的逻辑思维由质、量、尺度的范畴，扬弃到本质的范畴，扬弃本质的范畴达到概念和理念的范畴。因为那中介一直否定和肯定地演绎下去，才可以达到上帝的世界，上帝也才是绝对世界统一的化身了。每一个中介过程都包含上帝的一部分，只是包含的范围和内容不同而已。只有通过否定世界的外在存在和部分规定性，精神的提高才有了依据，中介的东西就消逝了，中介的外在存在被宣示为空无了。精神汲取了中介的部分精华（去其糟粕），不断累积中介的精髓东西，最后成为纯粹精神统一体的东西。譬如黑格尔的逻辑学，就是以存在的范畴作为开始的，不断扬弃中介的一系列范畴，汲取其中介表象精髓的东西；经过本质阶段，汲取世界内在的精华；经过概念阶段汲取世界整体精髓的东西，最后经过概念的判断和推论，成为思维与存在、主观与客观统一的绝对理念。开始和中介的范围越广，汲取的精髓就越多，精神的东西就越广阔越精髓。耶可比反对理智证明，把否定性的中介关系看成两个存在物间平列互依的肯定的关系，没有否定思维扬弃的能力。这样理智是由有条件的事物去寻求无条件的上帝，得到的就是上帝的假相（有限）。精神提高的意义即在于校正这个假相，即辩证思维的否定就是在中介的过程中，扬弃中介的外在有限的规定性，即后面范畴否定前面的范畴有限的现象或假相，得到前面范畴无限的成分。每一次否定，都能够得到一些无限性，循环到最后达到主观与客观的绝对统一就是无限性。

忽视否定环节，就不能让思维达到理性的阶段。为了说明对于思想中否定环节的忽视，可以看一下斯宾诺莎的哲学。斯宾诺莎的绝对实体还不是绝对精神。斯宾诺莎认为，世界（存在）只是现象，没有现实的实在性。斯宾诺莎否定了世界呈现在人们面前的一切东西，认为这些都是虚假的东西，不是本质的反映，把世界的存在看成仅仅是现象，也否定了世界的客观实在性。斯宾诺莎只看到了世界本质与现象的对立，没有把世界存在的现象与世界客观实在性辩证统一起来。斯宾诺莎没有把上帝界说成上帝与世界的统一，而是认为上帝为思想与形体的统一，即主观的有限思想与客观有限世界的统一。上帝是一个有限的一体的东西，思想则是由无数个范畴和概念组成的。人们目前认为物质世界是有限的东西，思想具有精神的无限性的东西。斯宾诺莎认为世界只是现象，并没有现实的实在性，所以他的体系不是无神论，宁可认为是无世界论。他认为世界都是虚假的东西。他坚持上帝的存在，即上帝存在于世界之中，也是有限的上帝存在的哲学，不应该称为无神论。

黑格尔认为，斯宾诺莎认为上帝存在是世界存在的本质，只是认识世界一些思想和形体（现象）的关系，还没有形成一个思想精神的绝对概念，还没有达到自由的境界，还是初步的认识阶段。常人深信叫作世界的有限事物的聚集体，才是真实的存在。宁肯相信没有上帝，也不能相信没有世界。因为上帝是抽象理性的统一性，一般人难以思维到。世界是现象的存在，人们可以看到和感觉到。

上述关于深信上帝的内容，只是相信上帝是世界的实体，即只是世界本质的现象反映，不是世界无限性的本质反映。世界本质比如主导世界的目的因等规定，当然不是上帝的全部概念，只是对于上帝的普通观念作初步的假定，只是上帝理念中所包含的必然环节，还没有达到概念自由阶段。我们要明白认识上帝的真理，把握内容的真实性，不能采取较低级的事物（偶然事物）作为出发点，或者生命的自然本身作为出发点，都不足以表达上帝这一理念的真实性质。上帝不仅是生命（生命有限）的，而且主要是精神（无限）的。唯有精神的本性，才能表达上帝的真实概念，才是以思维的绝对价值和最真实的东西作为出发点的。思维的穿透力、概括力、主动力和创造力是无与伦比的，堪称上帝。客观世界在人们面前只是一个存在，不能给人们提供任何东西。只有思维是犀利无比的认识工具，才能认识世界的客观性和真实性，才能认识真理，认识世界和认识上帝为绝对精神。

五、康德批判哲学的价值和缺陷

达到思维与存在的统一，是实现理性理想的另一途径。从思维的抽象物（上帝）出发，以达到明确的规定，从低级到高级，证明上帝的存在为绝对精神。动物没有思维，没有上帝的概念。上帝本体论的证明，出现了思维与存在的对立。思维认为有上帝，要用思维证明其存在，思维关于上帝的思想观念有很多，要具有实在性，逻辑性。知性认定上帝是抽象的、片面的、表面的，从存在出发认识上帝，开始出现个体化存在与普遍性存在的对立，无法解决二者的统一。知性思维认为在经验的事物中寻不出普遍概念，反之在普遍概念中也不包含特定事物，割裂了二者的联系。

康德关于本体论证明的批判很受欢迎，康德举了一个例子来证明知性思维在证明本体论上存在的问题。譬如一百元钱的存在和一百元的思想的区别。一百元作为特殊的表象的存在，在思想中不一定是真实的存在，只是表象存在的反映。一百元即使在思想中反映出来的存在，也是虚假的存在。我心中所想的或心中所表象的东西，决不能因其被思想或表象，便认为是真实的。因为只有思维与存在的统一，才叫真实的存在。所谓思维与存在的统一，是指思维反映的存在，不只是表象的东西，是思维能够完整地反映存在的所有规定，反映存在的全部客观性，并且达到内外统一。而思维反映一百元的思想，只是特殊的思想，只是一百元的作用，只是一百元存在的表象反映，并没有反映一百元作为货币（存在）的全部思想。作为一百元的思想概念，就要反映一百元共性的东西——货币的本质及其所有的表现和变化规律，一百元表象是无法反映货币的本质的。上帝与特殊对象根本就是不同类的存在，上帝和任何一个表象和特殊概念是不相同的。时空中的特定存在与其概念的差异，正是有限事物的特征。特殊事物的存在，是看得见感觉到的存在（一百元），世界或上帝的本质属性，是无法从表象中得到的。所谓差异就是二者不是完全一致的，上帝只能设想为思维中的存在，不是表象的存在，只能是在思想概念中的存在。因为上帝不是一个具体的物，是一个看不见的抽象存在，上帝的概念即包含它的存在的一切规定和内容。上帝只能在思维中存在，不能在特定的时空中存在。上帝是由一系列的思想范畴构成的统一体，与存在达到统一，才构成了上帝的真实存在。

时间和空间在哲学概念上的作用。有时间和空间的存在与其概念的差异，正是一切有限事物的特征。有限事物随着时间和空间的变化，其性质立即发生变化。因此有时间和空间的存在，其本性是不确定的。黑格尔哲学开端的存在是没有时间和空间限制的，上帝也是没有时空规定的概念。上帝的存在，在空间上是无限的，在时间上也是无限的。只要没有时间和空间限制的概念，才是具有无限性和永恒性的概念。只要在时空上有限，概念必然有限，存在必然有虚假的东西。康德关于上帝的界说，即活动只在于应用范畴把知觉所提供的材料加以系统化，这是一种外在化的条理，对于上帝只能得到一种形式上的界说。这概念最抽象的意义在于只包含存在于有限材料的自身内，并没有把思维的逻辑范畴和概念包含在上帝自身内。所以康德关于上帝的概念，只是与它自身提供的知觉材料有直接的联系，与无限的概念没有联系，这就是具体特殊的存在，不是无限的存在。譬如一百元式的存在，只是有限的外在存在，连像一般具有无限的存在这样贫乏的范畴，都不包含在其中，况且存在这个范畴在思想上的内容更是无足轻重了。只有关于上帝的思想与他的存在绝对不可分的过程，即思维与存在的统一过程，才是重新恢复其权威的过程。存在与思维的统一，存在具有无限丰富的思想内容；思维与存在的统一，思维具有无限的客观实在性和真实性。

理性思维的特点是无形和无限性。只要思维规定性的最高点，仍有外在的东西与之相连，就是抽象的思维，就不是真正的理性思维。这样的思维只能提供知识，只能批判地接受，不能直接提供认识真理的工具，不能提供无限的理论。对这种抽象的思维只是一种片面规定性的统一，没有反映存在全体的各种规定性的统一。

康德认为理性应该具有理解无条件事物的能力，即脱离时空条件下的思维能力。但是如果理性单纯被归结为抽象的同一性，不是具体的统一，则理性即使放弃无条件性，也只是得到空疏的理智以外，没有别的东西了。理性之所以能为无条件的，只是由于不为外来的异己的内容影响自己的决定，即使来了也不能影响决定，而是自己决定自己。理性把世界化为统一的系统，把世界各个部分看成是自己系统内的组成部分，把各个部分的对立排除掉，而且使各个部分达到有机地统一，如同自己的手足一样，自己已经完全认识和掌握自己，才能自己决定自己。如果把世界的一部分作为研究的对象，世界其他部分没有认识和掌握，必然受到这些没有认识的外在因素所干扰，当不认识的外来东西干扰时，就不能够自己决定自己了。就像一个政治家如果运用理性和道德力量，把一个国家全部政治力量都纳入自己的权威范围之内掌控，就能树立绝对的权威，就能决定国家的一切大政方针。如果无法掌控对立的政治势力，就不能树立绝对的政治权威，就不能决定国家的一切大政方针，就是不能够自己决定自己国家的一切了。康德明白宣称，理性的活动在于应用范畴把知觉所提供的材料加以系统化，知觉范围以外则没有理性活动了。这只能是一种外在的条理，而系统化或条理化知觉材料所依据的原则仍不过仅仅是那个不矛盾的原则。因为这样的思维方式，只能产生抽象的同一性。面对知觉材料，思维方式很重要。同样的材料，不同的思维方式就会产生不一样的思想。就像同样的风景，在艺术家的眼里经过艺术加工，注入自己的人性理念思想在自己的艺术作品中，就能够成为千古不朽的艺术品。在一般人眼里艺术加工缺乏理念思想，只能是一般的画作。如果在自己决定自己的系统内，把世界的主观性与客观性包含进去，思维与存在，以及思维范畴与概念之间，必然产生诸多矛盾和对立。只有运用理性辩证思维，才能把这些矛盾和对立辩证地统一起来，让主观与客观世界成为统一体。

理性活动与实践理性的关系。康德认为理性活动不能解决普遍无限的问题，依靠实践理性，就是人能思维的意志，依据普遍原则和自己决定自己的意志。实践理性的任务在于建立客观的自由规律。假定思维事实上是一种理性，思维依据理性的普遍原则，在客观实践上决定和指导自己的活动。康德想通过实践克服突破思维上的局限性。康德看到了思维的局限性，理性活动不能彻底解决普遍无限的问题，实践理性可以弥补思维理性的不足。譬如科学实验，科学家依据自己的理性思维去设想事物发展变化的规律，但是不敢肯定是正确的，只能设计科学实验活动，用实践理性——科学家根据自己的理性设想去进行科学实验，来验证科学家的理性推理是否正确。但是康德的实践理性依据的是经验，经验的抽象的同一性的东西去实践，不是真正的思维理性作为指导实践理性，前提的有限性决定了结论的有限性。因此，这样的实践理性也无法解决思维的局限性问题。康德的实践理性并未超出理论理性的形式主义的范畴。康德否认了理论理性的自由自决能力，要在实践理性中予以保证实现。其实真正的理性思维活动，具有实现主观性与客观性的统一的能力，理性思维具有无限性，指导实践理性活动，具有超出实践理性的能力，促进实践理性发展。譬如许多大的科学家依据理性思维活动，设想许多超出现实的未来的科学命题，完全是按照人的理性思维得到的，当时的实践理性活动还不具备实现这个理性思维活动。当然实践理性也具有促进思维理性发展的功能。理性活动与实践理性是相互促进。所谓料事如神，就是一个人的思维上升到理性活动的高度，才能够达到这样的认识境界。读万卷书注重理性思维活动，行万里路注重实践理性活动。

哲学的理性思维是受科学发展影响的。哲学理性思维有一定的局限性，是因为科学发展还没有认识到客观世界更多的客观性和规律性，哲学理性思维就不能盲目得出对客观世界未知领域的认识，无法具体概括客观世界的实在性。但是思维也有一定的独立性和创造性，有强大的功能，能够从有限的科学理论中，发现客观世界一定程度的无限普遍性，形成对世界全体性的认识。科学发展只是不断地丰富和发展哲学理性思维，不能推翻哲学理性思维的理念体系。哲学理性思维的最大功能，就是在有限的科学认识中向前挖掘一些无限的普遍性的东西，虽然缺乏具体性和实证性，但是能够超出一定的现实性，作出具有普遍性和概括性的理性认识。

康德实践理性的缺陷。康德的实践理性，没有概念理性作为依据，缺乏真理性的东西。康德快乐主义的道德哲学就是指人的特殊的嗜好、愿望、需要等等满足而言，不是指人的普遍意志和普遍愿望，把偶然的东西提高到意志去实现，失去了实践理性的方向。康德的实践意志就是个人嗜好和愿望，不是人类追求普遍真理性的东西。康德的理论理性认识在无限认识上也是消极的，没有形成一个全体的概念体系。实践理性认识无限虽然是积极的，但是效果不好。康德对于意志或实践理性的内容问题没有加以具体的解答，当说以"善"作为他的意志的内容时，并没有解释善的普遍性内容是什么，只是把"善"的内容解释为个人嗜好。因此康德的实践理性没有理性的价值，只是人的随意性实践而已。

康德对判断力的批判。康德认为反思的判断力是一种直观的理智的原则。特殊对于抽象的共相或抽象的同一性来说只是偶然的，不能从共相中推演出来特殊的东西。因为抽象的同一性没有包含特殊性的本质属性。只有具体的普遍的统一性才能推演出特殊性，因为这样普遍的统一性包含特殊性的主要本质属性的内容。譬如孔子作为圣人已经达到了内圣外王的境界，具有人的具体的普遍性，就包含一切人的特殊性，高中低三种境界人的特殊性都具备。而一般的人的共相，其普遍性只是包含人的一部分特殊性，没有包含人的全部特殊性，只包含低档或中档境界人的特殊性，没有包含高档境界人的特殊性。只是人的抽象的同一性，只反映人的抽象普遍性。因此，从一般人的普遍性，不能推演出人的所有特殊性。

但就直观的理智看来，特殊的被普遍本身所规定，特殊包含普遍性的一部分属性。但是康德的普遍和特殊的有机结合，只是在艺术品和有机自然的产物里可以体察到的，不是依靠辩证思维逻辑范畴演绎得到的。康德说什么是理念的性质，在直观的理智或内在的目的性观念里，提示给我们一种共相，又被看作是具体的东西。康德从有限的直观的理智中，揭示出普遍性，即从有限性突破达到了无限的普遍性。这时康德的哲学才算依靠体察达到了思辨的高度。席勒以及许多人曾经在艺术美的理念中，在思想与感觉表象的具体统一中，寻得一个摆脱割裂了理智之抽象的概念出路，在生命中也找到了同样的解脱。艺术品与生命的个体，其内容虽然是有限的，但康德所设定的自然与必然性与自由目的的和谐，与其设想为实现世界目的时，曾发挥出内容极其广泛的理念。艺术品虽然是个体的东西，是有限的东西，但是能够表现艺术家无限的思想。同样生命的个体也是有限的，但是人们通过反思生命体，能够感悟到其具体的有机统一体的无限性的内容。越高级的特殊性，譬如艺术品或生命体，就越能够反映普遍性的东西。譬如说人体是一个小宇宙，就是说人体是宇宙中最高级的东西，生命不可分割的一体性，最能体现世界或宇宙有机的统一体。

康德对于体现理念客观对象的反思。康德对于这些有机复杂对象的反思，最适宜地引导人们的意识去把握并思考那些具体的理念。由于思想的懒惰，使这一最高理念只在应当中得到一个轻易的出路，没有注重目的理念在逻辑范畴上的推演真正实现，而是采取自然的理念去推演。这样不能够运用逻辑理念，应用在思维与存在各个范围之内，即不能运用在目的主体的思维与存在范围内。目的理念是有目的性有创造性地去寻求普遍性的理念，而不是盲目地自然地得到普遍性的理念。目的性在普遍性的理念实现具有巨大的作用，尤其在现代科学技术中，自然的东西越来越少了，目的性的东西越来越多了。譬如智能机器人、量子计算机、人类基因图谱等普遍性的理念，都是主体思维的目的性起到巨大的作用。没有目的性，这一切科学发明都是不可能产生的。而人类在刚刚诞生的时候，只能利用石头制造石器工具，一切都是自然的利用，没有多少目的性。

这里康德提出了关于知性的普遍概念与感性的特殊事物（艺术品）之间的另外一种关系的思想，不同于理论理性和实践理性所依据的对于普遍与特殊的关系学说。但这种关系的新看法，并没有明确承认普遍与特殊统一的关系为真正关系，为真理本身的见解。只承认这种统一是存在于有限的现象中，如艺术品。而且仅仅只是在经验中得到体现，不是在理性逻辑推演出来的。普遍性完全可以存在于人的理论理性之中，用概念的形式表达出来。康德认为依靠主体的经验（不是依靠理性思维），一方面出于天才，创造美的理念的能力。这个美的理念出于自由想象力的表象，有助于暗示理念，启发思想，但其内容并未用概念的形式表达出来，不能让人们运用理性思维得到普遍适用。美的另一方面出于趣味判断，一种对于自由的直观或表象的理智的均称，合乎美的比例度的敏感。这是完全依靠主体的想象力来实现的，缺乏用概念的逻辑形式来实现。中国古代哲学就是依靠大量的现象，依靠想象力演绎出很多哲学思想概念，介于感性和理性之间的思想概念，缺乏逻辑演绎形式，缺乏范畴和概念体系。

外在目的、有机体目的和理性目的的功能与区别。反思判断力据以规定的生命自然物原则，便称为目的，即自在的目的性，有一定的主动性和能动性的目的。生命的自然物不同于机械自然物，机械自然物运动没有主体的规则，自身没有控制力，受外力影响大。而生命自然物则有一定的主体性，活动具有一定的主观性，按照自己的意图活动，称为目的性。目的是一种能动的概念，一种自身决定而又能决定他物的共相。康德排斥了外在目的或有限目的，因为在外在目的或有限目的里，目的仅是实现自身的工具和材料，是一种手段。而在有机体中的目的，目的是其材料的内在规定和推动，即目的是有机体的本质，目的决定生命体的活动行为，是一种内在的自强不息的推动力。有限目的或外在目的（动物），运动简单的直线的形式就结束了，没有互动不止的形式。而在有机体的所有各个环节都是彼此互为手段，互为目的，反复相互作用的，互相印证。从外在目的或有限目的仅能实现自身的目的，实现自身生存需要，是一种特别简单的目的。而有机体的目的则能够有一种自强不息的推动力，不断扩大对客观世界和主观世界的认识。

但是康德没有看到人的理性目的，比有机体目的更强的认识能力和创造能力，人的理性目的能够突破客观制约，达到对主观与客观的统一认识。人是有理性的目的，是依据客观规律和理性活动的。人具有设计性、规划性和创造性，努力把人的主观思想变为客观实际，创造自然不存在的客观实际。外在目的只能让目的在自然性中变化，无法在客观的现实性中变化。只有人的理性能够让目的在客观的现实性中变化。如果康德坚持这样的理念目的，主观与客观间的对立关系立刻被扬弃了，理念目的能够解决自然的对立，在有机体里互为手段，互为目的，就能够找到克服主观与客观，有限与无限对立的方法。但康德又陷于矛盾，他把目的的理念又仅仅被解释为一般人的目的，一种实存及活动的原因，仅仅是表象的主观的东西，属于知性的品评原则。没有把理性目的看作是内在的本质的无限的东西。譬如上帝或者圣人目的是让人人获得自由、平等和博爱，不仅仅是让人生存的有限目的。没有达到真正人的目的，只是满足人的欲望的目的，就是有限的目的，不能实现主观和客观的真正统一，客观只是与自己的生存欲望统一。

批判哲学的理性是从现象中得到的。批判哲学得到的理性，只能从现象（艺术品）得出结论，不能从客观世界的整体性得到理性的认识。要想从自然产物，单纯依照质量互变（两个事物外在关系）、因果（前后两个事物的内在关系）关系等范畴得到理性是不够的。内在目的这一原则，如果坚持加以科学的应用和发挥，对于观察自然，将导致依照较高完全不同的方式。因为目的性具有巨大的穿透力，能够在自然界中探索究竟。地球运行没有目的性，永远按照一定的轨道运行，没有任何变化。人的理性目的性依据人对客观世界统一性的认识产生的，具有无穷无尽的想象力量，具有变化无穷的力量，能够达到客观世界的无限性。今天各种科学发明和创造，都是人的主观目的性创造力的产物。没有目的的世界是可怕的世界，那样人们还要生活在原始愚昧的社会之中。人的理性目的无论在个人还是在人类社会中，其巨大作用是无法想象的。

一个人的志向有多大，其事业就有多大，这就是理性目的的力量。中华民族历来雄心万丈，天行健，君子以自强不息，修身齐家治国平天下，达到天下大同。理性目的不仅仅是把家治理好，而且要把国家和世界治理好，让天下太平，而不是让天下任其混乱下去。所以中华民族五千多年来，一直是统一的民族国家，而世界上其他国家民族都没有存在多长时间就消亡了。

目的性作用的有限。如果依据内在目的这一原则完全不被客观限制住，那么理性所规定的普遍性或善就会在世界中实现了。目的具有无穷尽地探索世界奥秘的本性，但是没有理性思维，也无法认识世界的统一性。目的性只有通过第三者上帝的力量，才能对世界达到绝对统一的认识。于是在上帝中，在绝对真理中，即在理性中那些普遍与个体，主观与客观的对立都被解除了。

世界最后目的的"善"，只是作为我们的实践理性所规定的道德的善，作为上帝的化身，是人们的最高追求，贯穿世界一切万事万物之中。善的统一就是使世界情况和世界进程与我们的道德观相一致外，并没有别的东西。知性思维依靠有限对象认识世界，得到的永远是抽象片面的概念。但是这种目的性认识，仍然只是一个没有规定性的抽象概念，没有建立起一个逻辑概念体系，更进一步必然引起更多的对立无法解决。这种并无实在性的东西，只被认作是一种信仰，只具有主观的确定性，没有符合理念的客观性，没有依据客观性的差异性和统一性，建立起逻辑范畴和概念体系来。只有发挥人的目的性以及主动性和创造性的理性思维，才能摆脱有限对象的限制，才能认识世界的统一性。

批判哲学陷入二元论。关于认识的性质，批判哲学所达到的结果，就是陷入二元论的体系里。他们认为联合之物为真实时，又说两个联系环节，不独立没有真理性，唯有于其分离中，才具有真理性和实在性。因为批判哲学没有建立起思维的逻辑范畴和概念体系，没有理性思维能够把有限与无限统一起来。因此他们认为世界联系为一个整体的世界（无限）就无法认识，所以要分离才能认识世界。只有局部眼前的独立事物能够认识，认为这才是真实的真理性的认识。否定两个事物联系的真实性和真理性，就无法认识整个世界。因为整个世界都是万物联系在一起的。哲学思维就是要依据有限之物与无限的联系和中介，才能认识无限的世界。批判哲学一方面承认知性仅能认识现象，另一方面又断言这种认识有其绝对性，这是人类认识自然的绝对限度，不相信理性思维能够突破有限达到无限，用知性思维把人类的思维能力限制住了。从我们知性的主观的观点出发，不是从客观性的观点出发，才是一种限制。

生命认识世界的特点。有生命的事物有一种感受痛苦的权利，每一个别的规定性都可变成一种否定的感觉。因为生命体能够感受到，这个事物规定性是在什么前提和联系下认识的，可能不自觉。当这个事物与下一个事物联系时，又会出现否定的规定性。一个事物跟世界的联系有很多个，当然在一个封闭的系统内的联系相对是一定的。当生命认识客观事物达到一定的界限时，就能够发现事物的普遍性，跟另一类的普遍性又不同。一个事物有那么多的规定性，只能是相对的有限的认识。生命认识世界既有感觉认识，又有一定的理性认识，但是不能达到无限性的认识。

有限达到一定程度，突破有限就是无限的认识。佛家认识是风动、旗动、还是心动。研究风动是一个有限的规定性，旗动是一个有限的规定性，心动又是一种有限的规定性，都是有限的。理性思维只有研究达到心不动的程度，才能达到佛家的最高境界了。心不动把前三个有限的"动"都包含进去了，即只要心不动一切都不动了，风动、旗动和心动都是表象的，只要心不动一切实质都是不动的。风动、旗动和心动都是有限的，只有心不动才是具有无限性。否定动达到不动，才能突破有限达到无限的认识。

康德的哲学与形而上学经验论的比较。经验论认为经验的知识基于外界知觉而来的，知觉感知的事物有限，得到的知识必然有限。经验论认为思维没有独立性，就不能依靠思维突破有限达到无限。素朴的经验论同样承认精神的现实性，超感官世界，出于思想或幻想。但是因为没有理性思维，没有形成逻辑范畴和概念体系，同样无法从有限达到无限。譬如中国古代哲学，道家思想就是超感官的精神世界。老子说的"道"就是感觉不到的东西，就是通过一系列的自然之道、做人之道和社会国家之道，使道达到了思想原则和精神世界的独立性，使道达到了无限的理性。经验论就是反对思想原则和精神世界的独立性，必须依据经验才具有真实性。康德的哲学否定了经验论的思想，提出了思想的原则和自由的原则，以反对经验论而赞成素朴的超感官的经验论。但是康德哲学仍保留二元论的色彩。康德一方面认为知觉世界是知性的知识，只是反映现象世界的知识。另一方面又认为知觉具有独立的、自己理解自身的思想和自由的原则。但是康德批判形而上学的东西，没有建立新的内容，没有建立逻辑范畴和概念体系，把有限世界与无限世界统一起来。康德哲学只是唤醒了理性的意识，或思想的绝对内在性。康德拒绝接受任何具体外在的知识，否定外在的知识，具有重大意义。

批判哲学消极功绩，认为知性范畴属于有限的范围，在这些范畴内活动的知识没有达到真理。认为知性范畴之所以有限，乃是因为主观思维没有与客体统一，物自体永远停留在彼岸的世界，没有与主观思维相统一。事实上知性范畴的有限性并不完全在于其主观性，而是由于感觉客观对象的有限性质。康德认为思想内容有错误是我们自己思维的问题。康德没有从积极方面去看，不是我们思维有问题，造成思想内容的错误。而是由于没有辩证思维造成了思维不能突破主观与客观的有限性，造成思想内容的错误，不是思维本身的先天不足造成的。康德哲学另一缺点是对思维活动加以历史叙述，对意识各环节加以事实列举，没有说明其内在的必然性的东西，没有指出历史上各个哲学派别的哲学范畴和概念的价值，以及它们之间的内在联系。康德哲学以思维作为自身规定的原则，只是从形式地建立起来了，至于思维如何自身规定其内容，没有详细的指示。

费希特发现了康德的这种缺欠，认为有推演范畴的需要。费希特以自我（不是以思维）为出发点，各种范畴的证明都出于自我的活动，不是受外界存在的制约，强调了我的思维可以摆脱外界存在的限制，强调了思维的主观独立性。但是费希特的自我并不是真正地自由的、自发的思维活动，而是受外界的刺激而激励起来的自我思维，思维还是没有完全摆脱外界的影响。自我活动受外界的影响，就不是自由的自我，自由的思维。从外来刺激使自身不断活动，没有刺激自我就没有活动，这不是真正的自我自由。黑格尔的辩证思维在与存在联系的基础上，理性思维可以相对独立地进行推论和推演，达到无限的认识。

第三节　哲学思维与直接知识或直观知识的关系

一、哲学史上的哲学家对于批判哲学的批判

批判哲学在思维上存在不可克服的抽象性。批判哲学认为思维是主观的，思维不可克服的规定是抽象的普遍性、形式的同一性。而真理是具体的普遍性，于是思维是与真理相反对的，批判哲学思维的抽象普遍性是不能认识真理的。思维与存在是统一的，思维与存在是不可分割的，思维能够全面反映存在的各种规定性和具体的普遍性，才能真正地与存在统一。思维与存在真正的统一了，才具有客观性。辩证思维发挥

思维的能力，就能够不断否定自身的主观局限性，以及不断否定客观的限制，才能不断从抽象到具体，从对立到统一，从有限走向无限，才能认识真理。

思维是特殊的活动，只能以范畴为其内容和产物。范畴是知性的和有限的，是有条件的和中介性的东西，这样的思维是不能认识无限真理的。思维不能从有限过渡到无限，就不能得到真理性的认识。如果面对真理、无限和无条件的东西，我们用有限的范畴把它变成一个有条件的和有中介性的东西，这样就不能认识真理，反而把真理歪曲为不真的东西。批判哲学认为思维没有能力用范畴和概念，去把握无限的主客观世界，去把握真理。

以前思维关于上帝的观念都是有限的。思维被宣称为只是一种有限化的活动，思维对于无限的上帝就无能为力，关于上帝的内容便成为异常空洞的存在了。知识是一系列有限物与另一有限物的思想进程。一切知识的内容只是特殊的，依赖有限的事物产生的。自然科学在认识自然力量和自然规律取得灿烂的成就的同时，也无法在这种有限事物的基础上，寻找内在于其中的无限理性的东西。拉朗德用望远镜搜遍整个天宇，也不可能找到上帝。用观察是无法得到无限认识的，必须依靠思维才能得到无限的认识。自然科学范围内得到的普遍性，科学知识的最后成果，从哲学的无限性来看，只是外界的有限事物无确定性的聚集而已。中介性的知识进程是没有什么出路的，因为不能进展到无限真理的境界。知性思维把有限与无限完全割裂开来，不知道有限中包含无限，包含无限的真理性的东西。譬如说孔子的仁义道德学说，虽然也有种种具体表现，是有许多有限的思想内容，但是包含有无限的理性内容。譬如说孝的思想，表面上就是子女孝顺父母的种种言行。但是"孝"作为仁义道德的根本性思想，则是具有无限的思想含义。因为孝的本质就是把父母的利益放在第一位，把自己的利益放在父母利益的后面，"孝"

就是无私的思想含义，"孝"解决了人类的自私问题，所以它是仁义道德的根本，是关于人类自私与无私的思想，解决了人类矛盾与和谐问题根本的永恒的思想。

有限与无限在认识中的作用。耶可比主张真理只能为精神所理解，人有理性有精神，人才能够认识上帝，依靠有限的科学知识是无法认识上帝的。但是耶可比认为科学知识都是间接知识，依靠他物得到的知识。所以理性即是直接知识，是信仰。但是耶可比对于知识、信仰、思维、直观这些范畴，注重单纯的表象，加以使用，而对其重要的理性含义却不加以考察。思维与直接知识和信仰是对立的，直观是理智的直观，信仰也是理智的。因为信仰以相信感性事物的实际存在为信仰的基础。但是当我们说对于真理或永恒的东西有信仰时，我们所说的并不是感性的东西，而是本身具有普遍性的内容，只能是能思的心灵对象。个体是具有理性的自我和人格的，而不是指的经验的自我或特殊的人格。上帝的人格就是纯人格，本身具有普遍性。纯人格就是思想的东西，不是感性的东西。信仰有盲目信仰和具有普遍性内容的信仰。基督教信仰是一个客观的、本身内容丰富的、一个具有教义和知识体系的。耶可比的信仰本身没有确定性的内容，这样一来信仰成为单纯空泛的神，最高存在为其空洞的内容了。他的信仰自命为具有哲学意义，不过是一种直接知识枯燥的抽象物罢了。对于上帝的认识，要依靠精神，即依靠具体普遍性的内容，才能真正认识上帝。耶可比没有确定性的内容精神，不可能认识上帝。

直接知识确认它所知道的东西是有限的存在，而在我们观念之内的无限和永恒的上帝也是存在的，但却是无限的存在。在意识内存在的确定性和观念的存在不可分割地联系在一起，没有确定性的存在是空洞的。无限的上帝的东西，就是意识的思想的和思维的东西，与直接知识有不可分割的联系（有限与无限不可分割的联系），但是不等于直接知识。哲学的任务就是解决思维与存在的对立达到统一。存在分为有限直接存在和无限存在，思维也有有限思维和无限思维。有限存在和有限思维易于把握，无限存在和无限思维不易于把握。无限存在要依靠无限思维，即在有限基础上的心灵和精神去把握，无法用直接思维和直接知识去把握。但是有限存在和思维又与无限存在和思维不可分割地联系在一起。通过有限存在和直接知识作为中介，发现无限的思想。依靠判断、推理和推论等理性思维，借助有限中包含的无限性，才能逐步深入到无限思维和无限认识之中。

笛卡尔是近代哲学的枢纽。笛卡尔的"我思故我在"，突出强调了我的思维的重要性。没有我的思，就不知道我存在的广阔。动物没有思，在它们的世界里就没有"存在"这个概念。如果一个人没有理性思维，就不知道自己与世界的"存在"是什么？可见我思是多么的重要。笛卡尔把我的思维提高到了很高的地位。

直接知识与理性知识的矛盾，主要依靠思维来解决。直接知识为思维提供了一定的材料，直接外在的知识不容许我们考察事情的本性或概念，只能得到事物表象的认识。这种考察引导我们的都是中介性的知识，必须在逻辑学本身以内的思维去寻求解决的办法。关于本质的学说，便是对直接性与中介性自己建立起来的统一性的考察。譬如反对党或在野党从反对执政党的种种弊端出发或者从直接知识看，都是具有进步性或先进性的。但是有许多在野党上台执政以后，有了权力就要开始发生量变，量变达到一定的程度就会发生质变——成为落后甚至腐朽的党。如果在野党自身没有腐朽性，不可能在上台执政后发生蜕变。内因是变化的根据，外因是变化的条件。从反思来看无论执政党还是在野党，自身都具有先进的一面和落后的一面。

直接知识与间接知识的关系。直接知识与间接知识互相促进，互相发展，缺一不可。直接知识经过思维上升到理论，成为间接知识。间接知识比直接知识普遍性要强一些。以间接知识为前提，在新的存在中又会产生新的直接知识，运用创新思维，发现新的东西，产生新的普遍性。

人的思维本性是具有无限性的。关于上帝、法律和伦理原则的直接知识而论是天赋观念，包含理性思维和理念。天赋观念就像胚种一样，是本能是原始直接所包含的内容，需要经过教化和发展，才能达到自觉。就像植物的种子，经过生根发芽开花，最后结出丰硕的果实，回到原始的但是更高级的状态。天赋观念开始没有表象的存在形式，必须经过经验直接的东西，经过中介一个个的否定直接的东西，才能达到最后的结果。真正的宗教就是科学信仰，不是直接信仰。直接信仰是迷信信仰。认识就是认识理性理念，不是原始理念。原始理念虽然包含一切理性的东西，但是缺乏具体的普遍内容。原始上帝信仰没有的东西，无论如何发展中介，也不可能产生关于上帝的科学信仰的理念。理念是潜伏于人心中的，不是从外面灌输到人的心中的。人的思维本性固有理念的思维意识，只是人经过直接知识的积累，又不断地否定直接知识，将自己的思维本性运用于否定直接知识之中，就会得到理性的理念认识。柏拉图说到理念是一种"回忆"，理念的发展过程的结果都是中介，人的"回忆"就是把人心中固有的理念，经过思维和直接知识的中介发挥出来，让理念展现在人的心灵思维之中。

从经验以及与直接知识相联系的对象中去寻求真理。经验与直接知识联系，最初不过是外在的联系。考察经验本身来说，这种联系足以考察出它自身是本质的和不可分的。譬如考察某物与他物的外在联系和变化，发现事物的质量互变，深入分析就能够进入本质的联系和变化。就其直接知识本身而言，对于上帝而言，这种意识被认为高出感性的，以及对有限事物的这种提高，就是过渡到对于上帝的信仰的过程。直接知识经过中介后达到对于上帝的信仰（理性），这是精神直接本身的、必然曲折的进展中介过程，经过一系列直接知识和中介的作用，达到对上帝的信仰。

直接知识论的主要兴趣从主观的理念到客观的存在的过渡，理念与存在之间有一个原始的无中介性的联系。理念的无限和存在的无限，根本不存在中介性的联系，只能依靠思维联系。只有具体事物有中介性的联系。黑格尔在概念阶段，主要依靠主观概念的判断和推论，让思维充分发挥作用，使概念与概念之间达到过渡的联系，直至达到理念和绝对理念阶段。可见思维在理性中的作用多么重要。由理念过渡到存在只能在它本身内（理念内）包含有中介的过程，即思维自己以自己为中介，只能以理念为中介，不能以直接知识或事物为中介。黑格尔在概念阶段，都是以概念的普遍性或者特殊性、个体性为中介的，来进行判断和推论的。因为直接知识或事物都是有限的，只有理念及理念概括的存在（客体）具有的无限性为中介，才能引导人们的认识走向无限的理念世界。

二、以无限为中介，才能达到真理性的认识

理念以存在为中介，存在以理念为中介才是真理。以直接知识为中介，得到的是有限的认识。理念不是主观的，是与客观存在具有统一性，才能称得上理念。这个存在也不是自在存在，而是与绝对理念统一的自为存在。自为存在是经过人的理性思维认识后的存在。譬如黑格尔以理念为标准，把存在划分为机械性、化学性和目的性三种客体。单纯的主观思想的概念，是有主观局限性的，或者作为单纯的自为存在，也是具有主观性，与客观存在还没有完全统一，不是理念和真理性的认识。理念是代表时代精神，不是那个人的精神。理念所说的存在是无限存在，不是部分存在。直接知识的原则是排斥存在无规定性的空洞的直

接性，直接的存在与思维的统一，是对存在部分有规定性的有限认识。理念主张思维与存在的统一，即概念的逻辑内容体系与存在形成统一体，祛除了存在的空洞性和纯粹抽象性。理念思维是由空洞的抽象（存在）到直接性的具体的存在，再由直接性的具体认识到思维的抽象（本质），再由思维的抽象到思维的具体（概念），最后概念与存在统一为理念。抽象的理智作用，会把直接性与中介性联系起来，但是不能认为两者之间有一坚固的鸿沟，自己给自己造成一个不可克服的困难。因为中介性的规定性即包括在那个直接性自身内，二者之间具有内在联系的。定在虽然有限，但是定在也包括有与无（胚种）的本性。因此定在与任何中介性的事物相联系，都是定在包含作为有与无的本源性的不断展示，直到展示到理念为止。哲学理性思维，一定要从有限中发现挖掘无限，即从定在中发现有与无的本性，不断否定有限，通过有限的中介，过渡到无限。直接性联系的越多，中介的过程越多，直到最后与无限性的中介存在联系，达到理念。有限和无限的困难，通过玄思(辩证思维)和逻辑演绎，就能逐步消失。科学家通过玄思得到科学发明和创造，哲学家通过玄思创立哲学真理性的理念思想。

真理不是有限内容的本性，而是无限意识的事实。内容是有限的，是有形式和有形的，真理则是无限的无形的，只能存在于意识之中，或者存在于存在与理念的统一之中，无法存在于形式的内容之中。因为真理具有无限性，是主客观统一的一个体系，只有在自己的心中形成一个体系，才能理解真理的真实性和无限性。所以说真理只可意会不可言传，无法用语言内容表达出来。真理的意识不是个人的意识，而是人类的意识的本性——时代精神。但是没有终极真理，还要丰富发展，要一代代地延续下去。黑格尔就是总结历史上哲学家的思想意识，把个人的意识上升到人类意识，上升为时代精神的高度。中国道家和儒家思想也是具有人类的共同意识的真理性认识。虽然有许多民族没有接受儒家仁义道德文化，但是仁义道德文化符合人类道德的意识本性，一旦普及全世界，必然广为接受。

直接知识为真理标准，会把迷信和偶像崇拜宣称为真理。直接知识根本不能反映人类意识本性的东西，只能是反映真理的一些思想而已。黑格尔说没有根据我们所说的中介性的知识，没有根据理论和推理，就没有达到真理的状态，对于上帝的直接知识，因为不是真理性的知识，只能告诉我们上帝的存在，不能告诉我们上帝是什么。如果能说出上帝是什么，能够做什么，必须有中介知识为媒介，经过一系列的肯定和否定的过程，才能把上帝的各个规定性以及与客观的统一，阐述的淋漓尽致。直接知识论把上帝缩小为一种空泛的神，宗教的内容缩减至最小的限度。

对直接性的形式加以说明。直接性的形式是片面性的，就是没有全面的规定性，致其内容本身也是片面性的，因此就是有限的。直接性的特点，即片面又抽象，片面是反映事物的一个侧面，抽象是只反映事物外在一个方面的共性，不是事物具体而全面的共性，没有全面的具体的丰富的内容规定。

上帝的精神是无限的，必须自己中介自己。直接性是与外在他物相联系的，依赖他物，通过他物中介的。他物是有很多的不确定的，人们是无法掌握的。上帝把世界的一切都划定为自己的统一体系内，就不会产生与他物对立的问题，才能把握住世界的一切东西。譬如一个普通的人，世界到处都是与他对立面的。如果一个人达到内圣外王的境界，世界基本都在自己的掌控范围之内。面对直接性的东西，由于具有不确定性，因此它可以接受任何不同性质内容的东西。理性的精神的东西，是确定的东西，不是空泛空洞的东西。真正认作真理的内容，并不是以他物为中介之物，受他物限制，而是以自己为中介之物，自己本身就是无限的，所有他物都是在自己的系统内。以自己为中介就是把主观与客观世界所有的东西统一起来，不是对立的互相排斥的不可逾越的，而是互相统一的融会贯通的，就能得到无限性。理智的同一性是以直接性或抽象的自我联系他物，不能排除与他物的对立与矛盾，抽象的思想与抽象的直观只能得到抽象同一的认识，以抽象的同一性作为真理的原则和标准。

直接性的形式与中介性的形式的对立，直接性便陷于片面。直接性只有包含中介性，即与他物联系，以他物为中介，统一于中介性，即将他物与自己统一为一体，才能扬弃自身的片面性，全面反映事物。直接性就是抽象的自我联系，以一物为对象与有限的他物相联系，产生的直接知识。直接性不是与诸多的所有的他物联系，产生诸多的规定性，形成具体的统一体。因此直接性就是抽象的同一性和抽象的普遍性。从抽象的同一性看上帝，上帝就是无规定性的空洞的存在。

批判思想对待真理的态度，直接知识论认为直接知识是一事实，它没有中介性，与他物没有联系，在它自身内和它自己有联系，这是错误的。又宣称思想只是通过其他中介性的范畴而进展，这也是错误的。真正的思想是以他物为中介时，一定要扬弃中介，把中介的他物包含在自身内，而不只是联系中介。在一系列的中介和扬弃进展过程中，最后到达自己的终点，就是真理性的思想。知识的进展就是从直接到间接，从间接再到直接的循环过程。

直接知识的原则与素朴的形而上学比较考察。耶可比的直接知识论退回到形而上学在近代的开端，退回到了笛卡尔的哲学。思维与存在的关系，两人皆主张下列三点：

（1）思维与思维者的存在简单的不可分性——"我思故我在"，他是用直接自明的真理方式说出来的。笛卡儿把这类概念的联合叫作"直接的推论"，把不同的规定加以完全没有中项作媒介的联合罢了。因为笛卡儿的思维是直接性的，是求科学知识的思维方法，因此我的存在、我的实在、我的生存也是有限的存在，这些有限存在直接地启示在我的意识里，也是有限的认识。因此，此种思维与思维者认为的存在是不可分的，没有经过证明的，他们认为是绝对第一的原理和最确定的知识。

（2）上帝的存在和上帝的观念不可分。要想证明上帝的存在，必须用上帝的思想观念来证明，用知性的直接知识无法证明上帝的存在。上帝的观念是什么，笛卡儿认为上帝的观念或理念表示真实而不变的本质，它包含有必然存在，但是没有证明过程。用正确的思维，正确的观念和意识，通过对上帝存在的不断肯定和否定，不断扬弃中介的有限意识，才能把上帝的真正存在和意识观念展现在人们面前。上帝的观念只有存在的诸多规定和诸多范畴和概念的体系中，才能证明上帝的存在是必然的永恒的。

（3）对外界事物存在产生的意识是直接意识，都是感性的意识。他们认为感性意识是最无关紧要的知识。关于外界事物存在的直接知识是错误的、虚幻的，感性事物本身没有真实性。外界事物的存在也是偶然的假象，形而上学和直接知识论认为的存在是有限存在，不是无限存在，这样存在与它们的概念是分离的。如果"我的思维"能够把外界所有事物都纳入我的思维体系内，就不是外界事物了，而是思维自身的事物了。用思维统一存在的诸多规定性，最后达到思维与存在的真正统一。

笛卡尔与耶可比有差别。（1）笛卡尔重视经验知识，从未经证明的前提出发，并且认为前提无法证明，用思维也无法证明前提。笛卡尔只能根据经验假定的前提出发，来达到扩充发展知识，有限思维没有停留继续向前发展，从而促进了近代科学的兴起。耶可比则指出有限中介的缺陷，认为凭借有限的中介过程进行的认识，只能认识有限事物，不能把握真理。关于上帝的意识，也只好停留在前面所说的抽象的信仰阶段（知性阶段），思维没有继续前进。

（2）近代的观点，并没有改变笛卡儿提出的科学研究方法，即采取经验科学和有限科学完全相同的方式。这个思维方式一遇到无限为内容的知识时，便放弃了这种方法，便放纵于想象与狂妄任意中，道德的自大与情感的傲慢中，或陷入粗鲁的独断和枯燥的辩论中，反对真正的哲学研究，即辩证思维研究。

发挥思维的能力，达到直接性与中介性的统一。我们首先要放弃直接性与中介性的对立不能统一的错误看法，因为这种对立只是一个单纯的假设和一个主观任意的武断。客观实际是直接性与中介性是统一的，并不存在对立。对此类想法须加以考察和理解。

怀疑主义有其多余的路程，只会怀疑不能提出新的观念，新的思维进程。怀疑主义只能在经验中去寻求有限的形式，只能接受这些形式给予的材料，而不能加以逻辑推演，推演到无限。彻底的怀疑主义有其需要，怀疑不需要任何正确的前提。真正讲来，只有从纯粹的思维的决心里，通过思维的自由才能完成直接性与中介性的统一。所谓思维的自由，就是从一切"有限"事物中摆脱出来，抓住事物的纯粹抽象性或思维的简单性，黑格尔的意思是思维不要受有限材料的限制和制约，依靠思维的范畴和概念进行判断和推论，形成一系列逻辑范畴和概念体系，才能摆脱有限的束缚。要充分发挥思维的自由能力，突破有限的局限性，借助思维的纯粹辩证思维能力，从有限性突破到无限性。

第四节　逻辑学概念划分为感性、本质和理性的认识

一、逻辑思想形式有三个方面

具体表现为（1）抽象或知性的理智的方面，即直接针对事物产生

的逻辑思想。黑格尔的存在论，就是肯定事物存在表象规定性的抽象思想。(2) 辩证的或否定的理性方面，即否定抽象的知性的东西，发现内在本质性的东西。由外而内进入本质论。(3) 思辨的或肯定理性的方面，即把事物或者世界作为一个整体，每一环节的东西都得到了肯定，每一环节与整体都是统一的。

这三个方面在每一逻辑真实实体的各个环节都能体现出来，即逻辑每个环节都有外在抽象的知性的认识，有内在的本质认识，有每一环节和全体的整体统一的认识。三个逻辑形式的每一个逻辑形式，都能体现真实的实体的各个环节，亦即每一概念或每一真理的各环节都是如此。逻辑学的规定和部门划分，也可以按照这三个逻辑形式划分，也只能是预拟的和历史性的叙述，哲学认识的历史也是如此发展过来的。

知性思维的作用。思维作为知性来说，它坚持着区分和固定规定性和各规定性之间的彼此差别，与对方相对立。知性的特点就是确定事物的规定性，分辨事物是什么，做到事物之间互相区别，不能混淆。知性思维的特点是将每一有限物抽象规定作为概念，当作本身自存。譬如这个人有什么特长特点，就是抽象地看待这个人的长处，不看短处等其他方面，用人之长。如果全面地看一个人，看到他的短处，这个人就无法使用了。

思维首先是知性思维，开始认识事物的基本规定性。但又不能停滞在知性阶段，概念也不是知性的规定。知性首先建立普遍形式，不过这种普遍性是抽象的普遍性，就是只强调一种规定性的普遍，不能具体概括一种事物诸多内外规定性相统一的具体普遍性。这种抽象的普遍性因为是没有具体内容的普遍性，没有包含一切特殊性，因此与特殊性是对立的。抽象普遍性因缺乏具体丰富内容的概括性，致使其自身的抽象普遍性同时也成为一个特殊的东西了。抽象的普遍性是知性所能得到的规定性，对于它的对象持分离和抽象的态度，不是紧密联系在一起的。

尽管知性、理智的抽象思维有太多的问题，如固执和片面性。但是这种思维没有涉及思维一般，更没有涉及理性思维。无论如何理智思维有其存在的权利和优点，没有理智思维，便不会有坚定性和规定性。

先就认识来说，认识起始于理解当前的对象而得到特定的区别，分别各个事物的规定性和功能。在自然研究里，区别质料、力量、类别等等，将每一类的事物的特性孤立起来，而固定其特性，知道其有什么用途，为人类所用。譬如马拉车、牛耕地、饲养猪羊供人们吃等。这些动物有许多功用，马在战时可以作为交通工具。只是抽象地取其一点为我所用，不需要研究那么多其他功能。如果再需要其他功用，则另当别论。知性的定律是同一律，单纯的自身联系，单纯的一种规定性，不看其他方面，甚至相反方面也不看。通过同一律，认识的过程才能由一个范畴推进到另一个范畴。如数学的几何学里，我们把一个图形与另一图形加以比较，借以突出图形量的面积的同一性。在两个事物之间不同之中寻求同一性，这是科学需要，人的生产和生活也需要。法学是根据法律条文，研究犯罪事实，寻求同一律，依据法律条文哪一条，判决罪犯构成什么犯罪，刑罚是多少。因此，知性规定性在现实生活中是必需的，不是可有可无的。

理论如此需要理智思维，实践也需要理智思维。一个人有了确定的人生目标，才能限制自己的其他目标和行为，才能容易成功。如果一个人的人生目标太多，精力就要分散，所有的目标都很难实现。用理智思维分析自己的各种规定性，知道自己的特长是什么，充分发挥自己特长，才能充分发挥自己的潜能，取得巨大成就。而且每个人都有自己的短处，如果在自己的短处用力，费九牛二虎之力也会成功。

逻辑的思维不仅是主观的，同时可以认作是客观的东西。逻辑真理之第一形式的理智里，适当应用和说明。如上帝的仁德，上帝根据不同种类的动物和植物，供应其不同的食物。对于人也一样，不同人有不同的禀赋和才能等，皆出于上帝恩赐。理智可以表现在客观世界的一切领域里。譬如一个国家，各个政治的和行政的功能，一定要按照理智的思维建立好划分好政府各个部门的职能，让其各个部门各司其职，才不会出现越权管理的混乱局面，才能保证各个政府部门不能互相扯皮，互相推诿，这样才能有效地处理国家各种问题，提高行政效率。如果职责不明，行政效能就必然低下。

在艺术、宗教和哲学领域里，理智同样不可缺少。例如在艺术里，在不同美的形式里，要得到严格的区分和明白的阐述，不能混淆。一出戏剧的人物性格，典型人物性格一定要鲜明突出，不能像生活中人的性格模糊，要有典型人物和典型性格，把生活中的人物性格予以艺术夸张，才能产生强烈的艺术效果。这就是源于生活高于生活的艺术。哲学运用理智去除空泛和不确定性，把握每一事物的规定性。

理智思维的发展必然要转化相反的方面。理智并非至极之物，也是有限之物，到了顶点，必定转化到它的反面。青年人喜欢抽象简单思维，非此即彼。有生活阅历的人决不容许陷于抽象的思维，保持具体丰富的分析和综合判断之中，理智的缺陷就会暴露无遗。

在辩证阶段，这些有限规定扬弃它们自身，并且过渡到它们的反面。一个人年轻的时候，分析问题比较简单抽象。经历一段发展和挫折后，看问题越来越丰富了，不仅看到问题的一面，而且能够看到相反的方面。失败在年轻人看来就是一件不好的事情，但是在中年人看来就是成功的必经阶段，失败是成功之母。年轻人没有经验，没有能力，只有经历失败之后，才能积累经验和锻炼能力，才能为成功打下坚实的基础。从失败内在看也不完全都是失败的东西，有其自身对立的一面，即每次失败都能为成功打下坚实的基础。理智思维事物的规定性质是同一的，辩证思维事物本性不是同一的，而是对立两个方面的统一。

当辩证法原则，被知性的思维孤立地、单独地应用时，就是单纯的否定。一定要正确运用辩证法，不能把辩证法看作是外在技术或主观任性地使用概念，这样必然发生认识上的混乱，出现矛盾的假象，不是真实的矛盾现象。知性思维不以内在的矛盾为真实，而以虚妄的假象和知性的抽象概念为真实，不知道什么是真实的现象，什么是虚妄的假象。辩证法不是单纯的机智，那样就会缺乏真实的内容。知性的规定性就是孤立的，坏的无限延续下去，反思首先超出孤立的规定性，把它们的规定性关联起来，使其与别的规定性处于关系之中。辩证法是一种内在的超越，反思内在具有不同性和对立性。知性概念的片面性，即只有同一性，没有对立性，孤立性没有联系性的缺陷就表现出来了。凡有限之物莫不扬弃自身，因为有限之物只是反映事物的片面性和局限性，否定就是否定事物的片面性和局限性。譬如这玫瑰花是红色的，否定就是这玫瑰花不仅仅是红色的，红色中还包含有其他的颜色。譬如大红色含红色多，黄色或白色等色含量少。粉红色含红色的量少，包含黄色或白色等色的量多。片面的肯定，就是肯定单纯的同一规定性，否定就是否定单纯的同一的规定性。同一性同时还包含有其他规定性的，没有单纯的同一规定性。因此，辩证法构成了科学进展推动的灵魂。因为辩证法能够从科学的同一性中找到不同性，发现矛盾和对立性，发现事物的本质，从而才能发现新的规定性，发现新的科学原理。只有通过辩证法的原则，科学内容才能达到内在的联系和必然性，即内在两个方面的对立变化是一定的，不因外界的干扰而消除对立。而外在的规定性则是偶然的，外在规定性是依赖外在他物的联系，来确定自身的性质。外在联系的他物是不确定的，因此具有不确定的偶然性。不同的环境，外在条件不同，变化不一定。事物内在两个方面的根据是确定的，根据是认识事物变化的必然性。内在的根据没有认识清楚，根据外在条件研究事物的变化，偶然性太大，无法认识和掌握。商品的价值规律，价值是内在的东西，价格是外在的东西，价值起决定和必然的作用，价格起影响和偶然的作用。

辩证法的实质。辩证法包含的真实性就是超出有限，即超出质量抽象规定的同一性，揭示事物的内在本性，即有同一性又有差别性。本质的根据是自己与自己联系，事物内在的变化是一定的必然的。而质量互变是有限的变化，只要他物一变，某物的规定性就要发生变化，偶然性太大，没有必然性和规律性。

辩证法是认识和掌握事物发展变化必然性的原则，是现实世界一切运动、一切生命，一切事业的推动原则。凡有限事物不仅受外面他物的限制，而且又为它自己的本性所扬弃，由于自身活动而使自己过渡到反面。譬如说人总是要死亡的，如果从知性和理智抽象地去看，人之所以要死，是因为外在方面的原因，譬如疾病、老死等。但是对死亡真实的看法应该是，生命体本身就有死亡的因素，有生即有死。生命的细胞分分秒秒都有生有死的，生命的死亡就是内在生命体生与死两个方面变化的结果，就是生命的死亡因素战胜了生的因素。外在因素譬如疾病、老死都是表面现象。如果生的种子一直占据主导地位，即使有疾病和年老，生命也不会死亡的。要保证生命长寿延续下去，就要研究生的因素延续下去，阻止死亡的因素发展和泛滥。凡有限之物都是自相矛盾的，说生命是活着的，怎么能够时时产生死亡的因素？知性解释就是外在原因，人的死亡是疾病、饿死等。但是生命即使饥饿，如果方法正确，也会让生命活的因素一直生生不息，生命延续不断。老子打坐辟谷，经常饥饿，反而长寿。好多人吃饱没有饥饿感，反而早死。可见人的生死健康并不是我们看到的现象那么简单。

诡辩与辩证法的区别。诡辩的本质是在于孤立地看事物，把事物本身片面的、抽象的规定性，认为是可靠的。譬如一个人的生存和应有的生存手段是一个人的主要动机，如果单独突出考虑个人的福利这一原则，而排斥其他，因此就推出这样的结论，说我为了维持生存起见，我可以偷窃别人的物品，或可以出卖朋友，那就是诡辩。同样在行为上片面强调我的自由，根据这一原则，我就会为我的一切自由行为作辩护，甚至为违法的自由行为作辩护，这会推翻一切道德伦理原则。辩证法就是揭示事物本质的属性，揭示事物合乎理性的存在和发展过程，并加以科学的客观的考察，而不是主观地替自己不良和违法行为辩护。揭示自身的行为的本性是否合法，还原客观事物的本来面目，借以揭露诡辩的片面性和有限性，不合乎理性的行为。因为维持自己是生命，不能仅仅依靠偷窃维持，完全可以依靠劳动和其他合法手段，获得生存的生活资料。况且偷窃使他人没有生存生活资料，危害他人生存，就是违法犯罪行为。

二、哲学史上的思维发展

辩证法在古希腊时期就已经存在。柏拉图和苏格拉底就是辩证法的运用者。柏拉图在《巴曼尼得斯篇》中，他从"一"推出多，即一包含多，看到了一与多的辩证关系。但仍然指出多之所以多，只能规定为一。一为世界的统一性，多为世界的多样性。无论世界具有多少多样性，表现形式和过程有多少多样性，但是在本质上都是统一的，最后的结果还是"一"。多的东西是有局限性的，只有"一"具有无限性，因为世界的本质是"一"，知道了"一"，就知道了世界的本质，就知道了多的本性。一是根本，是本体，多是"一"的展示和展现。"一"的本质是无形的隐藏起来了，没有显露出来，一般人们无法马上认识，要有一个认识的过程和方法。人们从多中能够认识"一"的多样性，又能够从"一"中认识多的统一性。认识"一"的本体性越多，无限性就越多。"一"能够融会贯通多的多样性，统一多样性。纲举目张，一是纲，多是目。多具有直接性、具体性、丰富性，但是有局限性。"一具"有抽象性、同一性和无限性。"一"和"多"是辩证统一的，不可分割的。

芝诺的"飞矢不动"也是辩证法的体现。飞矢在疾驶的时候，动是绝对的。但是客观上也存在相对的静止。我们所说的飞矢运动，是在我们感觉的情况下产生的，是在一定的时间和空间内感觉飞矢在运动。如果我们辩证思维重新规定时间和空间，让时间单位无限缩短至飞矢穿过那个空间的时候是不动的。时间单位都是人根据需要设置的，具有主观性的，虽然客观上也存在时间和空间性。以辩证思维看事物，任何事物都具有对立的两重性。

康德提出理性矛盾（二律背反）问题。康德指出每一抽象的知性概念（片面规定性），如果就其自身的性质来看，立刻就会转化到它的反面。如果有人说这个人是善良的，有人立即反驳这个人有自私的恶的一面。任何事物都存在着两重性。如果片面抽象同一地看，这个人是善良的。但是辩证地看，同样的一个人变换另一角度看，也可以证明这个人是有私心的，包含有恶的一面。知性思维看问题就是片面的、抽象的、割裂的、感觉的、表面的看问题。看一个人善良就是善良的，恶就是恶的。康德的二律背反只知道对立地去看，发现一个事物存在两个对立矛盾相反的本性。但是康德不知道对立两个方面是如何达到统一的。所谓对立统一就是一个人的身体是阴阳对立的，既有阳的一面，也有阴的一面，健康的身体就是阴阳平衡，即阳中包含阴，阴中包含阳，不是截然不同的两种本质的东西，而是互相包含，互相吸引，不可分割，互相转化，就是对立统一的关系。

一切事物都存在辩证法。辩证法是存在于各级意识和普通经验里的法则。有限事物变化，就是其中一个"多"的消逝，无限之物的"一"是永远不会消逝的，这就是辩证法的体现。有限之物只有与他物比较区别，才能显现其规定性的存在。与甲的比较具有这种规定性，与乙的比较有那种规定性，不确定性是有限之物的矛盾性。有限之物，由于其内在的矛盾而被迫超出当下的存在，即肯定是本质的一种表现，否定又是本质的另一种表现，否定之否定又回到了原来的本质表现，只是原来本质的升华。无论是肯定还是否定，永远保留的原来本质的东西，具有永恒不变的东西。例如在天体运动里，一个星球此刻在此处，但它潜在地又在另一处。所谓另一处是指以这个坐标是在这一处，以那个坐标就是在那一处。又由于它自身的运动，时刻变化自己的位置。只是在相对时间和相对空间内可以认定在此处。在精神世界里和法律道德范围内，事物发展变化到极致就要转化反面，至公正即是至不公正，平均主义对能力强的人是不公正的，贫富差距太大对能力弱的人也是不公正的。感情方面极端痛苦和极端快乐，可以互相过渡。充满快乐，就容易喜极而泣。充满忧愁，苦笑显示。个人修养，"太骄则折"，"太锐则缺"。

怀疑主义只有否定没有肯定，得不到真正的肯定即果实。怀疑主义确信一切有限事物都是虚妄不实的，但是否定后没有肯定，没有穷尽到最后，得到永恒的东西。批判哲学的怀疑主义又否认超感官事物具有真理性和确定性，指出感官的事实和当前感觉呈现的材料，才是我们所须保持的。这些都没有解决有限与无限的矛盾。

只有抽象理智的有限思维才畏惧怀疑主义。哲学把怀疑主义作为一个环节，即否定有限的一个环节，并包括在它的自身内，肯定有限中的无限因素，通过否定有限不断地作为中介，才能走向无限。这就是哲学的辩证发展过程。哲学不能像怀疑主义那样，仅仅停留在辩证法的否定结果里面。怀疑主义没有认清它自己的真结果，它怀疑的结果就是单纯抽象的否定。辩证法就要在否定结果中，扬弃否定的东西，寻找肯定的结果，作为范畴继续进展的中介。否定中只有包含肯定的基本特性，才具有逻辑真理的第三形式，即思辨的形式或肯定理性的形式。譬如关于人的本性问题。开始人性是素朴的善，同时包含恶，否定人素朴的善，人追求名利，进展过渡到人性的恶，同时包含善。这种否定没有得到人性真正的认识，即人性的善与恶是什么关系。否定之否定，再一次否定人性恶，即过度追求名利，真正的人性应该在追求名利的时候，不能危害他人和社会利益，即追求名利要与善达到和谐统一，才是真正符合人的本性，达到善与恶的真正对立统一。这就是人性具有永恒性的东西。

思辨的阶段或肯定理性的阶段，在对立的规定中认识到它们的统一，或在对立双方的分解和过渡中，认识到它们所包含的肯定。思辨就是在否定有限的虚妄中，从中分解找到肯定的东西，从多样性中肯定"一"。譬如，我们说相对于整个植物来说，植物的枝叶等是虚妄的，没有果实，只是虚妄的无果之物。枝叶虽然有限和无用，但是如果没有枝叶，植物又如何开花结果。虽然枝叶本身没有花果，但是它们是开花结果必须经历的阶段，果树只能在枝子上开花结果。果树枝子虽然没有果实，但是自身内有果实的因子，只是在表象上人们没有显示出来而已。所谓否定或扬弃，就是扬弃果枝表象中不包含果实因子的东西，保留果枝中的果实因子，在果实中得到实现。果树嫁接就证明果枝具有果实的因子。

辩证法肯定的结果有确定的内容，不是空的和抽象的虚无，而是对有限规定否定后的肯定，即否定果树的枝叶，肯定包含在果枝子中的果实因子，结出果实。辩证法否定后必须有肯定的结果，不是虚无的。否定告诉人们不是什么，肯定告诉人们是什么。怀疑主义否定不是什么，不能告诉人们是什么。

三、只有理性思维能够认识真理

理性思想与知性思想的区别。理性的东西，虽说只是思想的和抽象的东西，但同时也是具体的东西，因为它不是简单的形式的统一，而是有差别的规定性的统一。知性思维只是看外在的同一。譬如看一棵树，知性思维只是看到了树的树根、树干、枝叶和花及果实的外在联系，植物生长过程只是外在的差别。而理性思维则看到了这些东西具有内在的差别性，又有内在的同一性。差别是指内在本性在不同环节和不同的方面具有不同存在形式。同一是指无论如何差别都是对立两个方面同一性的，不存在其他方面的东西。种瓜得瓜，种豆得豆，就是从内在同一性上说的。哲学不是研究单纯的抽象概念或形式的思想，而是研究有差别的各种对立统一的思想。就像果树的果实因子在树根、树枝、树叶和花的存在形式与内容是有差别的，同一性都包含有果实的因子。知性思想只是单纯同一的抽象的思想，没有差别和发展变化过程的思想。譬如一般的哲学家用知性思维看历史上哲学各个派别，只看它们各家单纯的理论学说，看不到各个学派之间的内在差别与联系，继承与发展。思辨思维包含单纯的知性思维，需要知性思维分析事物，作为思辨思维的基础手段。把思辨思维中的辩证法和理性成分排除掉，就可以得到知性思维。

什么是理性的东西？理性是在文化和精神发展里，在人心中意识里发现的理性。理性存在于人的心中和意识里，不存在于有限的事物中，应该是一个无条件的东西。理性也具有客观性，存在于客观世界之中，但是人们的感觉是无法感知的，只能依靠心灵和理性思维去感悟。所以说理性存在于人心之中。因此，理性是一个包含自己规定自身的东西，上帝就是自己规定自己的存在，就是理性不需要其他东西决定自己，具有独立自由的主体，能够决定客体一切东西，这就是理性的本性。同样，一个公民对于他的祖国和祖国的法令的知识，达到理性的认识，即认为是绝对正确的，才能认为服从这些法令是无条件的，是普遍有效的东西，他就能够自愿抑制他的个人意志，去遵循它们。一个人只有达到理性的认识，无论是对国家对上帝，或者是对自然的认识，才能够与该系统或者体系的一切东西不发生矛盾和冲突，达到统一性和一致性。

　　真理是如何得到的。思辨的真理是经过思想的法则，即肯定理性的法则得到的。日常思辨的含义，凡是直接呈现在面前的东西应该加以超出，不要被表面现象所迷惑。思辨形成的悬想或推测的内容，最初都是主观的，要使其转化为客观性，主观要与客观性相一致。思辨不能单纯当作主观意义，思辨的真理不仅是主观的，而是扬弃知性所坚持的主观与客观的对立后，证明自身与客观统一，自身乃是完整的、具体的真理。思辨的真理不能用片面的命题去表述的。绝对是主观与客观的统一，是有差别的统一。思辨真理与宗教的神秘主义相近，都具有玄想和推测的成分。但是神秘主义是迷信和虚幻的，缺乏客观性。思辨真理是与客观性统一的，是真实的科学。对于抽象的同一性为原则的知性的东西是简单的和表面的，只有真理才是神奇奥秘的。神秘真理的这些规定，乃是那样一系列规定的具体统一，不是无法统一的对立规定。这些规定具体的统一，只有在它们分离和对立的情况下，对知性来说才是真实的。相反在具体统一的情况下，知性就认为是虚妄的。知性思维认为，为了达到真理，必须摒弃对立的思维，认为表面上达到同一性就行了。因此知性思维必须把理性思维禁闭起来。理性的思辨思维在于把对立的一方包含在自身内，真理是把主观与客观的一切差别和统一都包含在自身内，只是作为一系列的观念性的环节。理性思维神秘不是一般思维所能接近和掌握的。

　　逻辑学划分三个部门，存在论、本质论和概念论。第一部分是关于思想的直接性，自在或潜在的概念的学说。这个部分的哲学范畴反映世界的外在直接的东西，包含概念的一部分外在的规定性，没有涉及概念的全体内容。

　　第二部分本质论是思想的反思性或间接性，自为存在和假象的概念的学说。从事物的内在方面反思事物产生的根据，透过现象看本质，反思事物的内在内容及形式表现，以及内在根据发展变化过程成为现实。

　　第三部分概念论是思想返回到自己本身和思想发展了自身持存，自在自为的概念的学说。存在的内外统一，思想融合为一，即理性的东西。理性就是进入了无条件的状态里，在什么情况下都是如此的东西，万变不离其宗的东西。思维和认识进入了无限绝对的状态之中。

　　哲学认识为什么以存在范畴作为开端。在哲学里证明一个对象所以如此，是由于自身的本性本来就是如此。这里提出思想或逻辑理念的三个阶段，只有概念才是真理，概念是存在和本质的真理，是两者的统一。这两者若坚持孤立的状态中，决不能认为是真理。既然概念是真理，为什么不从概念开始呢？因为存在和本质统一作为基础，才能证明概念是真理，必须经过存在和本质的一系列的范畴中介过程，最后才能达到概念的真理阶段。概念和理念是一个包含存在和本质的极其复杂庞大的逻辑体系，我们认识真理，必须从存在和本质证明真理的过程开始，必须从概念逻辑体系的基础部分和最简单的部分开始认识，才能逐步认识整个真理庞大的逻辑体系。上帝既是真理，他是绝对精神，我们要认识他的真面目，只有依赖于我们同时承认他所创造的世界，即存在的有形的世界，才能逐步认识上帝。从自然和有限的精神，即人们的精神，才能逐步显示出上帝的真面目，最后显示上帝的绝对精神。当上帝所创造的世界与上帝分离和区别开时，都是不真的。因此，存在和本质作为有形的东西，是证明概念真理这个无形东西的过程。只有以存在范畴作为开端，通过直接的和有形的东西，才能逐步证明概念真理性的无形的东西，概念是扬弃存在和本质的一切东西后得到的。

第三章

存在——事物外在性的认识

第一节　存　在

一、什么是存在？

黑格尔认为思维的对立面就是存在，即存在是客观的，客观世界一切事物的统一性就是存在。因此，哲学作为思辨思维的科学，必须从存在这个范畴开始研究，才能不使自己的研究陷入片面性和有限性，最后达到与思维统一才是真理性的认识。存在是黑格尔哲学研究的开端和起点，也是人们认识世界的起点。老子把"道"作为哲学的研究开端，孔子把"仁"作为研究对象，都是比较抽象和间接性。黑格尔以存在作为哲学研究的开端，抽象中包含有直接性。中国人研究哲学直接进入间接范畴，从抽象的对象开始。西方人研究哲学，从具有直接性的存在开始。从直接性开始研究，符合人的认识规律。中国哲学从抽象开始研究，需要有悟性的人，才能深入研究进去。中国哲学研究抽象的天地以及人的变化，偏重人的研究。黑格尔西方哲学研究的存在是偏重客观自然科学的存在，没有把人和社会存在完全概括进去。

　　古代哲学家把水、火或者原子作为哲学的研究的开端，反映古代人的思维的深度和广度不够，以观察到的东西作为研究的开端和对象，缺乏抽象和理性思维能力，研究的对象和范围及其狭窄。哲学研究开端和研究对象的范围大小，决定哲学思维的广度和深度，以及认识世界的广度和深度。哲学研究范围和对象的不同，得出的概念和规律的深度和广度也绝对不同。黑格尔用存在的范畴来代表整个客观世界，也可以把一切事物都统一概括为存在。科学家把存在看成是机械的构造，或者物理的运动，化学的分子，经济学家把存在看成是商品。哲学是把存在看成是整个客观世界。哲学研究存在，就是把世界作为一个整体来研究，最后才能得出概念性的认识。不像科学把世界分割成一部分来研究。科学认识世界是有局限性的，科学只研究世界部分发展变化规律。哲学就是要克服科学认识世界的局限性，达到对世界无限性的认识。但是，科学能够深入世界的局部认识世界具体发展变化规律，哲学从整体去研究世界，认识整个世界发展变化规律的。哲学是对世界作出理性的概括。

　　存在就是人们初步认识事物各个外在的性质，从不同角度去认识事物的性质。外在性质也是内在本质的部分表现。科学就是从不同层面和角度认识事物的。哲学就是把科学研究具体事物性质概括为共性的东西，任何科学概念都有事物具体的规定性，哲学则是研究事物存在抽象的共性的规定性——质。

　　存在与概念的区别。存在是潜在的概念，存在里面包含有概念的一切范畴，只是没有展示出来而已。因此在存在论的范围内去解释概念，就要把存在的全部内容都发挥出来，不能有片面性。同时要扬弃存在的直接性和扬弃存在的外在形式。存在只是反映概念的各种外在性质，是认识概念外在规定性的开始阶段，所以说存在是潜在的概念。

哲学的存在是认识世界的开始，也是哲学范畴和概念的开始，是认识概念的一个重要环节。思维通过存在，认识过程才能由表及里，由浅入深，由简单到复杂。

存在的特点。存在用"是"表达事物的性质，是什么就是什么，不是就不是，不是肯定就是否定，用知性同一的思维研究事物的存在。

这玫瑰花是红色的，存在阶段认为红色就是红色的，红色同时没有包含其他颜色存在。在本质阶段不能用"是"表达事物的性质的，从本质上看红色不仅是红色的，红色中还包含有其他颜色。粉红色的含有黄色或白色多一些，紫红色含有黑色或蓝色多一些。存在是单一性表达，表面性表达。存在认为男性就是雄性激素构成的。而在本质论，不能说男人是由雄性激素构成的，因为男性也有雌性激素。本质既用"既是"，同时又用"不是""又是"来表达对事物的认识。

存在的各个规定性都是互相过渡的。从进一步规定看，从辩证法的形式看，各个规定性不是彼此对立的没有联系的，只是外在的联系。从存在变化来看，一种是向外过渡，即外在变化，事物的表象变化，它们是互相过渡到对方，某物变化为他物，他物又可以变化为某物。譬如水超过零度成为冰，高于零度变为水。一个人正常体温37度，感冒发烧39度，退烧37度。一种是向内过渡，内在变化，即自身内的性质变化，即由多向一过渡。

用存在全部各个规定性，解释概念的外在规定性。在存在的范围内去解释概念，要发挥存在的全部内容，事物全体各个方面的规定性，不能单一解释。单一解释必然存在片面性。同时，要注意扬弃存在的直接性和形式性。因为存在论里解释的规定性，都是表面的性质。注意解释概念的直接性有作用的同时，还要看到存在规定性是很肤浅的，有许多缺陷的。

存在范畴的性质。从存在中研究各个规定性或范畴，不仅是存在的范畴，也是逻辑范畴的开始部分，是认识事物的开始阶段，而不是结束，不能就此认为认识事物到此为止了。存在的范畴也可以看成是对绝对的界说（存在即是世界），只是对绝对表面现象各个规定性的界说，是对绝对外在全面的界说，说明存在的范畴有一定的价值。存在是一个对世界整体外在的认识，不是分割的片面的外在认识。

存在论在黑格尔的逻辑体系里是第一范畴，是对世界事物外在性全面的和概括性的认识，简单的规定。外在是实际直接存在，任何内在的东西，必须要通过外在表现出来。从逻辑范畴来看，存在的范畴也是对绝对的界说。存在脱离有限性，具有绝对性。第三范畴概念也是对事物或世界表示由分化而回复到简单的自身联系，把世界的本性表达在思想里，具有完整思想形式的思想，不是片面思想表达对世界本性的认识，形成对世界一个完整的认识。

第二范畴是对有限事物的内在本质进行分析研究，不是对事物的整体性和完整性进行研究。只看事物内在本质属性及外在变化过程。譬如分析颜色，只研究颜色内在构成的对立双方的色素构成极其变化过程。不看整个颜色，即七色的整体构成及其变化。第二范畴讨论的思想或事情，只是在谓词里展开，分析事物双方差别与同一，不对主词的主体全面界说。譬如研究男人的性别问题，就是研究男人以雄性激素为主，以雌性激素为辅。不研究作为一个男人其他全体的规定。

研究逻辑范畴或概念的方法。逻辑范畴或概念都有一定的认识范围和发展变化阶段，学习研究的时候一定要清楚逻辑范畴处于什么范围和在什么阶段，明白范畴和概念在各个认识阶段的范围和逻辑联系等。任何范畴或概念都是在不同阶段，不同角度去思维的，而且每一阶段都是对绝对理念一种表述，不单纯是自身范畴或概念的表述。

二、存在包含有质、量和尺度

质的含义。质与存在具有相同一的性质，某物失掉质，便失去这物的存在。质是能够表现事物是什么。如这个动物有语言就是人，没有语言就不是人了。狼孩没有语言不是人了。质是构成事物一个方面的性质。一个事物有许多性质，比如人不仅有语言，还要有衣食住行，有劳动能力，有思维、有文化、有道德等等。人们认识事物，开始只能是一个性质一个性质地看，不能同时看，也不联系起来看。这个人是好人，从他的一些言行——质上看，比如乐于助人，与人为善。这个人失去这个质，就不是好人了。对事物一个个性质去看，变化也是仅从一个个方面去看，不是全面看变化。把事物各个方面的性质研究透彻了，就能够全面认识事物的外在性质，划分出类别来，为深入认识事物的本质和概念的内在联系创造前提条件。

为什么认识事物首先研究事物的质？因为人们认识事物，首先看到的就是一个事物外在东西，外在的东西是内在本质的部分反映。内在东西离不开外在的存在，质是反映事物的外在性质——规定性。事物的质发生变化，就成为另外一个性质的事物了。如水达到一百度就是蒸汽了。外在性质表现形式发生变化，是用感官感觉到的。

量是研究存在变化的。量是指这种事物的质包含有多少。量是研究事物存在变化的过程，研究事物的质在自己的规定性范围内是如何变化的。量的多少不影响存在性质。譬如房子无论是大一点还是小一点，仍然是房子。红色无论是深一点浅一点，也都是红色。

尺度是事物变化的界限。尺度是前两个阶段的统一，是把质和量联系在一起看，有质的量不是无限度的变化，量变化到一定程度，超过了这个事物质的界限，就要发生质变，变化为另外一个事物的质。规定事物量变化的界限就是尺度。量变不是没有界限的，质的规定性决定了量的界限，量变超越这个质的规定性的界限，就会发生质变。譬如一个人，如果好的东西变化少了，坏的东西变多了，这个人就变质了，就不是好人了。如果好人继续变好，达到一定境界就不是一般的好人了，就是圣人了。看一种事物是什么事物是质的范畴，从这种事物含量多少是量的范畴。尺度就是量变与质变同一的临界点。

从量上看事物不是单纯一种质的东西。质的规定性是同一的，红色就是红色，没有其他颜色。从量上看事物，事物内在不是单纯的同一的东西。譬如从质上看深红色浅红色都是红色，没有区别。但是从量上看，深红色变化为浅红色，红色因素由多变少，浅颜色由少变多。从红色量的变化看，红色不是纯粹就是一个红色，还有其他浅颜色，量变出现了不同性和差别性。从量的差别性来看，看到了事物的质根本不是纯粹同一的东西，而是由不同性质甚至相反的东西构成的。从量变到一定的程度变为他物，看到事物量的内在存在某物与他物的因素，进入本质论的范围。

存在质、量和尺度三个形式的特点。存在的三个形式，一是从思想内容来看是最初的，也是最贫乏的，最抽象的，思想成分很少的范畴。这三个形式都是描述事物的外在东西，不是内在东西。第二它是感性意识，又是感性最丰富最具体的，能够感觉到的性质。存在的三个形式的思想内容是最贫乏的，但感性内容是最丰富的。

第二节　纯有——客观世界存在的统一性

一、纯有（纯存在）作为逻辑学开端具有无限性

纯有之所以成为逻辑学的开端，是因为纯有是一个纯思，是思维着的存在，与思维相联系的存在，是无限存在，不是有限存在，不是与思维没有关系的某个事物的存在。这个存在与思维联系具有无限性，哲学思维才能不受限制，才能得到真理性认识的前提。纯有是客观世界的统一性，虽然无法感觉到，但是不是虚无的东西，而是纯存在的范畴。如果以具体事物作为逻辑学的开端，思维必然受到局限，只能得到有限的认识。任何事物或存在离开思维都是有限的，就是具体的存在和具体的有，才可以独立存在的。纯存在或纯有，是依靠理性的思维去把握的，依靠知性思维无法感知，根本不能把握的。知性思维把存在分割开来看，使存在成为有限的存在。

纯存在又具有无规定性。无规定性是纯存在把世界看成纯粹同一的和毫无差别的存在，因而就是没有具体规定性的存在。有规定性纯存在就失去了无限性，就成为有限性了。因为纯存在实际不是无规定性，而是有无数的规定性，只是不能以一种或几种规定性来确定纯存在的规定性而已。只有有限事物是有具体的规定性，这个规定性，那个规定性，就是有限的前提。纯存在只有无规定性，才能具有无限性。老子用"道"作为其哲学的开端，黑格尔以纯存在作为其哲学的逻辑开端。虽然纯存在没有任何规定性，但是哲学的一切范畴和概念都是从此展开的，一切皆源于此。虽然存在没有具体的规定性，但是也不是纯粹空虚的，而是具有客观实在性，或者世界纯粹抽象同一性和无限性。

　　单纯的直接性，就是纯粹同一性的直接性，没有具体表象没有各种各样的直接性，就是无限的直接性，也没有经过中介的（没有中间物）直接性，而是最原始的直接性。具有表象的直接性是各种各样的直接性，就是有限的直接性。单纯的直接性作为开端，但是不能感觉的。

　　古代哲学都以具体的物为开端，譬如水、火等，都是表象的直接性。以什么作为哲学研究的开端，反映人类思维水平的深浅，以及对世界认识的广度和深度。以具体物为本体，因为具体事物的变化规律有限，不可能全面深刻反映整个世界的变化规律，哲学研究就必然存在巨大的局限性。哲学开端是无限还是有限，决定哲学研究的概念和理念是无限还是有限。所谓一个人的世界观或大局观，就是指一个人以什么视野来观察世界，或者以什么作为自己的人生目标。一般百姓以名利作为自己的世界观，科学家以科学观观察世界，黑格尔以无限的世界作为自己观察世界，孔子以仁义道德为自己的人生目标。牛顿以地球为范围，研究出来万有引力定律，爱因斯坦以宇宙太空的范围研究世界，研究出来相对论。不同的范围，必然会出现不同的理论深度和广度。

　　存在作为哲学开端排除狭隘的主观意识。有人反对用抽象的存在作为逻辑学的开端，只要理解了纯有作为无规定性的直接性的意义，就不会怀疑和责难了。存在或有可以界说为"我即是我"，为绝对无差别性或同一性。这个意思就是说人的思维具有无限性，我的思维具有无限性，与我的存在是同一的无差别的，与世界也就是无差别的同一。如果我有主观意识，把世界按照自我意识划定出一个思维研究界限分出差别性来，这就是以我狭隘的主观意识为存在的标准，不是以客观的无限存在为存在的标准。用有限的东西，来代替世界的无限性，我就不是本来的"我"了，不是与世界同一的"我"，而是主观的"我"。上帝、老子、孔子、释迦牟尼等都是"我"与世界同一。一般人思维都是有限的，与世界没有同一。

只有纯有的无限性，才不用中介性来推演，它就是一个自在存在的东西，不用任何东西作为中介。如果是有限的间接性的东西，必须要有他物作为中介。

绝对就是纯有，纯有就是绝对的。因为在无限中才能产生绝对，在有限中只能产生相对的东西，这是爱利亚学派提出来的界说。"有"的绝对就是包含世界的一切，就像上帝包含世界的一切，创造世界的一切一样。这就是"纯有是绝对的含义"。

逻辑开端"有"的特性。逻辑开端的有，是纯粹无规定性的思想外，没有别的意思。因为一般的有，都是有规定性的"有"，都要划定出一定的时间和空间范围的。纯有没有时间和空间的范围，就没有规定性。有规定性的有已包含有"其一"（本身）和"其他"（他物）。有规定性必须以有限的事物为对象，科学都是以有规定性为前提的，化学从分子或量子开始研究的，物理从物质运动开始研究的，生物学从生物细胞或基因开始研究的。科学研究对象都具有有限性，所以结论也是有限的。

哲学的纯有，是包含世界的一切存在，没有其一和其他，没有把世界分割开来。前人哲学研究成果不能作为逻辑开端，因为前人把有限作为哲学研究开端。但是可以汲取前人的哲学研究成果，以前人的研究成果作为自己逻辑演绎的一环，但是不能被此局限。

二、纯有的含义

纯有的含义。"有"具有两重性。一方面是有无限性，是最抽象、最空疏的，没有任何规定性的。从与事物联系看纯有，纯有就是空虚的，没有具体事物的规定性和实在性。但是从世界范围看，具体事物的有限性不能真实地反映世界的无限性，因此，又具有不真实的一面和虚假的一面。而纯有包含客观世界的一切，才是世界一切实在的总和，才是世界最高的和最无限的实在，是一切具体实在中最真实的实在，根本的实在，最后的实在。

具体事物实在性不能代表客观世界的实在性，纯有实在能够代表客观世界的实在性。纯有包含世界一切东西，不是世界的一部分。

纯有或纯存在，为什么是纯思？因为纯有或纯存在不是具体事物的表象或现象，是无边无际的，人们无法用肉眼看到，无法依靠感觉去感知。无论用显微镜或望远镜去观察世界，都是有限的。因此，依靠人的感官感知世界，必然有限的世界。世界的客观存在是无边无际的，人不可能用感觉去感受到。只有人的思维能力可以感悟无限的存在。世界的无限性只能依靠人的思维才能把握住，没有其他任何方法可以把握住。因此，纯有或纯存在与思维具有完全同一性。苏格拉底、柏拉图、老子、孔子和黑格尔等人的哲学思想，是具有无限性和永恒性的，他们的思想就是要用纯纯粹的思维来把握的。

从哲学历史上看，哲学的逻辑开始之处就是真正的哲学史的开始之处。西方哲学史的哲学逻辑开始于爱利亚学派，巴曼尼得斯认绝对为"有"，这是在哲学史上人的认识活动第一次抓住了纯思维，而不是具体的物作为哲学的研究开端。人类经过若干年，才认识到了思维的纯粹性和重要性，思维可以脱离具体事物而独立存在——哲学思维即是纯粹的思维。

纯有或纯存在是绝对的。作为逻辑开端的"有"包含世界的一切，这个有就是绝对的，就是无差别的。哲学研究的对象不是相对的，相对是科学研究的东西，哲学要研究的就是绝对的东西，永恒的东西。这就是哲学和科学的区别。

纯有如何过渡到纯无的。"纯有"具有两面性：一是"纯有"是纯思想，纯有并非固定之物，也非至极之物，不能把我们意识中别的内容好像是在"有"之旁和"有"之外还有其他内容。纯有能够用纯思囊括客观世界的一切，包含客观世界一切，不能把"有"与别的东西等量齐观。

二是正因为纯有包含一切，所以纯有是最抽象最空疏的，是没有具体内容的范畴（看有的缺陷）。从辩证法的性质看，纯有不是具体的有，因此，纯有没有规定性，没有具体内容，没有概念和理念的具体逻辑内容，从这个角度看，无就要否定纯有，否定纯有的抽象和空疏，即无就是纯有的另一面。"有"就过渡到了"无"。纯有是纯粹抽象的范畴，没有具体内容，从纯有本身逻辑性上就含有"无"的意思，因此，纯有具有"无"的性质。因此纯有过渡到无，只是逻辑思维上的过渡，不需要通过中介物来过渡。其他有限事物的范畴过渡另一范畴，必须有中介物才能过渡。

绝对是有具体逻辑范畴、概念和理念的内容与形式，主体和客体统一的逻辑体系。而"有"是纯粹的抽象，毫无逻辑范畴，概念和理念的内容与形式。因此，绝对是哲学的最高理念，纯有是纯粹的抽象，要实现纯有向绝对过渡，必须对纯有进行否定，指出纯有的空虚性，没有具体的规定性。纯有演绎到绝对理念，纯有必须向具体范畴和概念过渡，无就是纯有向具体范畴和概念过渡的范畴。无否定"纯有"而产生具体内容与形式的范畴。

第三节　无——没有具体规定性的存在

一、无的含义

无的概念价值。无是绝对的第二界说，绝对即是无，是无规定性的东西，完全没有形式因而是毫无内容的。如果有形式与内容就是有限了，就不是绝对的界说了。无虽然没有规定性，但是无潜在地包含着无限的理念内容与形式。无最能够体现哲学的广阔性和囊括性。只有无才能让哲学思维具有绝对自由的可能性。有限则不会具有绝对自由的可能性。哲学开端的有与无之所以没有规定性，是因为有与无没有与具体的时间和空间结合，只是从思维去理解和把握有与无的含义。真正的高手，研究没有止境，追求卓越的"无"，不断超越自己。无否定逻辑开端"有"的空虚性，否定有的缺陷，即没有具体的范畴和概念的空疏，"无"否定纯有就要产生具体的范畴和概念。

无的含义。一是有与无是一个东西，无就是客观世界无规定性的，完全没有内容和形式。从规定性和内容与形式上看，纯有也没有规定性，没有内容和形式，纯有就是无，二者具有同一性。二是无具有无限的意思。上帝是最高的本质，此外什么东西也不是了，上帝的能力具体看不到，只能够感悟到。上帝也有同样的否定性，否定一个人只有一定的能力，上帝能力与人的具体有限能力不能等同，具有无所不能的能力，有无限的能力。佛教徒认作世界是空的，万事万物归于空虚的"无"。但是这个"无"（佛心），是消化尘世一切欲念后的"无"，不是开始空白的"无"。无是能够容纳一切，能够囊括一切的"无"，不是空白空无的"无"。因此，"无"里面也包含无限的具体的有，是否定无数有限的无。老子的无为而治和无为无不为，都包含有无的意思。

二、有与无的关系

有与无的区别。有与无的对立，不是形式与内容的差别与对立，而是逻辑上的对立，即表达的逻辑含义不同。有表达万变中不变者为可以接受无限的规定之质料等，无则是表达没有形式与内容的东西。人们为了把有与无区别开来，往往对"有"加以任何确定的界说，对世界划出一定的时空范围进行界说，以便把有和无区别开，这样便使"有"失去直接性的纯有，变为具体事物的有了。"有"作为纯粹无规定性来说，"纯有"才是无。纯有没有规定性就是无，是不可言说之物。

纯有是指依靠思维把握世界无限的存在，这个无限存在不是虚无缥缈的，也不是人们捏造出来的和异想天开出来的，是确实存在的。怀疑论和不可知论认为无限是不存在的，是不可知的。无是指没有事物具体规定性，也不是指虚假的、虚无缥缈的。

有与无，只是一个称谓上的区别，是从不同角度去看而已。这是人的思维的特点，也是逻辑演绎的需要。只有从纯有与无中，才能体会到存在的最高境界。纯有是无限的存在，确实存在的纯思。无是没有具体规定性和没有有限的形式与内容，没有限制就具有变化莫测，变化无常，高深莫测的性质。无的变化在人们没有认识前，无法掌握预测，变化多端，无穷无尽，不像有限事物那样变化肤浅，易于掌握。但是认识了无以后，无的变化虽然变化莫测，但是万变不离其宗。

从无可以看出，开始是空虚的抽象体，有与无进一步发挥，目的是要去寻求一个固定意义的要求，给予真实具体意义的必然性，抛弃空疏、抽象的东西。这种进展就是逻辑推演，能在有与无中发现更深一层含义，就需要反思的作用，对于"绝对"的一个更确切的规定和更真实的界说。由空疏抽象物演变为具体的东西，有与无只是它的环节（或前提），即具体的东西是由有与无演变而来的，不是现象世界中人们理解的具体的东西是自身独立存在的，或者是由他物演变而来的。所有具体的存在，都是由有与无演变而来的。具体的东西，是以有与无作为自己的本源而产生的。正如宗教认为的，上帝是万事万物的造物主。

无的自由性。无的最高形式，独立而言是自由，没有限制，可以演化无数东西，无数形式，无拘无束，是对绝对的一种肯定，绝对就是无限自由的。道生一，一生二，二生三，三生万物。道就是有与无的统一，就是自由的。无的自由，就是对相对自由的否定，是对绝对自由的肯定。

有与无是抽象的区别，不是具体的区别，同事物的区别不同。所谓事物的区别，必包含有二物，即某物与他物，其中一事物必有一定的规定性，他物有另一种规定性，才能看出二物规定性的不同。由于有与无，没有具体的规定性，两者从物的规定性上看，两者又是无区别的。只是哲学逻辑开端含义上有区别，称谓上有区别而已。

事物区别：有不同类事物的规定性的区别，即外在的普遍性不同。有同类事物不同规定性的区别，外在的特殊性不同。譬如存在，有自然存在，有精神存在，存在是两者的共同点，两者是有不同范围的区别的共同点。有与无是没有共同基础的区别，都是纯粹的没有规定性的存在。两者没有共同基础的区别就是两者共同的东西。有人说两者都是思想或思维，思想是两者的共同基础。但是"有"并不是一个特殊的、特定的思想，是一个尚未经规定、与无没有区别的思想，即空疏的思想。

如果我们认为有是绝对富有，无为绝对贫乏贫穷，抹煞了世界特定的东西，崇尚纯粹的有与无，那么我们什么也得不到了，得到的只是空虚的有与无了。有与无既有无限性，又有空虚性，需要具体的有与无来弥补这个空虚性的缺陷。一个人为了与上帝成为一体，就必须毁灭他自己是错误的一样。一个人只有在保持自己本性和自己圆满的同时，再与上帝成为一体，才是正确的。

有与无是绝对的存在，是最空疏的概念，是开始的范畴。有与无如果在开端与特定事物有具体内容，与别的存在事物建立一种联系，与别的事物为前提，内容就具有局限性了。因此，有与无在开端的时候，有与无不能与其他事物有联系，只有与纯思联系，才能达到无限的境域。如果有与无的范畴有规定性，就必然是有限的。

黑格尔把逻辑开端划定为纯存在、纯抽象的无限，为自己的哲学理念划定了无限的范围。

第四节　变易——存在向定在过渡的桥梁

一、有与无的统一是变易

有与无是自身等同的没有差别，如果从一般思维来看，有与无没有统一性。有与无只是从逻辑思维上看具有不同性。统一必须是有差别的统一。譬如主观与客观是有差别的，才需要统一。从有与无的性质看，有与无本身没有差别，有与无都是没有设定任何的规定性，没有规定性就是有与无的统一。如果单纯从概念看这个统一是没有意义的，它们两者本来就是一个同样的东西。但是作为哲学开端有与无，理性的逻辑思维需要寻求有与无不同性中的统一性。哲学推演的进程，就是把蕴涵在概念中的道理加以明白的发挥罢了。

具体事物的规定性，一类事物的规定性，会有各种表现形式，即普遍性中存在特殊性，千差万别，不可能完全等同，从两个事物的差别性，寻找统一性，得到普遍性。有与无都是无限的没有差别性，那么有与无具体的统一性是什么呢？

从有与无的变化来看，有与无的统一性就是变易或变化，两者都有变易性，发展变化是一切东西的属性。运动是绝对的，静止是相对的。有与无两者的具体统一性只有变易，此外再也没有其他统一性的东西了。而且有与无，只有变易才能让自身包含一切本源的东西萌发出来，产生具体的东西。如果有与无没有变易性，一切东西都是静止不动的，它的一切本源的东西都无法萌发显现出来。

有与无的统一没有表象，具体事物统一都有表象，即具体事物的表现形式。就是说不能从任何一个表象里认识有与无统一的概念，也不知道那些表象能够代表有无统一概念的例子。而具体事物能够从表象形式认识，可感觉感知的表象。譬如国家概念有国家机器机构等具体形式和内容。有与无则没有具体的内容，就没有具体的形式了。最接近有与无统一的表象是变易。世界任何事物，一切东西都有变易的形式，运动变易是绝对的，有与无是通过变易来表现自身的。

开始也是能够理解有与无变易浅近的例子，当一种事情在其开始时，尚没有实现的时候，应该是无。但是也不是单纯的无，而是已经包含它的有或存在于其中了。譬如植物的种子可以比喻为本体的有，潜在地包含植物的一切的东西，是植物存在的前提，但是相对于整个植物来说，没有植物的根茎叶花果实等表象的东西也是无。但是植物的种子如果没有变化展示出来，就没有植物的生长过程展示。只有变易变化，才能出现植物生长的过程和结果。

有与无，通过变易属性，将自身绝对包含世界一切的东西，变易为万事万物。如果纯有和无不变化，永远寂静不动，就会永远是死水一潭。有与无都有变易性，从运动的时间上看，无限的"有与无"有一个变易的过程。从运动的空间上看"有与无"，是空疏的东西逐渐变易为具体的东西。

有与无是哲学逻辑开端，开始就是意味着有前进，有过程直到结束。开始到结束，必须要有运动或变易才能够实现。停滞不前就只能有开端，没有过程就没有结果。开始到结束，必须要由变易来实现。客观现实如此，人的认识也是如此。没有变易，有即是无，无即是有，静止不动，一切不会发生发展变化。

西方哲学是从有与无开始的，最后与自然的客体结合，形成自然哲学。中国哲学是从天地开始的，最后与人结合，形成人文哲学。中国哲学的天也具有拟人化的，天行健，君子以自强不息。地势坤，君子以厚德载物。

变易表象既包含有的本性——开始变易展现包含世界一切具体的东西，也包含有无的本性——开始变易不断否定具体有的规定性的内容与形式，否定有限，走向无限。

有与无的统一，太强调统一变易，对差别未加以承认和表达。因为思辨的原则需通过差别，才能理解统一。虽然两者在实际上没有什么差别，但是思辨逻辑必须分出差别来。有的意思是包含世界的一切，纯存在具有客观实在性。无不仅强调世界的无限性，但是更注重强调存在的空虚性，即没有规定性，没有内容和形式。二者的差别是逻辑含义和逻辑思辨上的差别，不是客观实际存在的差别。否定包含世界一切的有为无，有就不是包含世界一切的有，而是没有规定性和空虚的无。通过变易否定空虚的没有规定性的无变化为有，这个"有"就是无的反面，即不是空虚的有了，而是有具体规定性的有了。因为逻辑思辨否定的原则，都是对自身的否定而走向对立面和反面的。走向反面的否定，就是自己反对自己，自己否定自己。空虚的无被否定以后，必然产生具有规定性的有，就不是空虚的有了。否定无以后，就否定了有与无的无规定性的存在，把潜在的有与无中包含世界的一切都逐步发挥出来了，就展现出来具有各种具体规定性的存在。

变易不仅是有与无的统一，而且是存在的内在的不安息的本性，内在的变易通过外在运动显现而已。有与无在变易中，出现了具体事物的规定性和内容与形式，出现了有差别性的东西。有与无通过内在的不安息，不断地展示其内在的东西，得到了一系列的规定性和内容与形式的范畴，直到最后达到绝对理念为止，达到存在与绝对理念的绝对统一。

通过变易，有与无就有差别性了，无的潜在否定性用具体的时间和空间为标记，必然产生一系列的具体东西，即思维上为存在的具体规定性，具体的内容和形式，与客观具体的存在是有差别的统一。

有与无通过变易，产生有规定性的存在，把世界统一体分割成各种形式的存在——譬如五大运动形式的存在，即机械运动、物理运动、化学运动、生物运动和社会运动。有规定性的存在为定在，定在只是反映事物表象的规定性，定在只有与本质和概念融合在一起，才把有与无的完整性无限性绝对性表现出来，还原世界的本来面目。定在是有与无的第一个逻辑环节，是包含有与无的范畴。

从纯有与无作为哲学逻辑的起点，把整个世界都包括进去，去看有与无变易，从无变易为具体的有，再从具体的有——定在，由浅入深，由表及里，由部分到到全体，最后演绎到开始纯有和纯存在的起点，建立一个逻辑理念，即绝对理念的体系，把纯有和无的理念大厦填满。完成这个任务只有通过存在的不断变易，演绎出逻辑范畴和概念来实现。

变易的原则。必须要有变易的观点看世界，看问题。泛神论认为无不能生有，有不能生无，不知道变易是世界的根本属性。泛神论把变易看成是一物从这个东西变成那个东西，乃是同一东西，这是理智的抽象的同一性原则思维，看不到内在的差别性。辩证逻辑思维要看纯有变为无，无变为具体的有（定在）。辩证思维看到变易前后的不同性和差别性，具有丰富的内容与形式。

人人都能看到变易变化，万事万物都有变易的属性，不只是某物和他物具有变易的规定性。黑格尔认为变易是理念的统一性，变易能把有与无空疏抽象的虚无，变为具体万事万物的有。老子认为道生一，一生二，二生三。生就是变易，就是运动，是万事万物的统一的属性，也是有与无的属性。事物的其他属性，都是事物各自独有的属性，不是万事万物统一的属性。

从同一性中看差别，从差别中看同一，是辩证思维方式。泛神论看存在就是一个事物，都是神的体现，没有变易过程的体现。辩证思维看存在和定在，定在包含逻辑开始的有与无，不是纯粹的有限存在，有与无包含世界的一切，当然也包含定在，这是二者的同一性。差别性是有与无的无限的，定在是有限的。而且定在只是有与无的开始部分，还要有本质和概念及理念部分，才能真正完成有与无的整个变易过程。

二、变易的含义

变易是事物固有的属性，也是人的思维的固有属性。变易是绝对的，静止是相对的。纯有与无的变易，就会把纯有包含的一切东西变易出来，由全体和整体到部分，一部分一部分地展现出来。纯有与无变易，黑格尔把它在逻辑思维上展现出来为存在、本质和概念三个部分，与客体统一成为绝对理念的体系，达到认识世界的无限性，回归到纯有与无的无限性。科学让人在一定的领域内认识相对的概念和真理，哲学让人在无限的世界里认识无限的绝对的真理或理念。

变易是一个表象，变易就是世界万事万物变化的形式。有与无，人们则无法看到其表象。变易，既包含有的规定即肯定，也包含无的规定即否定。任何东西都有变易的性质，变易是一切事物的普遍性，当然作为囊括同一世界一切万事万物的有与无，也不会例外。纯有虽然人们看不到，无法感觉到，但是用人的思维可以感悟到纯有是确实存在的，不是虚假存在的。

有与无的差异，就是客观实在性的存在和空疏虚无的内容。有差异就要产生对立，自己反对自己，通过变易由虚无走向反面产生定在，即有时空范围和有规定性的存在，无限存在走向有限存在——定在。

古代哲学家认为只有水或火等具体物，才能够生出其他物来，无与纯有等纯粹抽象的东西，不能生出任何东西，那是感觉思维在作怪。哲学抽象思维就是让无生有，有生无，通过变易来实现。知道定在的"有"只是纯有和无变易出来的一个小小的环节，纯有与无的无限性化为潜在性，潜藏于定在之中了，以后一切哲学范畴和概念，都是从定在中的有与无变易中产生出来的。哲学的定在绝不仅仅是一个一般的存在，而是具有纯有与无包含在其中的存在。

变易是第一个具体思想，第一个概念。有与无都是抽象的空虚的东西，没有任何规定性和形式及内容的东西，不具有概念的属性。有与无通过变易产生了定在，使有与无与定在联系起来，具有思想和概念的属性。反之变易则是一个体现在万事万物统一形式之中。当我们说"有"具有范畴性质时，所谓有也只能指"变易"，不是指空虚的"有"。所谓无也是与变易联系才具有规定性，才有思想和概念。因为只有变易能够把有与无潜在的一切规定性发展变化出来，所以变易使有与无具有规定性。变易的形式不同，反映的规定性就不同。譬如质量互变反映的是事物的外在变化规律。对立统一反映的是事物的内在变化规律，必然与偶然，可能与现实，反映的是一个事物的变化规律。肯定与否定，否定之否定反映的是概念阶段的变化规律。

从纯有经过无到具体有的变易过程，才能开始认识具体的世界。从具体的有达到无限绝对的理念，才能认识和拥有世界的一切。任正非从创立华为公司，从一无所有到具体的有，任正非把华为公司的股份分配给公司所有的骨干，自己在公司的股权从有到几乎无，公司不属于自己的了。但是他拥有了华为公司无限发展的潜能，因为华为公司的骨干都是公司的股东，大家能够拧成一股绳。中国儒家思想家国天下的概念，就是无论皇帝还是百姓，要把家与国联系成为一体，国家安定，人民团结，自己的家才能安稳。国家人民不团结，天下必定大乱，自己的家也不能够安稳。只有人人想着国家利益，国家才能长治久安，人民才能幸福安康。

变易是哲学的一个重要概念，认识世界需要运用变易的思想，任何事物都要在变易中，才能认识透彻，包括哲学开端的有与无。变易由无限到有限，由外在到内在，由简单到复杂，由部分到整体，由主观到与客观统一，只有从变易中才能演绎出逻辑范畴和概念和事物的发展变化过程。

思维与存在是否对立。用思维去领悟世界存在的无限性，存在的无限性是纯全同一的和肯定的东西，思维也是纯全同一的东西。只有思维具有无限性，才能够去领悟存在的无限性。一般人也只能思维感性的事物，眼前的事物，就无法感悟存在的无限性。人的思维有多宽广，世界就有多宽广。只有人的思维具有无限性，才能与无限的存在是纯全同一的。因此，人的思维与存在不是对立的，而且可以相互转化的。只有知性思维与无限的存在是对立。

如果是特定的存在，就不可能与思维完全同一。因为思维与特定存在总要出现差别，不可能完全同一。只有达到绝对理念阶段，主观与客观才能绝对统一。存在是抽象的东西，绝对不是具体的东西。

赫拉克利特说一切皆在流动。爱利亚学派认为静止的"有"是唯一的真理。赫拉克利特认为有比起非有即无，并不更多一些。他看到了有的空虚性，才能寻找变易来否定空虚的有。爱利亚学派认为有为唯一的真理，没有看到有的空虚性。

变易本身是一个高度贫乏的抽象范畴。变易因为是与有和无联系在一起，有与无本身是空虚的，因此变易也是没有具体形式与内容的抽象范畴。这里"变易"的概念只是一个总括的意思，是普遍性的意思，是依据有与无为前提来看变易的属性，不是依据具体事物为前提来看变易的不同的具体形式和内容。因为有与无没有具体内容，因此，变易必然没有具体的形式和内容。生命的变易同无机物的变易，本质属性及形式和内容有本质的不同。精神与生命变易，与一般事物变易具有巨大的差别。精神和生命变易具有立体化和复杂化，无机物变易是固定变化。变易只有与具体的对象联系起来，才能出现不同的范畴和概念。

有与无，作为空虚没有规定性的开始，研究变易没有结合具体的对象，才有可能变易出无穷无尽的东西来。老子说的大音希声，大象无形，说的就是这个意思。变易开始是贫乏的，随着有与无潜在的概念慢慢变易出来，变易也会出现具体的形式。有与无变易的第一个具体存在范畴就是定在。

第五节　定在——有规定性的存在

一、定在的含义

有与无和定在的关系。有与无，由于自身逻辑的不同性变易后，由此所得的结果就是定在，有与无扬弃在统一的定在之中。如同种子一样，生根发芽后种子消逝了，但是种子的基因存在于植物中，并没有消逝。种瓜得瓜，种豆得豆。有与无的无限性基因和一切东西，存在于定在之中潜藏起来了。定在具有"有与无"的无限性和广阔性。所谓一叶一世界就是这个意思。有与无在变易中为定在，定在是哲学范畴，反映客观世界一切有规定性的事物。

要想为知识的进步和发展奠定基础，唯一的方法就在于坚持结果的真理性。理智的抽象作用强烈地坚持一个片面的规定性，而且竭力抹煞并排斥其中所包含的另一规定性的意识。就是我们在研究定在的性质时，不能忽视它的片面性。譬如理智认为飞矢是运动的。而芝诺却提出了飞矢运动的矛盾性，提出"飞矢不动"，飞矢运动是在一定的时间和空间看是运动的。但是如果缩短时间，在瞬间的空间内便可推论飞矢是不动的。芝诺看到了飞矢在一定的时间和空间条件下的不动，否定了飞矢运动的片面性。理智的思维不能坚持一个抽象的片面的规定性，竭力抹煞和排斥另一规定性，否定在不同条件下，可以存在不同的甚至相反的规定性。

有无两者的直接性和矛盾性皆消逝在定在的统一中，定在否定有与无的空虚性，有与无是构成定在的两个环节和两重性。"有"具有潜在的各种规定性，以及内在本质属性及概念会不断地呈现出来。"无"具有无限性，没有界限，不断否定有限性。有与无的虚空抽象性，直到绝对理念才能完全展现出来其全部实体性。

定在扬弃了有与无的虚无的矛盾，具有自身简单统一的形式——存在方式。这个定在具有否定性，即否定他物，具有自身的规定性。世界就是由一个"纯有"和无数个"定在"组成的无限与有限的统一。定在体现了有与无变易的一个环节。

变易在定在中的作用。哲学概念最开始的就是变易，包含有与无，是从纯有与无开始变易研究的，不是从具体事物的变易开始研究的。科学是从具体事物开始研究变易的。因为有与无是虚无的，因此依据有与无的这个变易，也是最抽象的、最贫乏的。从有与无的变易，到具体定在的变易，是从无限阶段的变易到有限阶段的变易，互相扬弃，变易处于不安息之中。有与无的本身消逝在变易中，变易随着有与无的消逝而消逝。变易的形式也是由对象决定的。变易有一个过程必须就要有一个结果，无转化为有，变易使无走向反面，即产生限有或定在。无的反面就是定在，有规定性的存在。

定在或限有是具有一种规定性的存在。而这种规定性，作为直接存在的规定性就是质。定在包含有规定性的存在，就是我们认识的一个具有规定性存在的东西，或某物。譬如说这个玫瑰花是红色的，就是单纯从花的颜色上研究玫瑰花的存在，具有红色规定性的玫瑰花，不是白色玫瑰花。

定在只是研究事物的一个方面片面的规定性，虽然在存在论里不研究各个规定性之间的关系，但是不能肯定一个规定性，否定另一规定性的存在。防止在研究事物出现片面性和否定其他规定性。定在就是一种存在的形式，就是有规定性的存在，就是质。一个事物的规定性有多种多样的。质是从不同的规定性，不同的角度划分事物的类。譬如对于人的身体，可以从生物学上去研究细胞构造的规定性，也可以从身体机械压力的规定性上研究身体健康情况。只有这样才能对一个事物每一个方面研究具体、深刻和透彻，不能有遗漏。

定在是实际存在的范畴，是有规定性的实际存在的外在表象或某物，质就是与存在同一的直接的规定性，用来分析各种定在的规定性和变化情况。质确定是什么事物，有这个规定性就是这个事物，具有那个规定性就是那个事物，是静止的分析事物和定性分析事物。量只是记载事物质的变化过程，而不能表示是什么性质的存在，量变不会引起事物发生变化。确定一个事物之所以是某物，是由质决定的，如果失掉了质，便会停止位某物。质是一个有限的范畴，只是在自然界中有其真正的地位，而在精神界中则没有这种地位。在自然界中，原素即氧气、氮气等，都能够表现存在的质。如化学元素酸和碱有什么规定性，其规定性是单一的简单的明确的，容易分析透彻。但是在精神的领域里，质只能占据一次要的地位，精神是由复杂的无形的东西构成的，用质的规定性根本无法表现。一个人的品格，在逻辑意义上相当于此处的质，但是品格也不是灵魂的直接同一的规定性，而是具有复杂各种规定性的同一。只有一个发狂的具有精神病的人，只有一个质，即猜忌和恐惧的规定性。生命和精神规定性比较复杂，互相联系密不可分，一旦分离不具有原来的规定性。人的五脏，任何一个器官都要在人的生命体中去研究其规定性，离开生命体人的器官就不是生命的器官，而是没有生命力的机械器官了。精神的东西，譬如仁爱、义气、智慧、勤劳勤奋，勇敢等等，外在性和形象性差，内在性和无形象性强。用质去分析精神和生命中的现象，难以发挥作用。因此，中国哲学在研究人的时候，不用质和量的范畴，所有没有质和量的概念。

定在就是根据事物的各种不同规定性进行分析研究，研究世界一个部分的一个部分的不同规定性，把这些规定性综合起来，就是事物和世界的外在的各种规定性。

二、质的含义

质的内在含义。质具有两种性质，作为存在的规定性——肯定性，肯定某物具有某种规定性，譬如这个玫瑰花是红色的，肯定玫瑰花的颜色的规定性是红色。同时否定这个玫瑰花是白色等其他颜色等。肯定这个人是好人，就否定他是坏人。质对存在作出规定性后，同时就具有否定性了，不属于这个规定性的存在都是异在，都是他物，即质否定不属于某物的其他存在，使质的存在得到一个实在性，否定了有与无的空虚性。异在是质的自身另一种规定，即具有排除他物与自身混淆的性质。从质的异在规定来看，与他物联系来看，质又是为区别他物而存在的。质的存在本身，就其对他物或异在的联系而言，就是自在存在，它的规定性是自在的，没有人的理性予以规定。

否定性是从某物与他物的联系和区别中看某物的质，看定在规定性的界限。肯定性是从自身看某物的规定性。从与他物的联系区别中看定在，定在的规定性又有一种性质包含在定在的规定性之中的异在，就是从他物看某物的，从否定的角度看定在的规定性——质。譬如说这是一个真正（实在的）的人，必须否定这个人的虚假性，具有人的规定性，才能成为一个真正的人。说这个人真正（实在）的人，就是否定了这个人虚假性。肉体是灵魂的实在，法权是自由的实在，世界是神圣理念的实在，即外在必须有内在的规定性，才具有实在性。当实存在的在性符合其概念的时候，则实在性与理想性相同了，就是自为存在了。

质的规定性，只是从肯定性上看某物具有什么规定性，确定定在有什么性质。从定在的否定性上看，它不具有什么规定性，没有肯定其他物有什么规定性。质只能使某物与他物区分开，确定某物的规定性，与其他存在区分开。

质的规定性只知道自己是什么，有什么规定性，不知道自己真正不是什么，不能真正知道自己，就不具有实在性。只有全面了解自己内在正反两个方面，才具有实在性，没有缺陷性。否定性能够把某物与他物区分开来，用他物的规定性，来否定某物的规定性。如用水的固体规定性或蒸汽的规定性，来否定水作为液体的规定性。质的否定性不再是抽象虚无了，为定在划出了界限。

质的规定性，不仅有肯定性，还有否定性。就是先否定其他存在，再肯定自己的存在。比如确定人的质，先否定动物没有语言，才能肯定人有语言是属于人的规定性。从与他物的区别来分析自己的质的规定性，从自身的规定性无法透彻了解清楚。

定在的限度。在定在里，规定性与存在是一回事，规定性告诉人们定在是什么，否定性告诉人们定在不是什么。规定性被设定为否定性而言，就是限度或界限，是定在的界限。定在不是这个规定性了，就不是这个定在。譬如水的规定性，冰或蒸汽被设定为否定性，就是水的限度或界限。

异在不是定在不相干的东西，而是定在的固有成分，异在就在定在的旁边，与定在有紧密的联系，定在超越限度就是异在。要认识定在，必须要认识异在与定在的异同。否定性与存在是同一的。某物为某物，只是由于在它的限度之内才是某物，超出这个限度，就不是某物了。否定性告诉人们某物的界限，完整地认识某物。

某物质的特点，一是有限，二是变化。因此有限性与变化性是某物的存在性。某物有限是因为它的规定性有限，事物超过某物的规定性，就不是某物了。一块地，是草地还是森林是质的限度。一块地是三亩草地，还是五亩草地，不是质的限度，而是量的限度。变化是因为某物只是反映事物变化一个阶段的规定性，某物随时随地都会变为他物，他物再变为别物。而绝对理念反映整个世界的变化，具有永恒性，不会随时随地发生变化。

限度的意义。质的限度告诉人们，一个人想要成为真正的人，他必须是一个特定的存在，不能空虚，无边无际，要有限制，要有否定和界限，就是要有自己特点和特质，成为一个有限的人，能够做什么，不能够做什么，做一件事情必须确定主要目标，专心致志去做才能成功。确定主要目标就是确定谋事的规定性，不能混淆目标，才能成为一个真正的人。一个人沉溺于抽象，没有自己的特长，消沉暗淡，必然一事无成。

一个人含有对方属性多了，否定对方少了，就不是自己了，失去了个性，就要走向对方了。必须排斥对方的属性，有自己独立的属性，才能保持自己的规定性，自己的风格。在质里，只注重同一性，排除其他属性。

否定性的意义。知道否定性，就知道自己的界限和限度在哪里，不能越界，能够全面看清自己。否定往往是发展变化是进步的，也有后退的。一个人只有否定俗人，才能成就卓越的自己。否定卓越的人，就成为俗人。

限度的辩证性。一方面限度构成定在的实在性，在此范围内肯定某物的规定性。另一方面限度又是否定性，别物不包含某物的规定性，某物否定别物具有不同的规定性，确定某物的规定性。否定性的限度告诉人们某物的规定性有多大的范围，超出这个规定性就是别物。所以不能离开别物思考某物，从别物规定性去认识某物的规定性和局限性。譬如颜色有波长，波长多少是红色，多少是黄色，多少是绿色。这些都是限度。实在性是站在某物内看某物，否定性是站在别物看某物的规定性。

别物也不能脱离某物得到，别物也是从某物联系与变化中得到认识的。某物潜在的在自身包含别物，即某物包含有别物的因素，某物超过限度，某物的因素不占据主导地位，别物因素占据主导地位，某物就变化为别物，某物必然客观化于别物之中。两者虽然有区别，但是某物中潜在地包含别物的东西。因为开始某物包含别物的因素很少，人们只看某物的主要东西，看不到某物中别物的因素，当某物变化为别物时，才能够从与别物中，认识到别物包含某物自身的因素。两者具有同一性。譬如一个人自己有缺点不容易看到。当他人有缺点时会明显看到，如果能够联系到自己身上，就能发现自己也有一些同样不太明显的缺点，就要引以为鉴，下决心改正。

柏拉图说过，神（道、纯有）从其一和其他的本性（某物与别物）以造就这个世界。神把两者合拢在一起后，便据以造就第三种东西，这第三种东西便具有其一和其他的本性。天地阴阳合一，斥力引力合一，造就第三种东西。有限某物与别物，并不是与别物毫不相干地对峙着的，而是潜在地自身就包含别物，因而引起自身的变化，产生第三种东西。在变化中表现出定在固有的内在矛盾。定在从表象变化来看，只是一种单纯的可能性，从某物变化为别物，而且可能性的实现并不是基于定在自己本身，是基于外在条件引起的变化。但是事实上变化就在定在自身内潜在的本性，即某外与别物矛盾性在自身内的变化引起的，不是外在条件引起的。譬如鸡蛋变化为小鸡，不是温度引起的，而是鸡蛋内在包含小鸡的东西，经过加温孵化出小鸡而已。

定在变化坏的无限。在定在的变化里，某物成为别物，别物自身变化也是可以作为一个某物看待，直线变化，某物与别物互相变化，无限循环下去，得到的都是有限的东西，是坏的无限。因为这种变化只是某物规定性变为别物的规定性，别物的规定性又变为别物的规定性，只是从事物的外在规定性无限变化下去，有限事物仍然被重复发生，没有被扬弃。

哲学要得到世界无限的东西，要对有限的东西进行否定和扬弃，即从有限中发现无限，予以保留，不断积累无限的东西形成体系，才能得到无限的东西。真正的无限，是在别物变化中返回到自己本身，把别物的规定性当作某物自己本身的一环节，这样某物自身在于别物的不断联系变化中，就逐步形成一个体系，而不是看到某物的一个规定性就满足了，就走向别物看别物的规定性，把自身放在有限性上。如果从所有的别物联系中再返回到某物自身，把世界所有的别物都看作是自身的一个环节，把所有的别物全部纳入自身的体系中，才能使某物形成一个完整的整体，形成对一个事物整体的全体性的认识，这样才能从有限达到无限的认识，才能返回到哲学的开端纯有。

人们喜欢有限的思维，从空间和时间上向前向后和上下无限的延长，无穷的重演。从来没有离开有限的事物，只是把世界当作一个有限的事物去研究，不是把世界当作一个有机的整体来研究。科学就是研究世界的一部分，把世界分割开来研究。每一个事物有一个性质，不断研究下去，没有看到每一个事物相互之间有什么内外的联系。哲学就是把事物或世界作为整体来研究，把各个事物的规定性联系为一体，才能看到事物或世界的整体性。万变不离其宗，找到世界变化的根本东西，不仅仅是某物变化为别物坏的无限递进，而是自身的根本性的东西在变化，才能发现所有事物变化的共同的普遍的规律。

无限与有限的关系。无限不是独立存在的，是对有限的否定中得到的，不如说无限是非有限，即无限是从否定有限得到的。有限本身即是第一个否定，否定别物得到一个规定性，非有限则是对第一个否定的再否定，即否定之否定，否定有限事物的有限性，不断地返回自身，最后自身得到无限性。别物否定某物，得到的其实不是别物，而是某物通过别物对自身的否定，因为别物是某物发展和变化的一个环节。别物对某物否定后的认识，是对某物重新升华的认识。因此，用某物的不断否定，对某物的认识有了一个不断上升的过程，直到变化循环的终点与起点达到一致时，就得到对某物的无限认识。

认识只有在不断否定的过程中，才能得到丰富具体的认识，知道那些东西是构成某物的一个环节，无论如何变化永远不消失，而且不断丰富和发展，这就是无限的东西。黑格尔的哲学从存在开始，经过多次一系列的否定后，形成逻辑范畴和概念的演绎体系，与客观性（存在）达到绝对的统一，就得到绝对理念。

某物过渡到别物，而别物又成为别物，某物与别物变化总是反复出现，其实就是某物与别物可以看作在自身内变化，在这种过渡中，在与别物联系中形成自我联系，就是真无限的认识。凡变化之物即是别物，不断变化为别物，变化一次否定一次。存在作为否定之否定后，恢复它自身的全体性和完整性，就得到了完全的肯定性，就成为自为存在。自为存在就是人们对某物的存在，能够从很多个别物联系变化之中，不断地认识到自身，对自身的存在有一个完整的全体的认识。自在存在对某物自身的认识是片面的、不完整的、肤浅的和初步的认识，因而是不自由的。譬如一个人只有在与其他各种各样的人相处时，看到自身的不足，不断地修养自身的问题，达到修身养性成功，就能够达到自由的境界。

有限与无限关系的错误看法。二元论认为有限与无限有不可克服的对立，没有互相包含，不能统一。无限如果只是有限对立双方的一方，无限也成为一个特殊之物了，就把无限降为有限之物了。这样赋予有限与无限同等的永久性独立尊严了，有限的存在成为绝对的存在了，思想留下来的有限，被当作绝对了。

无限在被设定与有限统一后，无限失去其尖锐性了，无限性被有限性合二为一了，失去无限性和真理性。而无限无论怎样跟有限结合，都不能失去自己的无限本性，始终要保持无限的独立性。有限包含无限，无限存在于有限之中。二者不是对立的，有限经过不断否定，经过不断的循环发展变化回复到自身，就能够得到无限的东西。

理想性是人们对事物的一种思维的想象，没有思维的想象，哲学无法反思进行下去。在有限事物里，想象有无限的真理，寻找无限性。

第六节　自为存在——对自身规定性
有完整性认识的存在

一、什么是自为存在

自为存在，自身联系就是直接性，通过否定别物得到规定性又回到自身，把自身各个方面的规定性联系和统一起来，这样对某物不是片面的和一个方面的认识，而是对一个事物有一个整体的全面的完整过程的认识，这就是对一个事物统一的认识，这个事物就是"一"，完整的"一"，整体的"一"，全面的"一"。对自身整体和完整过程没有全面的认识，某物就是把自身的东西当作别物和异物，当作对立之物加以看待。只有把别物与自身统一起来，看成是某物自身的一部分或者一个环节，才能把别物经过否定后纳入自身之中，自身才能排除与别物的对立，达到某物与别物真正的统一，成为自为存在。就像一个人，与他人对立就是自在存在，各自独立。如果与他人的联系当中和沟通中，否定自己难以与他人沟通的一面，自私的一面，不断否定自己的不好的一面，让自身修养美好的一面不断发展直至圆满，与他人沟通起来就会畅通无阻，与人相处就能达到融合的状态，这样的人就是自为的人，而不是自在的人。

自为存在是完成了的质，存在的质经过发展变化形成一个完整的循环过程，即包含存在和定在于自身内，扬弃了自在性成为理想的环节。从存在看自为存在，扬弃某物与别物区别的有限性，自为存在具有统一性，是自身单纯统一的联系，是一个完整的"一"，具有无限性；从定在看自为存在，自为存在有规定性的存在，是与别物排斥和对立的，就是有限的。自为存在不仅包含区别并扬弃区别，才能达到真正的统一，具有无限性。自在存在只是"一"的一部分。

我们可以举出"我"作为自为存在切近的例子。当我们知道我们是有限存在的时候，证明我知道自己与自然有区别，有自己的规定性。动物不知道自己与自然事物有区别，这无异于说自然事物没有不能达到自由的自为存在，而只是限于"定在"的自在存在阶段。我不仅与自然事物有区别，而且与自然事物具有统一性的能力，只有我与自然事物才能达到自为存在。定在是自在存在，具有实在性（纯朴自然），自为存在是有理想性的（去粗取精）。二者不是对立的，理想性必须包含实在性，实在性必须走向理想性。理想性没有实在性，就是空虚的。实在性没有理想性，就是有限的和不自由的。理想性不在实在性之外，是在实在性之内，显示的是实在性的真理。实在性潜在加以否定和发挥就是理想性，理想性是实在性发展的美好结局。实在性客观自在发展难以达到理想性，只有人为地对实在性加以理性的提高，才能达到自由理想的状态。

一般人认为实在性为自然的基本规定，理想性为精神的基本规定，但是二者不是截然分离的。只有精神能够反映自然的实在性，达到它的目的和真理。只有自然能够使精神具有实在性，才能成为真实的精神。

自然离开精神，就是一个毫无目的的自在前行，有了精神的控制，自然才能按照目的性和真理性运行。人们的精神能够区分自然中自在部分和自由部分，去粗取精就是扬弃自在存在中非真理的成分，保留实在性和真理性的成分，经过理性思维成为真正的真理，真正的精神。精神唯有包括在自然内，并且扬弃自然，才能成为真正的精神。

自为存在是同一性，是自身包含否定别物的同一，不是自身纯粹的同一。否定是从别物否定某物开始，经过别物到某物否定别物结束，达到同一的过程。开始某物变化为别物，就是某物的次要方面即别物否定某物的主要属性，别物其实就是某物的次要属性发展变化而来的，变为别物成为主要属性。某物再次否定别物，就是否定别物的主要属性，即原来某物的次要属性，肯定别物的次要属性，即某物原来的主要属性，又回到某物原来开始的主要属性同一上来。否定之否定，其实就是又回到肯定某物的主要属性上来，包含别物的主要属性。某物的两个方面都经过了主要次要两个方面的变化过程，使某物自身达到了一个圆满的循环往复变化过程。两次否定就是两次扬弃，某物才能脱离某物的自在性，达到自由性和理想性。

从自为存在自身具有否定的联系来看，也就是"一"自身不是纯粹同一的东西，而是自身包含有某物与别物的，自己与自己本身相区别的。"一"从自为存在的主要性质来看是同一的"一"，从否定和排斥看，"一"中包含多个规定性。譬如任何一个国家虽然是统一的，但是必然有许多反对派。就像一个人虽然是有生命力的，但是生命体包含着死亡的种子生命需要新陈代谢，没有死亡的种子，哪有生命的种子。

多从何而来？在表象里寻求不到答复的，因为表象认多为直接当前的东西。反之，从概念来看，一为形成多的前提，而且在一的思想里便包含有设定自身为多的必然性。因为从概念来看，"一"不是某物与别物的外在联系，而是作为某物与别物统一于自己本身相联系的，而且是否定的联系，是相互排斥、相互反抗自己的联系。只有一中包含多，才能产生排斥和对抗。但是这种斥力同时产生引力，不然一就要彻底分离了。自为存在不仅有斥力，而且具有引力，才能存在下去。

二、"一"与"多"的关系

多是一的对方。一讲同一性，多讲排斥性，它们从性质上看是对立的双方。每一方都是一，即多中包含一，多的一方不仅是多，而且各个多中具有同一性，不是完全排斥的，也是具有一的性质。因此多与一是同一的东西。"一"是事物的主要方面主导事物的次要方面达到同一，产生吸引力。多是一的次要方面的因素存在于"一"之中，形成与"一"不同的东西，必然产生多，产生排斥性。斥力就是作为许多"一"在互相排斥，相互否定的联系，但是它们是本质上的相互联系，即本质是具有同一性。因此多产生斥力的同时，"一"本质上的同一同时也就产生引力。因此，引力和斥力是不可分割，紧密联系在一起的，绝对不能分割开来看。引力斥力同时产生的，不是先后产生的，无论在时间上，还是在空间上也是分不可分离的。譬如天体之间在排斥的同时，就同时产生引力。如果只有斥力，没有引力，它们就要彻底分离了，不会按照一定的轨道运行。男女恋爱也一样，有互相吸引力才产生爱情。但是在一起因为有不同性，又必然发生矛盾和冲突。但是无论如何冲突，如果引力和斥力平衡，相互吸引就不会散伙的。如果没有吸引力了，或者斥力大于引力，结果就是分手。

在斥力与引力的作用下，一或自为存在就扬弃自身，质的规定性在"一"里充分达到其自在自为的特定存在。这个特定存在不仅有同一性，而且有排斥性，即多个一，扬弃了质的同一规定性，过渡到量的多样性。否定质的同一性，就是扬弃质的同一性，过渡到不同性，量是看一个事物自身的不同性。

古代原子论哲学将绝对界说为自为存在，为一和多数的一。他们把绝对降低为自为存在，认为原子能够反映世界一切理念的东西。而且他们的原子论也有错误之处。他们认为在原子一的概念里展示其自身的斥力，仍被假定为这些原子的根本力量，即产生原子变化的根本力量。但是，这些原子聚集的力量却不是引力，即本质统一的力量，而是偶然性的，亦即无思想性的盲目的力量。他们把原子固定为一，则一与其他的一聚集在一起，这只能是纯全外在的或机械的凑合在一起的，没有研究明白原子内在的联系及必然变化。所谓外在的机械的凑合一起，是指这个原子变化，不会决定其他原子发生必然的变化。如果是内在的引力和斥力，那么一个原子发生变化，必然决定其他原子发生必然的变化。哲学研究的是必然性，而不是偶然性。

近代原子论认为在斥力之外假设有一个引力与之并列，没有研究明白具体真实的力量关系，只是猜想猜测而已。原子论在政治学上认为个人意志就是国家创造的原则。个人特殊需要嗜好，是国家政治上的吸引力。国家只是重视外在契约关系，把复杂的政治关系看成是简单的个人意志的集合体。没有看到个人都是从属于各个阶级和阶层的，个人利益和意志同阶级和阶层利益和意志具有共同性，个人利益和意志具有相对的独立性，但是要服从各个阶级和阶层的利益和意志。各个阶级的经济利益决定政治利益，政治利益形成各个政治集团，各个政治集团的利益和意志的力量对比，才能真正决定国家的利益和意志，决定国家的政权性质和形式。

原子论在理念历史的发展构成一个主要的阶段，就是把原子的"多"的形式作为自为存在。这是坚持片面的、知性的思想范畴，把这些认识作为理论和行为的基础。对事物是有分析的，不是把事物看成浑然一体的，具有进步意义。但是，他们没有发现事物多的内在真实客观的关系。他们认为物质是由原子构成的，就是一个形而上学的理论，把世界的万事万物归结为原子，具有统一性的思想。但是他们形而上学的思想是一种片面的、知性所坚持的思想范畴，不是采取具体的逻辑理念去统一世界。

康德完成了物质的理论，原子彼此之间的联系不仅是单纯偶然的，这种联系基于原子本身的本性，即内在本性。他认为物质（原子）是斥力和引力的统一，认为引力包含在自为存在概念中的第一个环节，确认引力为物质的构成因素，与斥力同样重要。他看到了斥力与引力的内在同一性。但是他只是假定斥力与引力为当前存在，未进一步加以逻辑推演，即没有理解如何统一？为什么会统一？没有从理论上逻辑上说明白，物质是在统一的前提下，在引力与斥力互相不断否定联系中，最后恢复了自身全体规定性的联系，成为自为存在。康德缺乏思想性和逻辑性，而是独断地肯定它们的统一。后来德国物理学家又回到了原子论的观点，认为物质为无限小的物质微粒原子所构成。这些原子又被设定为它们通过它们的引力和斥力的活动，而彼此发生联系。这是一种形而上学，没有什么思想性。他们认为物质是由原子构成的，还是以知性的感觉思维来研究物质的无限性，其实物质是由客观性构成的，是由无限的客观理念构成的，不是有形的原子构成的。

质与量的关系。许多人通常的意识里，没有由质到量的过渡，以为质与量是一对独立地彼此平列的范畴，不知道质与量的范畴从何处来，彼此之间的关系如何。

质是从和而来？从存在（纯有）开始，经过变易为无，无变易到定在，即有规定性的存在就是质。定在变化表明自身与别物不相联系，是从某物过渡到别物，这是自在存在。以概念为前提，某物否定别物，别物否定别物，二者具有同样的规定性，又恢复到某物自身，互变合二为一，成为自为存在，即完成了的质。自为存在发展过程中，由于自身存在一和多，两个方面产生了引力与斥力，互相彼此斗争，此消彼长，扬弃自己本身质的同一性，过渡到对事物量的变化的认识。

量不是别的，只是扬弃了的质。质是看事物的规定性的同一性，但是事物的规定性的同一性只是事物主要方面的性质决定，事物的规定性不是纯粹同一的性质，而是把某物和别物的统一于自身内，存在着不同性和差异性。因此随着就事物的变化，质的平衡性和同一性就要被打破，产生差异性的变化，即量的变化。这就是量扬弃了质，就是量否定质的同一性，量是从事物两个以上成分看事物的变化。譬如水分子是由两个氢原子和一个氧原子构成的，静止地看水分子的质就是两个原子同一性构成的，但是随着水分子的变化，两个原子的量就要发生变化，这是量变，不是质变。水分子还是水分子，但是水分子的量发生变化了。如果用质去看水分子的变化，无法展示出来水分子的变化过程。只有用水分子的量变，才能显示出来变化的过程。

考察质的辩证法才能看出，"质"不是纯一的东西，是某物包含别物的"一"，量是表现某物与别物同一于一物中的多样性。量否定质的同一性体现变化性和多样性，质又否定量的多样性和排斥性，达到新的统一性。

第七节　量——表现事物变化的过程

一、纯量——与具体事物没有联系的量

什么是纯量？量是纯粹存在的，它的纯粹存在不与存在本身规定性相同一，即不于质相同一，而是自身独立存在的。譬如数量有很多名

称，米、尺等等，表示纯量的单位也是独立存在的。纯量扬弃了质的规定性，笼统地看量的规定性，不看质中量的规定性。

量用什么概念表示，意义有很多的区别。用大小表示量，是指与特定事物相联系的量，不能表现事物变化的量，没有范畴的意义。譬如一所房子或红色，房子大一点小一点，不失其为房子，红色不失其为红色。哲学量的概念是包含有质的量，不能离开质的规定性去研究量。数学单纯研究数量的变化，不看量的变化引起事物规定性（质）的变化。

量的大小可增可减，界说缺点在于无法表现事物变化的规律，没有体现出质变来。如房子或红色，大房子变为小房子，红色深红色变为浅红色，没有什么变化规律体现出来，量变也没有表现出规律。房子变化由新房子变为旧房子，能体现量的变化。新旧变化是包含有质的变化，不是大小变化。

绝对是纯量，与认为物质是绝对的观点相同的，量是构成绝对的基本规定，可以把客观世界的存在想象为绝对无质的规定性的统一性，只有量的区别。此外如果我们把纯空间和时间认作实在的话，也可以用纯量来充实，用其他范畴就不符合纯空间和时间。

量的变化与存在的关系。量的变化不会影响到特定事物的质或存在，而质的变化则会引起某物变化为他物，引起存在的变化。量无论向增加一方面或向减少一方面变化，仍然保持原来的存在。

哲学界说不仅是表面上不错的界说，而是在自由思想内有其根据和自身内有其根据的界说，不是主观假定根据的界说。这就是说我们看量的变化，要看到量变化的内在性质，找到事物或自由思想变化的根据，而不是看量表面数字的变化。量的变化在何种限度内这种特殊的思想（量的概念）是以普遍的思想为根据，研究事物变化必然性。譬如质的范畴就是以纯有或无为根据的，研究的是所有事物的规定性，而不是研究具体哪个事物的规定性。以特殊的东西为根据，研究事物的变化必然是具有偶然性的。从表象得到量的概念，不是从思想中介得到量的概念，就没有必然性。所谓从思想中介得到量的概念，是指量的概念的产生，是从一定思想去看量的，譬如从人的身体健康状况去看量的指标。如果从表象看量的概念，譬如说这个人很高大，显得很有力量。其实人的真正力量是内在的，绝对不是外在的。如果把量的概念提高到绝对范畴的地位，就夸大它的效用范围，认为数学计算才是严密的科学的看法是错误的。自由、法律、道德等无法衡量，不可计算，又不能让人任意加以揣测和玄想，就不是数学家能够解决的问题了。量必须以哲学的普遍思想为中介，即通过与普遍思想结合，才能成为哲学上量的概念。量的规定性，离不开普遍思想的中介——质的规定性去分析和判断。

不能把量的概念，即逻辑理念一个特殊的阶段，认作与逻辑理念本身等同的一个东西。但是，量作为理念的一个阶段，有其正当的地位。在自然界里，量的概念比精神界里重要性要更强，力学是公认的不能缺少数学帮助的科学，依靠数学的量来解决问题的。

量的连续性和分离性。从事物规定性的同一性上看，量的自身是相互联系的，以及从引力性上看，量是连续的量，前一个量和后一个量具有连续性，即量与量之间具有相同性。

从事物具有不同性和排斥性斥力上看，量包含另一规定性，即具有分离性，量便是分离的量。量自身就包含某物与他物的成分，具有分离性。量的前期变化，某物性质的量占据主导性，他物性质的量占据次要性，连续性强，分离性弱。在变化的中期两者性质的量势均力敌，则两种的排斥和分离是最为激烈的。随着事物的发展和量的变化，排斥性分离性逐渐加强，连续性逐渐减少。到后期他物性质的量占据主导地位，某物性质的量占据次要地位，量的分离性增强走向最高，走向反面，进入新的连续性。

但是连续的量也同样是分离的，不是绝对同一性的，某物的量始终包含他物的量，必然具有分离性。量从质的同一性来看就是连续的，从不同性和排斥性来看就是分离的。而分离的量也同样是有连续性的，因为分离的量也是同一事物的量，即使分离也互相包含互相吸引，所以分离的量有同一性，就有连续性。任何一个量，都包含有某物和他物的两个性质的同一性的量，只是每个量包含的某物与他物的含量不同，才形成了量在变化过程中，有完全不同性质的量。

譬如一个人，仁义道德品质多的人是仁义之人，品性恶劣多的人就是恶人。但是，仁义之人不是没有一点自私性，恶劣之人不是没有一点仁义之心。同一性是两者都是善恶并存，不同性是两者道德品质的含量不同，表面上则是截然相反。事物的内在对立，就是从质量互变中的量变发展而来的，从量上分析事物的内在本质，就更明晰了。

认为时间、空间和物质可以无限分割，或者不能分割，都是从连续的量或者分离的量来看的。分离的量可以分割，连续的量不能分割开来，世界始终是一体的。分离的量可以无限分割成多彩的世界。连续的量怎么分割，永远都是一体的。哲学看世界是一体的，分割也是在统同一的基础上的分割。

每个量既是连续的量，又是分离的量，是自身发展的两个环节，两个环节每一环节都包含另一环节于自身内。连续的量前后性质相同，继承发展延续下来。分离的量的变化，前后性质趋向不同，他物的量否定某物的量，排斥加强，推陈出新。如一个空屋子具有相同性，空间为连续的量。如果屋子有一百人把屋子空间隔开，则为分离的量。因为人与人之间有不同的性质，就把房屋空间加以分割。一百人又有人类的共性，又是连续性的量。量是自为存在发展过程中体现的两个方面的性质，斥力和引力。

二、定量——与事物规定性有联系量的性质

定量是依据具体事物规定的量。从某物与他物的不同性来看量，量具有排他的规定性，每一个量都是独立的，与其他量具有不同性质，产生一个个定量。定量不是没有界限的量，而是有一定限度的量。

从纯量过渡到定量。纯量是从存在看量，定量是从定在看量。从纯有过渡到定在，就是从纯量过渡到定量了。纯量是无限的，定量是有限的。

定量分裂为许多数目单位的量，用单位来表示定量，能够明确表示出来量的状况。在数目里定量达到它的发展和完善的规定性，能够比较准确地表达定量的变化情况，数让定量有一个表示的方式。

"一"作为数的要素，其他数都是"一"的增加或减少。"一"包含两个环节的量在自身内，从它的分离性来看是数目是一个一个的，从它的连续性环节来看为单位，一寸、两寸或一尺、两尺，有规律（量的单位）的增减，不断递增或递减。

计算是为了计数，确定定量的变化便于便捷掌握。把不相等的数，合计起来是加法。相等的数，单位相同，加以计算是乘法。数目和单位相等，自乘为二次方，连续自乘是高次方。三种方法可以称为肯定的计算方法。所谓肯定的方法是指某物的量不断增加，他物的量不断减少。减法除法是减少，为否定的计算方法。所谓否定的方法是某物的量不断减少，他物的量不断增加。

三、程度——量变一定阶段发生质变的限度

程度

（1）程度与定量本身的全体是同一的，与部分是不同一的。程度是

表示事物质的变化的情况。量变是看事物在数的变化过程，而程度则是看事物质变的过程。定量讲量的一般变化，不讲量的界限和限度的变化，不看连续变化发展到什么阶段。程度的量，关涉到的量的限度，量变发展到什么程度，量的规定性会发生部分变化。定量的变化是没有限度概念的。

（2）量变化的限度——程度。量的限度，一是看外延的量，外在显示出来的变化的量（周边的量）；一是看内涵的量，包含质的量。内在的量看不到具体数字变化，外在的量能够显示出来内涵的量的变化。如水的温度数（外延的量）变化到一定高温后，水包含水的热量（内涵的量）蒸气量就必然增多，包含水的量就会减少。但是，二者具有不同性和同一性。只看外延的量是无限的，只有与内涵的量联系起来看，外延的量才能有限度。单纯看外延的量，无法看到量的限度。内涵的量不通过外延的量表现出来，也无法看清楚，二者不可分割。

（3）外延的量与内涵的量不同。物理学家不加区别，把一物体两倍于另一物体，在同一空间内所包含的物质分子数目会二倍于另一物体。把两种物体的量，用外在的方式等同起来，不看内涵的量的不同性。譬如两个人同样学习知识，外延的知识量基本相同，学一样的知识，一样的老师。但是知识的内涵量却大不一样。有的人知识联系的紧密度不同，深度不同，释放的知识的能量就大大不同。同样是炸弹，一般炸弹与原子弹外延的量相同。但是内涵不同，因此，原子弹的爆炸力比一般炸弹的爆炸力有巨大的不同。因为原子弹的内涵量与炸弹的内涵量不同。

外延的量，人们能够用经验去感知，而内涵的量必须用形而上学的思辨去感悟。经验哲学把抽象的同一性提升为认识的最高原则是错误的，抽象的同一性只是认识事物的一个开始阶段认识而已。

（4）外延的量和内涵的量，从内在看是不可分割，同时存在的。外延的量表面上看是无限的，从一到无数。但是，外延的量是没有独立存在的，必须跟事物联系在一起的，外延的量才有价值。外延的量变化到一定程度的时候，事物就要发生改变，涉及内涵的量的变化。如果外延量的变化脱离了与内涵的量联系，没有内涵的量随着变化，外延量的变化就毫无意义。所以，二者不能分割开来。

譬如一个人的心胸有宽广与狭窄。有内涵的人，心灵就有深度和广度，具有容纳一切的心胸。同时也必须具有广阔的视野（外延的量），读万卷书，还要行万里路，增长见闻，才能见多识广，反过来也会增加自己的内涵。

一个人的身体温度越高，体温计的水银柱就会往上升（外延的量），内涵的量变化决定外延量的变化。内涵的量没有外延的量，也无法体现出来，必须通过外延的量表现出来。

定量的局限性。定量的概念被设定起来了，用定量的概念来表现事物变化的限度。量用数表示事物的概念，数是一个比较抽象的思想，只能表现万事万物的一部分性质。毕达哥拉斯认为数是万物的根本原则，其实量的概念是有局限性的。量的概念外在性强，直接性强。爱利亚派认为纯思为世界万物的根本原则。纯思比较抽象和理性，具有无限广阔和能动性，能够全面完整地反映客观与主观世界。思维由直接性转到间接性后，再转到思想性，逻辑性，概念性和纯思上，思维最后是逻辑的具体，而不是事物的具体。量的概念无法表现复杂的思想性、逻辑性和概念性。量可增可减，只能得到量的表象的变化，缺乏对量的变化必然性的认识。量的范畴只是逻辑发展思维过程的一个阶段。

量的无限进展，只能表述坏的无限。譬如有一诗人用数描述上帝的无限性，一山又一山，一万又一万，世界之上，时间之上，可怕的高峰，所有数的乘方，再乘以万千遍，距你还是很遥远。上帝的能力用数量是无法全面描述的，比如上帝具有穿透人心的能力，有无限的创造力，有化无为有的神奇能力，这些思想性和概念性，数量都无法表述。数量只能是表述事物的增加或减少，无法表现其他方面丰富多彩的无限创造力。

数可以表现代表音调声音等东西，但不能将思想仅仅用数来规定。道生一，一生二，二生三，只是意象（数）表述，不能准确表达思想性和逻辑性。人的精神和心理的东西，是很复杂很模糊的东西。

中国哲学和希腊哲学表达量的概念的方式不同。西方哲学以科学为基础，喜欢用量表达一定的思想，而中国哲学以研究人文科学为基础，喜欢用模糊的语言来表述量的概念，达到只可意会不可言传的效果，含义则比较深刻。譬如中国人请客，主人问客人喝几瓶啤酒？一般客人会客气地说喝一瓶或两瓶。主人一般会要多于客人说的数字，这样才能显示主人的热情和周到。外国人请客，主人问客人喝几瓶？客人回答喝两瓶，主人直接就要两瓶。这充分反映了东西方文化的不同。

定量变化是返回到自身的。定量是定在的量，因此，定量不是一般的数字体现，而是包含有质的定量，每个具体的定量都是具有质的规定性。定量的比例一变，即失去该物的存在平衡，必然出现他物的量打破平衡，进入该物的主导地位，替代原来某物量的主导地位，变化为他物。只有最佳牢固的比例关系，其他分子才无法进入。朋友或夫妻之间保持最佳的距离关系，其他人就无法介入。人与人之间关系太近了，侵犯他人的自由空间，破坏人与人的和谐关系；人与人距离远了，缺乏感情交流，导致感情疏远。

定量在其自为存在的规定性里，外在表现于它自己的本身，自己本身的外在存在构成了它的质。定量不是一个量，而是几个量的结合在一起，构成事物的存在。任何一个化学分子都是由两个以上元素构成的，不可能由一个单一元素构成一个事物。定量是自己与自己相联系，意思是定在有两种以上的成分，才有自己与自己相联系的东西，两个以上事物成分互相联系构成定在。

在定量里，外在性的量与自为存在的质，得到了联合。在定量里，量是有规定性和有界限的，这个界限就是质的界限。定量发展变化的边界，就是到了质的界限，量与质便结合在一起。量超出这个质的界限，就是他物的质了。在质的界限内，量是自由的变化，不会与质发生直接的联系，只是与质有潜在的联系，定量不会发生质变。定量变化到了质的界限，质就要显现出来，就要发生质变。在这个节点上，量与质二者结合在一起，量自身建立起来与质的关系，就显示出量的比例来了。如化学分子有一定的比例，突破这个比例，就是别的事物分子了。在量变阶段，比例值不变，只是含量不同。到了质变阶段，打破平衡了，比例值必然变化，就要发生质变。7：3还是70：30，比例值不变性质不变。只是定量发生变化，视野也变化了，但是没有发生质变。

定量的无穷进展似乎不断超越自身，其：实总要返回自身。因为自身有一个界限的，不是无穷进展的。到了质的界限，某物的量由占据主导地位变为占据次要地位，他物的量则占据主导地位，就进展到另一个质的比例的定量了。量继续进展，又回到了原来定在质的量，定量返回到了自身。

就质与量的真理性来说，自为存在的量和中立于规定性的量是外在的界限。量还有内在的界限，事物内在构成比例数量的值为尺度。突破比例数量值，就是另一个事物的质了。尺度告诉人们一个事物内在构成比例的值是多少，即质的含量的比例临界点是什么，是1：3还是2：5。一个事物有各种性质与单纯量的变化，也有各种量的尺度的变化。着眼事物的性质不一样，尺度标准也不一样。譬如一个人的尊严有高低之分，尊严的尺度也不相同。有的人尊严的尺度高，侵犯他点经济利益不要紧，侵犯他的人格尊严就绝对不行。一般人的尊严尺度低，侵犯他的人格尊严可以，侵犯他们的经济利益不行。

量的各个环节的辩证运动，到了质的临界点，量最初扬弃了质，又返回到了新的质。质是只看与存在同一性，不看差异性。量看定在的具体变化，定在不仅是一，而且有多，是量的变化。量的开始变化的比例和质变后的比例，即尺度是绝对不同的，是有很大差异的。譬如人也是一样，婴幼儿和童年期，天真烂漫，特别不成熟，幼稚的成分多，成熟的成分少。随着年龄增长，人越来越成熟，幼稚的成分减少，成熟的成分增多。一个人成熟的成分多，幼稚的成分减少，二者的比例变化达到一定的比例值，就要发生质变，成为一个真正成熟的人了。

量注重在定在的变化中看互相排斥性。量与存在不相干，是外在的规定性。量变只能看到数量的变化增减，看不到量变的必然性。量是可变之物，但仍然是同样的东西，就此止步不前就太狭隘了。量的变化其实是有内在矛盾的，变化怎么可能总是一个同样的东西呢？量变其实是内在两个矛盾方面的变化，量的变化不是单纯返回到原来的质，量的变化内在比例值发生变化了，就要突破原来质的尺度，就产生新的质与量的统一，产生了另一种量的比例形式的统一，这个新的统一就是尺度。这边是某物，那边是他物，事物进展到新的质与量，这个质是新的质，原来质的主要方面变为次要方面，新的质的次要方面变为主要方面，量的比例值发生相反的变化。

当我们观察世界用量的范畴的时候，不可能脱离质的概念去观察，不能脱离尺度去观察世界。譬如我们观察事物量变的时候，总是用衡量这个词去分析事物的变化，观察琴弦振动中不同的长度时，总是着眼于弦的振动的长度（量）与弦本身的长度（尺度）相对应的音调之质的差别。我们知道化学化合物各种物质的化合量，借以求出制约这些化合物的尺度。什么样量的比例是此化合物，另外一个量的比例是彼化合物。各种化合物达到新的比例，才能产生新的化合物。尺度是两个事物的分界线。尺度是这一物的临界点终点，又是那一物的起点。只看数的

量变，不看质的量变，就看不到事物的不同变化，混淆事物不同变化形
式和规律。量的程度是看量的变化过程，量的尺度是看量的比例值的变
化，即质变。

第八节　尺度——量变达到质变的界限

一、尺度的含义

尺度是有质的定量，是反映事物一定质的量的比例关系。定量是在
质的前提下看量变，不是单独看量变。只有始终把握住事物量的变化尺
度，才能知道量变在什么情况下能够发生质变，什么情况下不能发生质
变。不知道量的变化尺度，就不会知道量变的规律，就会违反质量互变
规律。说这个人心中无数，就是说这个人心中没有尺度，就指这个人不
知事物什么时候是量变，什么时候是质变。

尺度是一个直接性的东西，是定量的外在性，能够看到和观察到
的。不是纯粹理念的东西。

尺度是质与量的统一，是完成了的存在。当我们只看到质的时候，
只是看到事物的规定性和同一性，当我们只看到量的时候，只是看到事
物的多样性。一个事物含量有不同的成分，不是绝对一致的。任何事物
都是有两种以上成分构成的，譬如人体有阴阳，天气有春夏秋冬，物理
上有作用力与反作用力等。事物包含不同量的处于变化之中，达到了尺
度，就完成了质与量的一个变化过程。事物既有规定性（事物的质），
又要分析事物具体构成要素量的发展变化过程，怎么样由某物变为他
物，由他物又变为某物，返回到自身的一个循环过程。任何存在的事物

都有质量互变的过程，都不能脱离此变化规律。

尺度可以看成是绝对的概念。有人说上帝是万物的尺度，意思是说上帝是衡量一切事物好坏的尺度。违反上帝的意志为恶，服从上帝的意志为善。人世间的财富、荣誉、权力、甚至快乐痛苦等，皆有一定的尺度，超越这尺度就会招致沉沦和毁灭。客观世界里也有尺度，万物皆有尺度，超出自身的尺度就成为他物。尺度有一定的外在性，财富、荣誉、权力都能看到，快乐痛苦也能看到。尺度就是让人们分析一物变化为另一物的标准和规律，是事物外在规定性的变化规律。

尺度中的质与量的关系。开始质与量是同一的，差别最初只是潜在的，没明显表现出来。开始人们看到事物变化只是量变，看不到质变。但是质变是潜在的，不是没有质变。等量变达到一定程度时，到了尺度的界限的时候，质变开始出现，量变同时就是质变，量变和质变统一起来了。譬如水加热，从十度开始加热，几乎没有一点蒸气的表现，即质变不明显。一直往上升温，随着温度量的增加，水蒸气不断增加（这其实就是部分质变）。一百度时水就变成水蒸气了。人们说一粒麦加一粒麦，是否可以形成一堆麦，从驴尾上拔去一根毛再拔去一根毛，是否可以形成秃驴尾。从质量互变规律来看，变化的趋势就是必然能够形成一堆麦或一个秃驴尾的。

一个人如果过于大方或过于节俭，就会变成奢侈或吝啬了，反映了一个人的品行。量变也有思想性的，不仅仅是表面量的变化，无关紧要的变化。

二、尺度与本质的关系

质量互变是如何过渡到本质范畴的。质与量的第二种关系，是在质量互变的范围外出现新的质和新的量，与原来的质量不同了。新的质量相对于前一质量而言，又是无尺度的，不知道新的质量变化的尺度是什么。人们面对新的尺度，仍是未知的，从尺度概念看质量互变为尺度坏的无限进展过程。

如何扬弃尺度坏的无限进展过程？就是要扬弃尺度的直接性。因为质与量是与具体事物直接联系的，尺度也是具有直接性的。某物的一个质量互变不是抽象存在的概念，不是从间接性得来的质和量。纯有不是从某物得来的概念，是从整个世界的同一性得来的抽象存在的概念。

尺度是质与量的相对的同一性，在质与量的进展中，无尺度扬弃了原来的尺度，是对原来尺度的否定，本身仍然是质量的统一体，无尺度无限循环进展下去。

质量互变，尺度进入无限的进展过程。无限作为否定之否定，在有与无、某物与他物等体现，现在又在质与量中体现。质过渡到量，量过渡到质，都是否定的过渡，在尺度里统一。它们是有区别的，质与量是两个不同的东西，一方以另一方为中介才区别开的。质与量的尺度，新的质与量的尺度，无限进展，外在变化进展是以他物为基础的进展。在质与量的尺度的无限进展的过程中，发现总是两个对立的性质的东西，即质与量的互相转化，后一质与量和前一质与量没有根本性的区别，都是同一性质的范畴在变化，从根本性上看范畴的两个方面没有变化，只是量上有区别而已。譬如人幼小的时候是纯朴善良的，但是也有人的动物欲望，潜在地存在恶性。随着人的年龄增长，人的动物欲望就开始增长，人们开始追逐名利，恶的一面显示出来，但是也有人性的一面。人经过思想道德修养，修身养性成功，就能够抑制人的动物欲望的泛滥，在道德的约束下生活，人就在更高的善恶平衡中生活。从此可以看出，一个人的一生无论如何变化，都是在善与恶不同含量不同性质的情况下变化。

从质量互变来看，质与量两方面性质的变化始终没有从根本上改变，一直相互交替变化，变换为不同的表现形式。这么多的变化形式，性质规律都是一样的。但是人们的认识不能在此止步，应该从始终不变的两个方面的变化，来看一看有什么变化规律。

事物质量互变内的两个方面如何引起变化的，推动事物向前发展的，质量互变规律没有从根本上说明。质量互变只是描述事物表面的变化规律，红色变为黄色，水变为蒸气或冰，只能看到表象变化的状况，不知道事物质量互变的原因是什么，内在变化如何？从某物变为他物，从他物返回自身，不断循环变化的根本原因是什么？

因此，把质量互变坏的无限变化过程，看成是一个事物自身内某物与他物两方面关系的变化，导致事物不断发展变化。某物与他物内在地看，都是一个事物的两个方面的东西。研究明白一个事物两个方面的变化关系，就能看到事物真实的变化。质量互变看作是某物以他物为中介的联系产生的变化。如果以他物为中介，他物是偶然的不确定的，中介变化也是坏的无限。

一个事物两个方面以自身为中介，就是一方以另一方为中介的变化，即自身两个方面的变化，这是自身固有的东西，人们完全可以认识和把握。以自身两个方面的变化作为依据，来看事物的变化规律，不是某物以他物为中介来看变化规律，这就是事物的本质变化。譬如人体健康问题，西医认为人的五脏有病，那个脏器有病就治疗那个脏器。而中医认为人体是平衡才是健康的。因此人体的健康从总体上看就是阴阳平衡。无论是那个脏器有病，都要从阴阳平衡上去治疗。如果肾有病，肾是阴虚还是阳虚。治疗疾病一定要找到病因，找到致病的内在原因，绝对不是外在原因。譬如有的学者说李世民能够建立贞观之治，是因为他不懂得治国，才虚心听取大臣意见，兼听则明，取得了贞观之治。其实这是从外在表象看的。李世民之所以能够虚心听取大臣意见，采纳他们的意见，是因为李世民具有雄才大略，想创立一番伟业，千古留名，才能不顾皇帝尊严，冒着大臣言辞犀利的批评，虚心接受大臣的治国忠言。就是说李世民能够放下皇帝的尊严，听取大臣严厉的批评，完全是自己的雄心壮志抑制其虚假的权威之心。历史上那么多皇帝都没有什么治国经验，有几个皇帝能够像李世民那样放下皇帝的尊严。无论是治疗人的疾病，还是战胜对手，一定要找到真正的对立面。魏征就是抓住李世民想成为一代伟大皇帝的心理，才能敢于直面谏言。

质与量在尺度里最初是作为某物与他物处于相互对立的地位，表面上是互相不联系的。实际上潜在的质就是量，质不可能脱离量单独存在的，任何事物的质都是一定量的比例构成的，所以质包含量。从过程来看质的变化，开始质包含的好像是自身的东西，但是随着量变他物的东西越来越增加，自身的东西越来越减少，量变到一定程度必然引起质变。质不是永恒不变的，永远存在的。量潜在的就是质，任何量都是有质的量，没有脱离质的量。人们说到量，都是在质的前提下去说量。没有质的前提去说量则毫无意义。任何量都包含质的因素在内，量的构成比例就是有质，量的基本作用就是构成一个事物，单纯的量没有意义。当两者的发展过程在尺度里统一过渡到新的质，量不是原来质的量，质也不是原来的质。同样在尺度里，新的质之下的量是不会停止变化的。两个规定质与量的每一次变化，都是恢复到它已经潜在的东西中，即质包含量，量包含质。质的规定性体现事物的同一性，量以多样性体现事物另一面的差别性，双方互相否定对方的规定性，发展变化中扬弃了存在的主要方面的规定性，充分显示了自身的否定性和对立性。质的同一性与量的多样性，就是揭示了事物对立统一的本质属性。

尺度里已经潜在包含本质——质量的同一是互相包含的，你中有我，我中有你。因此质量的同一性是互相联系和不可分割的。质量的差异又是互相排斥和对立的，量自身的多样性，既包含某物的质，又包含他物的质。因此，量最能体现事物内在的排斥性和对立性，既自身互相排斥和互相对立，也就是某物与他物内在地互相排斥和对立，或者事物内在的旧质与新质互相排斥和对立。

尺度的发展过程把潜在的东西实现出来了。质、量和尺度在过渡中，本质上是质与量包含旧质与新质的排斥和对立，又不断地产生新的统一，这就是它们矛盾不断对立与统一进展的结果。在质与量的发展过程中，质与量的矛盾关系在尺度里充分体现出来了，尺度里包含旧的质被新的质所否定，同时产生了新的质与量。新旧质与量在尺度里，矛盾关系充分展现出来了，新的事物新的质就是原来事物质与量的矛盾进展转化的结果。质与量的矛盾，实质就是新旧事物的矛盾，量的次要方面包含和体现新的质或新的事物，质的主要方面代表了旧的事物或旧的质。

质主要是体现事物的同一性，实质就是体现事物的主要方面，决定事物的同一性和平衡性。量主要是体现事物的多样性，既量自身体现新旧事物不同的含量。质就是看同一性，量是看多样性、排斥性和对立性。随着量的变化发展，质的同一性越来越少，量的多样性对立性反对性越来越多，最后才能发生新的质变。事物的本质就是一个事物内在质与量两个方面，即新旧事物的对立统一，有差别的对立统一。

本质各范畴的关系。从事物的本质看，各范畴已不复过渡，不是从某物过渡到他物，而是相互联系在自身内的变化，是一个事物自身内的发展变化。在存在里认识事物的联系形式只有反思才能得到。在本质里事物的联系是本质自己特有的规定。在存在里当某物成为他物时，某物便消失了。在本质里，只是看到自身内部的双方关系互相变化，它们无论如何变化，双方永远不会消逝，只是双方存在差异，即只是一方主导事物或者另一方主导事物而已。在本质里过渡不是真正的过渡到到他物，过渡后事物的两方都没有消逝，而是继承和发展。

在本质里，肯定的是事物的主要方面，否定的是事物的次要方面，它们存在于统一的事物里。在存在范畴里，某物是一个物，他物是另一个物，都是独立存在的，不是相对存在的，彼此不是联系密切一体的。本质内存在的双方是在一体内的相对存在，一方势力强，另一方势力必然弱，此消彼长，互相依赖，互相制约，互相变化。

第四章

本质——事物的内在关系

第一节　本质的基本性质——与存在和概念的区别

一、本质的基本性质

本质是设定的概念，就是本质没有达到概念阶段，本质只是研究各个规定的相对性，即研究事物内在两个对立双方的关系，而概念则研究个体事物的全体的每一环节的统一关系。所谓本质是相对的，就是本质研究自身内在两个对立方面的相对关系，不研究事物整体和全体的关系。

本质是对自身的否定。就是否定自身的同一性，因为在本质里是某物与他物的规定性合二为一，某物与他物的规定性在本质上是互相对立和相互否定的。这就是本质范畴构成自己的主要本性。本质一方面只要有变化，就立即排斥否定对方，打破原来的平衡。一个人坚持向善，其内心必然否定恶。坚持向恶，就必然否定善。但是内在双方无论怎样否定和变化，都不会消失的。譬如人的恶的本性会永远存在，不会因为人的至善而消逝。因为人的欲望是人固有的本性，也是产生恶的根源。人的欲望过渡就是恶，人的欲望少就是善。人的欲望不会消逝，人的私心即恶的根源也不会消逝的。

本质是自己的一方同自己的另一方为中介，反映事物的存在方式，本质只是研究自己本身双方的相对联系，概念是研究事物每一环节全体和整体的联系。本质是对立的双方，只有以自己的另一方为中介，自己才能存在。如果没有以自己的另一方为中介，本质就不存在了。人体的阴必须以阳为中介，或者阳以阴为中介，生命才能存在。

本质是间接联系。本质的联系不是直接的，不是某物与他物的联系，而是抽象概括为事物内在两个方面的联系。因此，本质的自身联系具有从直接性转化为间接性的东西，是设定起来的联系，来分析所有事物内在两个方面的关系及其变化。本质自身的对方是间接的东西，是内在的抽象，无法感觉到的，只有通过反思才能把握。譬如人体的阴阳是无法感觉到的。而存在则是直接的东西，依靠感觉能够感知。

在本质中存在没有消逝，本质是把存在映现在自身中，即某物与他物映现在自身内。把外在关系（坏的无限）转化为内在的固定关系，把存在的假象和直接性否定和扬弃，把存在的内在属性保留。本质内在地把存在的某物与他物的排斥性和矛盾性表现出来了。

相对于本质规定，存在只是片面的规定，只反映事物直接的表象规定性，没有反映事物根本的规定。一个事物存在的规定很多，而本质或根本属性只有一个规定性。因此存在的片面的规定，都是被否定的东西，被贬抑为假象的东西。本质否定了存在的片面性、直接性和虚假性。譬如父母与子女的不孝的外在关系，映现在父母自身内，就是父母不孝顺自己的父母，没有以身作则给子女做榜样。父母在子女幼小的时候，没有去孝顺自己的父母，使子女从小没有受到父母的言传身教，导致子女长大后就不会孝顺自己的父母。

真正的艺术品是反映生活本质的作品，即源于生活（存在），又要高于生活。画家要观察客观世界的存在，但是如果画家按照自然绘画，没有把自己的思想融合到自己的绘画中去，就不是真正的艺术品，而只是反映自然的照片。画家要进行艺术创作，根据自己观察自然存在和生活的体会，再把自己的思想、精神和价值追求融入自己的艺术作品的创作中去，才能创作出不朽的艺术作品。因为自然存在和生活的东西，只能部分地反映人的价值观、审美观和精神追求，只有经过艺术家的艺术创作，才能全面深刻地反映艺术家的思想、精神和价值追求。

绝对是本质，是从本质与存在的关系上说的。绝对是存在，是因为存在具有无限性，是单纯的自我关系，所以具有绝对性。绝对是本质，这个界说与绝对是存在的意思是相同的。本质是反映存在内在的根本属性，本质是自己过去了的存在，是说存在发展变化结果就是本质，就是本质对存在经过否定之否定之后，把存在中的某物与他物，转化为自身内在两个方面，是以自己为自己本身作为中介联系，表示自己的存在。二者具有内在的不可分割的联系。本质具有普遍性，所有的事物都有一个本质。

但是，绝对是本质，但是本质又不完全等同于绝对，本质只是包含有绝对的抽象思想，并不像绝对那样具有无限的真理性，本质包含的绝对，要比存在包含的绝对前进了一步。存在是绝对，只是反映了绝对理念的表象部分，展现了绝对的表象特征。本质则是进一步展示了绝对的内在根据及表现的概念部分。

本质的否定性只是逻辑抽象的否定，只是事物内在一方面否定另一个方面，不是概念阶段全面理性的否定之否定，就是说本质是绝对的内在抽象的表现，还没有真正达到概念的阶段，只是从事物的根本上抽象地去诠释绝对。

本质是没有前提的结论。本质只是分析研究事物的内在关系，截取事物的内在关系的有限部分进行研究，不是以普遍性为前提的。绝对是从存在的无限开始的，是以普遍的理性概念作为前提。譬如中医从本质上研究人体，只研究人体各个器官之间的内在相互关系，没有以人体的生命整体的普遍性去研究。

本质是存在的真理。本质解释存在变化的根据是什么，从事物的内在对立统一关系上研究事物变化的根据。从这个意义上讲本质就是存在的真理。存在只是从事物表象规定性的变化研究事物，不研究事物变化的根据是什么。

本质是自己过去的存在。本质是事物存在的根据，呈现在我们面前的存在，都是本质的表现，因此呈现出来的存在是在后面，本质作为根据是在前面，就是过去的存在。譬如植物的种子（即本质），生根发芽长出枝叶，都是外在的存在，这些都是种子（本质）的发展和显示。植物的根枝叶都是种子产生的，种子相对于植物就是过去的存在，是内在的存在，是存在的内在的根据。

二、反思的作用

反思是把某物与他物反映到自身内的映现，构成本质与直接存在的区别。本质是依靠反思反映存在的，不是依靠感觉和观察反映存在的。一般的存在是观察的存在，感知的存在。自身映现是存在的现象反映事物的内在关系和联系，不是反映外在关系和联系。西方人绘画注重人的内在骨骼和外在的形象表现，绘画偏向有形的人及人的生理结构存在，注重存在的现象反映。中国人绘画，注重人文精神的本质反映，不注重人的外形外貌的形似，而注重神似。西方艺术与中国艺术表现的人文精神深度不同，人文精神的内容也不一样。中国绘画注重表现仁人志士的仁义道德精神。

本质与存在的区别。存在与本质比较，是直接性的东西，有假象的一面。存在表现出来的东西是假象，是外在的特性，只是反映事物的表皮或帷幕，缺乏内在的真实性。但是，也不是空无所有的和完全无物的，只是反映事物表象的规定性。本质必须在存在的基础上扬弃存在的直接性和外在性，才能得出真实的结论。本质以内在的两个方面的关系，来反映某物与他物的外在关系，真实反映了事物的内在本质属性。譬如看一个人的好坏，从存在上看，只能看一个人的言行举止如何，看到的有许多是假象。有的企业家搞慈善是真心的，有的就是为了得到名声。只有把一个人的所有言行举止综合地加以研究，有好的一面，也有自私甚至不好的一面，才能去伪存真，把一个人的言行归结为内在的善与恶的关系，就能够准确无误判断一个人的内在品质如何。世界上的万事万物都可以归结为对立的两个方面，中国的易经讲天地，西方哲学讲思维与存在，主观与客观，人体有阴阳。

存在的规定性有真有假，本质就是扬弃存在的假象，就是扬弃存在外在的东西，反思就是反映事物内在的本质属性，即内在两个方面的真实关系。本质是脱离表象的具有思想性的范畴。

但是，本质又离不开存在，本质必须通过存在表现出来。同样一个本质，不同的存在表现出来就大不一样。有的存在现象表现本质多一些，有的表现本质少一些，有的形式是假象。只有依靠反思，去粗取精，去伪存真，透过现象才能认识真实的本质。艺术家对生活的感触，进行艺术加工（反思），把许多存在中的一个个表象，都集中起来反映到自己创作的作品中，反映生活的本质。

本质是间接的存在，是经过反思的思维加工的范畴，是对自然物的抽象。直接存在是以别的事物作为中介或根据存在的，离不开别的事物而存在。本质是自己的一方以自己的另一方为中介的间接存在，不是以他物为中介的直接存在。哲学就是以间接性为中介，以科学原理、范畴和概念为中介的。这样人的思维才能够脱离直接事物的制约，人的思维直接深入到世界内在的深度和广度领域，发现世界普遍的真理。

按照存在的思维，直接性的思维，人们只能认识事物或世界表象的变化规律，无法深入认识到事物内在本质的变化，更无法认识世界的本源，不能达到对世界根本性的认识。以科学认识世界为基础，形成的哲学范畴为中介，通过辩证思维达到真正认识整个世界。

凡物都有一个本质。本质是把握一切事物变化内在的共同的东西，排除外在性的和假象，祛除世界一切繁乱复杂的假象，反思事物主要的根本性和决定性的东西。理解本质是什么意思？譬如恺撒曾经到过高卢。这句话的本质意思，不是强调恺撒去过高卢这一事实（直接性），而是强调恺撒只是有这么一段经历，重点强调的是恺撒到过高卢对他现在具有决定意义的影响如何。本质含义就是扬弃了恺撒到过高卢的这段事实或存在，透过这个现象（到过高卢的现象），反思恺撒到过高卢的这个经历对他这个人现在的重大影响。譬如说这个学者曾经是个大学生，是说这个学者有大学的经历，现在扬弃了大学生的幼稚，上升到学者这个本质。曾经经历的事，都是对后来成就的铺垫，是对前面存在经历的扬弃和升华。从此看出，凡物都要透过现象看本质，不能被现象迷惑了，把现象当作决定性的东西。

Wesen（本质）是指一总合或者一共体的意思，是指认识事物不能单一地从它们的直接性和表象去看，因为每一个事物的直接性都不是独立存在的，必须有一个对立的东西，与它形成一个共体才能存在。本质就是要从事物存在的直接性中，分析和反思共体的另一方是什么。譬如刚才说恺撒到过高卢，是研究恺撒现在经验很丰富，能力很强，把恺撒到过高卢这段经历联系起来，才能够真正认识恺撒现在为什么这么厉害。本质就是从事物的不同的特殊性中，去反思和分析统一的共体性的东西，才是本质的属性。本质强调的不是事实，而是事实后面的共性的决定性的东西。任何事物不论以何种形式和方式存在，内在的本质都是两个方面的对立统一的东西，找到内在对立统一的东西，就是事物的本质属性，就是万事万物变化的根据。任何事物确定自己的本性，必须分析出另一方面对立的本性的东西，才能使自身存在和发展。都说一个伟大的男人背后有一个伟大的女人，就是这个女人能够作为这个男人对立的一方，去抑制这个男人影响他成功的一面，而且能够激发他成功的一面。

本质概念的范围有大小之分。事物的本质范围有限，世界的本质范围无限。上帝不是一般本质，不是最高本质，而是唯一的本质，是世界所有万事万物的本质。如果说上帝是最高本质，这种说法不准确，是应用量的范畴。因为最高之外还有低的，就是最高不能把一切包含进去。而唯一本质则是包含世界一切的东西，是决定其他一切事物的本质。本质有多个层次的。一般人也是有限的本质，只有上帝能够达到唯一本质的境界，能够普照大地一切苍生。孔子以仁义道德思想拯救人类苍生，达到圣人的境界。孔子既有上帝的胸怀，又有亲人的温暖关怀。上帝只有大善，没有具体的人性之善，虚无缥缈。中国儒家的信仰由近及远，有具体的人性，爱父母子女兄弟姐妹，到爱朋友，最后才爱天下苍生。

排斥其他宗教信仰，自然就会产生宗教矛盾和冲突。每一个宗教信仰或者学说都是有局限性的，敞开胸怀吸纳一切好的东西，兼收并蓄才能让自己的宗教或学说达到无限的境界。儒家提倡"三人行必有吾师"，就是提倡吸收任何有价值的思想。

割裂本质和存在现象的关系。这是把本质和现象割裂开来的，认为本质是独自存在的，不存在于现象之中。有人说人之所以是人，在于它的本质，不在于它的行为和言论。但是人的本质不是孤立存在的，只能存在于它的言行之中，从言行中体现其本质的东西。虽然本质在思维上有相对的独立性，但是本质不能脱离存在独立存在的。存在会有一些假象迷惑住人的思维，无法看清事物的本质。但是依靠反思的思维能力，可以去伪存真，由表及里，由现象到本质。

本质第一阶段，就是自身的联系同一性。本质自身两个方面有联系，这个联系是自身同一性的联系，不是没有自身内在同一性的外在联系。譬如说失败是成功之母，就是说失败的一方包含有成功的因素，与成功的一方有内在联系。因为任何人做事不可能一下子就成功的，每个人都要有一个成长的过程，一个人总是要在失败吸取教训，积累成功的经验，锻炼成功的能力，才能为今后的成功打下坚实的基础。直到积累成功的经验和教训，以及成功的能力都具备了，即万事俱备，只欠成功了。所有说失败是成功之母。同样成功也有失败的因素，一个人只要成功往往就要骄傲，骄傲就是失败的开始。所以失败与成功互相包含的，双方具有相同性就是同一性。本质上两个方面虽然对立，但是也不能截然分离，有千丝万缕的联系，失去一方，另一方必然不存在了。本质的任何一个方面都包含有对方的东西，没有单纯的东西。因此，不能把同一性看作是纯粹的同一，这是知性的同一。本质的同一是对立和矛盾的同一。

从本质的自身联系反思事物的普遍性。本质的反思思维方式，不仅看一个事物的特殊性，而且要看一类事物的普遍性。要从一个事物的反思，逐步走向一类事物自身内在联系的反思。本质思维的反思是从特殊到一般进行的，既从直接性和特殊性开始的，到间接性达到认识一类事物的普遍性。

在本质里是肯定和否定的思维方式。本质的肯定是肯定自身的主要方面，保持事物的同一性，否定就是扬弃自身的主要方面，让自身的次要方面上升为主要方面，推动事物或者思维向前发展。双方是此消彼长，是矛盾的对立的关系。矛盾的双方在一定条件下同一和谐和稳定，就是肯定的阶段。本质双方地位发生变化，一方战胜另一方的否定阶段。

本质论是知性范畴。本质是分析事物的内在关系及表现，只是人们认识事物的本质部分，没有对整个事物的全体的所有环节及其统一达到普遍性和理性的认识，还没有把这些思想上升成为概念。本质的主观认识与客观世界只是部分符合，没有达到完全的统一认识。因此本质认识不是真理性的反映。中国有句古话叫"不谋全局者，不足谋一域"，全局就是概念和理念的认识，一域就是本质和存在的认识。

第二节　本质作为实存的根据

一、同一性——事物内在两个方面有差别的一致性

根据的同一性是存在于外在的两个不同性质事物产生联系，映现于本质自身内的两个方面，它们虽然有不同性，但是也是互相包含，你中有我，我中有你，具有相同和一致的一面。某物与他物两者在存在里是外在关系，映现在本质之内就感觉不到，需要用纯粹的反思，用思维去把握某物与他物内在的本质关系。所谓内在的本质关系，是指反思自身一方的本性，必须是与自身一方相对立的本性，不是非对立的一方作为本质的一方。譬如我们为了防止传染病就要打疫苗。因为人体自身没有产生抵抗这种传染病毒的免疫细胞，必须在自身得到免疫此病毒对立的一方，即把该病毒疫苗植入人体内，人体内就必然产生免疫该病毒的免

疫细胞，即产生免疫力，自然就能够抵抗该病毒的传染。人体的免疫细胞包含免疫该病毒的能力，但是因为自身内没有该病毒，就没有产生对该病毒的免疫力。同样该病毒细胞也包含免疫细胞，才能与人体的免疫细胞产生联系，相互制约。如果该病毒不包含人体的免疫细胞，就不会与人体的免疫细胞产生联系，自身就要泛滥成灾。

同一性是虽然有差别，但是两个方面有共同性的东西，双方谁也离不开谁，失去一方，另一方也就不存在了。同一性的双方不仅互相联系不可分，而且在一定条件下，还可以互相转化到对方，说明对立的双方不是截然对立的，完全可以转化为对方的。客观上任何一个事物都不是纯粹的一致性的，都是有矛盾和对立性的同一性。

辩证思维的同一与形式逻辑的同一的区别。辩证的同一是有差别的内在同一。形式逻辑的同一是无差别的外在同一，是知性的同一，表面的同一。形式逻辑认为一个人好就是好，坏就是坏。辩证思维则认为一个人好中包含有自私，一个人不可能只有善没有一点恶。因此一个人性真正的同一就是善与恶的统一。任何事物内在辩证地看双方都不是纯粹一致性的东西，都是有差别的差异的同一。

同一性是通过反思分析去掉事物外在的多样性而达到内在的对立双方的同一，才能够反思事物的本质属性。人有多种多样的同一性，男女之间的同一性雄性与雌性的同一性，中国哲学认为的人本性是仁义道德与动物欲望的同一性，西方哲学认为人的本性是主观与客观的同一性，即思维与存在的统一。一个复杂的事物具有多种内在的同一性，研究的着眼点不同，内在的同一性就不同。

同一性在绝对中的体现。绝对是同一之物，世界同一于上帝，上帝就是绝对的。绝对同一是在理念阶段表现出来的，不是存在阶段。在存在阶段是纯粹的外在的知性同一，本质阶段是事物抽象的内在的相对的同一。绝对一词常指抽象无限而言，绝对时间，绝对空间，不是有限时间和空间，没有具体的映像映现。老子的"道"也是抽象的无限的绝对同一，以"道"统一世界。有具体的时间和空间表现出来的同一不是绝对同一，而是相对同一。

同一律与我们辩证思维所说的同一性具有不同性。同一律说"甲就是甲"，主词包含一切，主词和谓词完全一致的和没有差别的。辩证思维的同一性的谓词，指出主词的多重性，不能一就是一，二就是二。主词有两重性或多重性，谓词应该指出主词内在的两重性。男性不是单纯就是由雄性激素构成的，还有雌性激素。同一律要前后一致，对立统一要主词与谓词不一致，而且具有对立性。同一律只强调人要么是好人，要么是坏人，不能又好又坏。"他是好人"，同一律理解的就是这个人没有一点坏的地方，主词和谓词就是一个性质，不允许同时存在对立性质的东西。

同一与存在原是相同之物，质是同一。但是，根据的同一是扬弃存在的直接规定的同一性演变而来的。质表明的同一性是形式的同一。譬如这个玫瑰花是红色的，从质的角度看红色就是红色，没有其他颜色包含其中，同一中没有差别包含在其中。从本质上看红色主导事物的主要方面，作为同一性同一其他颜色，因为红色不单纯是红色，还包含其他颜色，有其他颜色与之对立的同一，是内在的有差别的同一，不是外在形式上的同一。本质的同一性是扬弃事物的表面的和直接的单纯同一性。

上帝创造世界，上帝是世界的同一，但是不是没有差别的同一。上帝是万能的，创造了世界的一切，世界一切事物都是上帝的表现。但是上帝是根据事物的不同性去创造世界的一切东西，也有差别和不完美的，还有许多缺陷，人类还是有富裕的人，有苦有难的人。

作为自我意识而言，人能够用本质的同一性，把自身与自然用自我意识同一起来，认识世界上的一切事物，把世界千差万别的事物用本质的思维意识同一起来，包括客观和主观的同一。世界上的万事万物本质具有同一性，但都是对立统一的。譬如天体是引力和斥力的同一，气候是春夏秋冬四季的同一。一天是昼夜的同一。意识虽是主观的，但是也有客观性，能够反映客观存在的同一性，反映存在的本质的和规律性的东西。自我意识才能同一于主观和客观，自我意识的差别，反映存在的差别，是有差别的同一。在意识里，自我意识表现为语言里的范畴、概念等许多有差异的逻辑形式，反映客观存在的差异。只有人的自我意识和思维，才能把世界千差万别的存在表象统一起来。

辩证思维从事物的同一性看出差异性来。思维扬弃存在及其规定，作为包含于自身内的真同一，不是无差别的抽象的单纯的同一，同时包含有差别在自身内的同一。世界上的存在都是千差万别的，无论是外在还是内在本质都有差别。

二、差别性——事物内在两个方面的不同性和排斥性

事物内在双方具有否定性。本质自身内两个方面纯粹同一是一个假象，实质是自己的一方与另一方具有否定性，即双方是对立关系，一方发展必然引起另一方后退。譬如人体病毒细胞泛滥，免疫能力必然下降。免疫能力提高，病毒细胞必然下降。二者在互动中产生相对平衡。平衡就是同一性，打破平衡就是产生否定性和排斥性。

本质具有两重性是同一性和差别性。本质双方本性上具有同一性，即以阴为主，阴中有阳，以阳为主，阳中有阴，同一性是都包含有阴阳，但是双方包含的阴阳不是绝对的相同，而是有差别的，所以不是纯粹的同一，而是有差别的同一。差别是双方包含阴阳的比例不同，就具有不同的性质。同一是相对的，差别则是绝对的。

异在在本质的范畴内，也不是表示外在的质的存在，某物与他物的

存在，而是转化为本质内在的双方关系，以设定的存在的本质内在一方，与另一方形成否定性的联系，因此双方必然存在着差别，一方以另一方为中介存在着。

本质上两个方面只要有差别，就必然有排斥性。所谓排斥性就是本质的双方有差别，在事物的内在发生联系，一方发展变化，必然引起另一方减少，这就是本质上自己对自己本身的互相排斥。譬如说这个人品德好，并不是说这个人没有一点私心，当遇到名利诱惑的时候，内心是绝对不能宁静的。每一个人的内心善与恶，都是对立统一，而且这个比例都是波动的，不是一成不变的。双方不同的比例关系，表明一个人的善与恶的品德不同。

有人问同一是如何发展成为差别的？这就是把同一预先假定了单纯的同一或抽象的同一是自存之物，假定差别是另一自存之物，对这个问题回答成为不可能。客观上怎么会有单纯同一的事物存在，差别是事物的客观性。事物的差异隐藏起来，人们不进行反思，在表象是无法发现的。柔软表面上就是软弱无力，刚强表面上就是强大无比。但是实际上完全可以以柔克刚。太极柔软无比，但是却力量无限。这说明柔包含刚强，刚强包含软弱。

外在直接性的差别。外在的直接性的差别，与本质差别含义根本不同。外在直接的差别是看两个事物在外在上的差别，一是它们各自独立存在，不是互相依赖存在。二是它们发生关系后互不受影响，一物的变化不一定引起另一物的变化。外在直接性的差别不同事物的变化没有必然性。直接性外在事物差别的比较者，要以一个第三者作为标准。要看相关事物的同一性，就是数量的相等，不同性就是不相等。不是从两个相关事物之间比较差别与同一。

知性的同一律和相异律。知性认为相等是同一的，不同等本身只是差别的。这典型是以外在直接性分析同一与差别。相异律认为"凡物莫不相异"，莱布尼茨提出相异律是某物自身相异，是它固有的规定性。

同一律是在比较当前差别中求出同一，数学最能完成这种目的的科学。三角形和四角形虽说有质的不同，但是外在的差别。它们面积是相等的，只是外在的数量同一，不是在本质上具有同一性。数学与哲学的同一性含义绝对不同。哲学的同一是内在本质双方有差别的同一，不是外在表象或形式上的差别与同一。

知性的相异律只是看外在的相异。譬如人们不相信没有相同的东西，宫廷卫士和宫女寻找没有差别的树叶，结果不存在。外在的相异同内在本质的相异含义截然不同，外在相异是形式不同，互相没有内在联系，没有排斥和对立。内在本质相异，必然存在互相排斥和对立的。

莱布尼茨的相异律，不是指外在的不相干的差异，而是指事物本身内在性质的差别，不是指两片树叶外在的差别。

反思的差别。数量相等是外在差别，即三角形与四角形面积相等，图形有差别。反思的差别，是指两个不相等的事物不是没有关系的，而是一个事物作为一方，能够映现在另一个事物作为另一方构成一个事物，使事物的双方内在产生差别，这就是反思的差别，潜在的差别。两方不相等的事物也有差别的联系。

差别的同一，是指事物的双方没有单纯的同一和纯粹的无差别的同一。差别中寻求同一，同一中寻求新的差别，经验科学时常注重其一便忘其他。科学寻求新的元素，发现新的发明，这是近代哲学戏称为同一哲学，即注重同一，忽视差别。科学在不相同的两个事物之间寻求同一性，就能得到科学发明和创造。但是这样偶然性比较大，科学研究具体事物的同一性，不具体普遍性，不能反映任何事物的同一性。而哲学研究的同一性和差别性，具有适用所有事物的抽象普遍性。

差异是反思的差别，潜在的差别或特定的差别。不论是相等还是不相等的事物，只要一方映现在另一方之中，两者就不是并非毫不相干的。哲学上的差别只是反思两者是不是映现在对方之中。映现在对方之中就是哲学上的差别，没有映现在对方之中，就不是哲学上的差别。哲学研究的不是外在的差别，而是同中之异和异中之同。科学家从具体事物的差别去研究同一，或者在同一中寻求差别，新的元素、力或类等。近代物理学家和化学家嘲笑那些古代哲人，仅仅满足于以四个并不单纯的元素去解释事物。科学家认为的同一，仍是单纯的同一，他们把不同事物之间的相似性看作是具有同一性，譬如把生物的消化和化学的同化有机过程看作是同一的。科学家以事物的相似性，就认为是同一性。哲学的同一性是两个事物具有不可分割的差别和对立的联系，映现在一个事物的内在。譬如免疫细胞与病毒细胞是两个对立的东西，但是免疫细胞只有自身包含病毒细胞，才能存在，这就是免疫细胞自身内与病毒细胞共存在一起，具有同一性。如果自身没有病毒细胞，免疫细胞就要消失。

　　差别自在地就是本质的差别。所谓本质的差别就是内在具有对立性，排斥性，即肯定性和否定性。不是外在性质不同的差别。譬如一个政党内部有差别，本质差别不是人们对一些具体问题的看法不同，而是在立场和价值观，或者是在根本问题上，大是大非问题不同，甚至相反。本质差别的表现为肯定和否定上，肯定是注重同一性和一致性，事物的同一的自身联系。否定是注重事物的不同性和差别性。因此每一方之所以自为存在，只是由于以自身为主，不是以对方为主，同时每一方都映现对方，才能够自为存在。因此本质的差别即是对立的，差别之物不是一般的他物，而是与它正相反的他物。这就说每一方只有在它与另一方的联系中，才能获得它自己的本质规定，一方反映另一方，才能反映自己。对立的两方谁也离不开谁。既互相包含和同一，又互相排斥和互相对立。本质的差别就是内在"对立"性质的差别，不是外在表象或形式上的差别。在对立中，有差别之物不是一般的他物，而是与它正相反对的他物。外在他物的差别，不一定相反对立的，譬如一个人的朋友与自己有这样或那样差别，但是价值观相同不是对立的差别。而与自己敌对的人，则是本质相反的差别。敌对的人往往对一个人的成长的作用要比朋友大得多。因为敌对的人反作用力，能够刺激一个人更大的潜能，知耻而后勇。一个高手只有遇到真正的对手，潜能才能真正发挥出来，水平才能得到极大地提高。对立一方，譬如阴包含对立一方的阳，雌性包含对立一方的雄性等。事物一般性质的差别，不是哲学所说的本质差别。哲学上所谓差别与对立，就是在一方产生的同时，另一方如影随形地产生，双方同时存在，一方不存在，另一方立即消失。

差别本身可用这样的命题来表达："凡物莫不是本质上不同"，即凡物的差别都是对立的相反的差别，而不是性质相同的外在差别。如果有相反的两个谓词，只能使用一个谓词以规定一物，另一谓词规定另一物，不能有第三个谓词。因此本质的差别是确定的，即对立的差别。这条对立律与同一律相矛盾。按照同一律一物只能自己与自己相联系，但按照对立律，则一物必须与它对立的别物相联系。这表示抽象思维缺乏识见，同一律自己与自己相联系，也不是绝对同一的，而是有差别的对立的同一。同样对立律一物与别物的对立，也是具有内在同一性。排中律意在排除矛盾，肯定一方，否定另一方，说甲不是正甲就是负甲，这是知性设定的空洞对立，否定的东西没有具体规定性，没有意义和价值。实际存在事物既是正甲又是负甲，无法排除。对立统一律认为事物即是正甲，也是负甲的矛盾混合物。譬如说这个免疫细胞只有免疫功能，就不是包含病菌的细胞。免疫细胞自身就是含有病菌的细胞。

知性抽象的同一律，认为一物只是自己与自己相联系，自己与自己是同一个性质的东西。失败就是失败，成功就是成功，二者没有任何联系。

在矛盾概念的学说里，譬如说蓝的概念，它的对方为非蓝，非蓝只是否定蓝，没有肯定是什么颜色，譬如黄色。矛盾概念的学说，譬如说蓝的概念，它的对方为非蓝的概念。非蓝，就是它不是必然的东西，可能有多种颜色对立，蓝的对方就不是一个肯定的颜色。对立统一里面，对立的一方是一定的。阴电对立面必然是阳电，南极对立面必然是北极。对立面性质是确定的，必然的东西，不是抽象的否定的东西，而是具体否定的东西。

内在两方的差别必然是对立的，相反的，才能组成事物。中国古代贞观之治，李世民时时以历史上隋炀帝似的腐败乱政为借鉴，作为自己执政的借鉴。古代其他民族国家的统治者，没有把历史上统治者腐败乱政作为自己执政的借鉴，所以没有几个国家民族的政权，执政时间长达几百年几千年，所以三大文明古国都消亡了。

每一方只有与对立的一方的联系中，才能获得它自己的本质规定。疫苗就充分体现了这个含义。疫苗是原来人体没有包含此类病毒，因此对这类病毒没有免疫力。为了获得对此类病毒的免疫力，科学家对此类病毒的细菌，经过人工减毒和灭活等方法制成用于预防此类病毒传染的自动免疫制剂，注入人体后，人体包含了此类不能侵害身体的病毒，自动产生了对此类病毒的免疫系统和免疫能力。如果人的身体没有包含此类病毒，就没有此类病毒的免疫系统和免疫能力，一旦此类病毒侵袭人体，病毒就要泛滥成灾。免疫细胞只有与病毒细胞有联系，包含对方，才能获得对这种病毒的免疫能力。疫苗包含的病毒就是免疫细胞的对立面。疫苗本身就包含该病毒，才能使人体产生免疫系统和免疫细胞，具有对该病毒的免疫能力。

一方的本性自己独立存在，没有与对立的一方联系，就要失去存在的可能。人体的五脏是相生相克的，其中一个脏器只生不克，或者只克不生，这个脏器就要与其他脏器发生紊乱，五脏就要失去平衡，严重影响人的身体健康。一方只有与对方的联系与对立中，才能产生自己的本质属性。如男人既有凶悍的一面，与敌人联系必须强悍；又有柔情的一面，与亲人联系就露出柔情的一面。任何人都有这样的两面性。此一方只有与另一方对立联系中，才能反映自己的本质，看清自己的本来面目。一般人认为本质就是一个性质，没有对立性。本质就是对立双方的统一性，这才是本质的本来面目。

肯定和否定在差别中的体现。肯定性作为同一性而言，就是自己与自己同一的关系，即肯定一方为主和一方为辅的和谐性一致性的同一性，就是平衡性和稳定性。否定就是否定自身原来一方为主的同一性，对立的双方互相排斥，互相斗争，处于发展变化之中，原来为辅的一方变化为主要方面。任何事物开始都是同一的，发展到一定程度就要走向反面。

对立的双方，主要方面是作为肯定性的，次要一方其作为否定性的。只有加强自身建设，否定反面的东西滋生，原来占据主导地位的先进性重新战胜对方，才能完成否定之否定。肯定注重同一性，稳定性。否定注重差别性、排斥性和斗争性。

肯定和否定没有绝对的区别，区别只是相对的，其实两者是相同的东西。肯定善良的，就要否定恶的。相反肯定恶的，就要否定善的。只是标准不同而确定为肯定和否定而已。

对立两个方面都包含同样的本质属性，即同一性的东西。先进性必然包含落后性的东西，落后的东西也必然包含先进性的东西，两者在一定的条件下随时可以转化的。肯定自身先进的一面，同时就否定自身落后的一面。

自然与精神，肯定客观性，就要注重自然性、客观真理性，否定违反客观性的主观性错误。肯定精神性，就要注重精神的概念性、抽象性、逻辑性和自由性，否定客观的自然性、直观性和自在性。

事物的有限性不符合它们的本质属性。事物的有限性是它们的直接的特定存在，随着变化就要消失了。譬如红色变后成为黄色或其他色，作为表象的红色就消失了。但是从本质上看，红色并没有消失，而是隐藏于黄色之中。以一方为主导的性质呈现出来，另一方的性质隐藏起来了，人们没有反思发现其内在的东西。

事物的本性就是对立的两个方面的对立统一，而不是一方占据主导地位显示的暂时的同一性质。对立一方随着事物的变化发展，随时取代占据主导地位的一方，成为本质相同的另外一种性质的事物。事物无论怎样发展变化，永远是两个对立方面的东西不断发展变化，任何一个事物永远不会离开两个对立方面发展变化的。只是两个对立面的变化，会随着环境和条件的变化不断出现新的因素，只是不断地扬弃自己，使自己不断地发展，不断地趋于完美。但是本质的东西是永恒的和无限的。人的本性永远是仁义道德性和动物欲望性两个对立面在变化，无论增加什么新的内容，两种根本性对立的东西是永远不会改变的。万变不离其宗就是这个道理。

任何事物都有内在两个对立的方面，只要抓住事物根本的两个方面的对立和统一的关系，就是抓住了事物的根本。如果没有抓住事物根本性的东西，注重表面现象就必然出现错误。西方哲学只是抓住人的主观性和客观性统一作为人的认识本性，没有抓住人的仁义道德性和动物属性作为人的社会本质属性，就是没有抓住人的根本属性。

抽象的同一只是暂时的表面现象，由暂时的同一进而进展为矛盾，是因为原来对立的一方处于萌芽状态，矛盾没有显现出来而已。随着对立的一方发展壮大后，矛盾就必然显现出来，暂时的同一和平衡就要打破了，对立的一方能够与原来强大的一方抗衡了，并且战胜对方占据的统治地位，变化为另一有差别的本质事物，但是本质还是具有同一性的。

从静止和分析的角度看本质范畴，本质就是既有差别性又有同一性。本质努力实现它潜伏的本性，由最初的差别，进展到发展过程中的对立，再进展到最后达到统一的结果就是矛盾。矛盾就是同一与差别发展变化完整过程全面统一的结果，也是分析一切事物发展变化内在根本的东西，即根据。矛盾或者根据就是对事物两个方面同一与差别全部内容达到了统一的结果，即两个方面得到了充分的发展和展现。

根据既包含同一又包含差别统一于自身内。事物的发展必定要体现出来这些本质的属性，并且要扬弃一些东西。事物发展过程中的一切本性的东西，都是从根据而来的。根据的同一性体现了事物的一体性或者引力，保持事物的一体性。差别性体现在了事物的对立双方互相排斥，发生不平衡，导致事物不断发展变化。没有差别、对立和矛盾，事物就是静止不动的；如果没有同一性，事物自身就失去了自己。

根据就是一个事物内在本质的两个方面，开始阶段是同一的，一切都处于萌芽状态。由于双方有差别性，必然产生排斥和对立，产生发展变化，打破开始的同一平衡，经过发展变化达到新的同一，就是扬弃原来一些旧的东西，产生新的东西，但是根本性的东西不会改变。本质只是表现的内容和形式有不同。譬如美国两党存在的根据，既有差别和对立性，两党代表不同的资本利益集团和不同的执政政策。两党也有同一性，都是代表资产阶级共同的政治利益和资本主义市场的经济利益。两党无论如何发展变化，出台什么新的政策和思想，既要维护自己资本集团利益，又要共同维护资产阶级的政治和经济利益，它们的本质是无法从根本上改变的。

发展就是扬弃，就是结合客观实际产生新的内容与形式。肯定的东西不是完全的绝对同一的东西，而是有差异的同一的肯定。因为自身一方与对方有千丝万缕的联系，不可能完全与对方割裂开来。因此在肯定自身一方的同时，还要在一定程度是上肯定对方的一些东西。否定也是否定对方的时候，也要肯定对方的一些东西，因为双方虽然有差别甚至对立，但是还是具有同一性，这样它才能得到自身真正的肯定性。不能只看自身，不看对方，要从与对方联系中否定中得到自己的一方本质属性。诸葛亮只有同司马懿作为对手，显示诸葛亮军事才能。因此诸葛亮在打败（否定）司马懿的同时，还要肯定司马懿的军事才能，给诸葛亮设置重重困难和障碍，才能演绎出无数的经典战役，成就诸葛亮的伟大军事天才。

发展变化，是对对方的扬弃，也是对自己的扬弃。譬如诸葛亮在与司马懿对垒时，由于司马懿设置重重困难，诸葛亮不断要充分发挥自己的潜能，而且在实战中还不断提高自己的军事能力，才能战胜对手。一个人幼小的时候，是朴实善良年有无知的，随着年龄和知识的增长，扬弃朴实愚昧的一面，得到聪明的一面，同时也扬弃了朴实善良的一面，名利之心也随之增强。经过道德修养，又扬弃了过度的名利欲望之心，得到真正的聪明和善良，才能成为一个真正的人。

本质作为事物发展变化的根据，能够发展变化出千姿百态的事物。但是万变不离其宗，即离不开事物的根据。本质两个方面的差别和同一的统一，就是万事万物变化的根据，于是本质的范畴就由同一与差别的范畴，演绎进展到根据的范畴。因此任何新事物的出现，都是由新的事物中包含旧的事物发展变化而来的，即从旧事物脱胎而来的，绝对不完全是从自己本身发展而来的。我们说对于自己国家和民族的历史要批判和继承发展，一个国家和民族的历史精华的东西，就是这个国家和民族发展变化的根据。如果一个国家和民族把自己的历史思想和文化彻底砸烂和抛弃，那就是数典忘祖，放弃自己的发展变化的根据。

三、根据——事物内在同一和差别的统一

根据是同一与差别的统一。所谓同一与差别的统一，就是把同一与

差别的所有内容都包含及统一起来了，根据就是全体的本质。任何事物的演变，都是从根据而来，都充分体现了同一和差别性，以及它们之间的统一性。根据是决定事物发展的根本性东西。种瓜得瓜，种豆得豆。譬如中国古代封建社会的政治专制制度产生的根据，中国从原始社会过渡到国家，氏族部落社会组织没有受到破坏，虽然进入阶级社会，但是由于有血缘关系，部落首领统治方法具有仁义道德的一面。后来经过夏商周三朝的分封制，以及秦国的郡县制，汉朝的郡县分封混合制，人们充分认识到分封制的弊端。在春秋战国时期，百家争鸣产生了大量的知识分子，为后来的文官孕育了人才。有了前期的同一和差别的不断发展变化，最后总结出来皇帝是集政治、经济、军事和思想力量于一身的最高统治者。专制制度的建立根据是两大范畴经济基础与上层建筑，四个方面是建立了遍布全国的文官制度，思想有维护皇权的儒家思想，建立强大的军队，文官保证全国的税收。建立了地主与小农经济制度，税收有来源，又能够养活数量庞大的文官和军队。因此，皇权在四位一体的统一力量，保证皇帝具有至高无上的处于绝对统治的地位，官吏和民众始终处于服从地位。在明末出现资本主义萌芽的时候，被强大的封建专制扼杀了。因此，任何事物的根据不止一个。西方中世纪政治制度产生的根据是，古代封建国王没有在经济、政治和思想上具有绝对的统治力量，国王没有建立遍布全国的文官制度，中世纪大部分时间一直是地方割据，各自为政，就没有税收保证，也就无法建立强大的军队，无论封建主和百姓的思想中，根本没有王权至上的思想观念。因此地方割据势力大部分时间处于与国家政权处于抗衡的状态中。因此，西方中世纪没有建立真正的专制制度。所以西方市场经济和资本主义经济没有受到专政制度的压制和扼杀，得以能够独立发展，当市场经济的资产阶级强大以后，完全能够与国王在政治上抗衡的时候，发生了资产阶级革命，建立了以商品的市场经济为根据的西方资

产阶级民主政治制度。从事物发展变化的根据看，任何事物都是内在
两个方面对立和统一产生的结果。

我们说根据是同一和差别的统一时，这个统一不是抽象的同一，而
是具有具体内容的统一。根据是需要经过证明的过程得到的结果的内
容，才是根据本身。根据不是未经理解、未经证明的思想，要经过中介
过程的证明。从同一中找到差别，从差别中找到同一。某物与他物自身
反映同样反映对方，自身反映为自我明显的东西，反映对方为潜在的
暗藏的东西，不易被认识的东西。如失败反映反映对方就是成功的因
素，潜在地存在于失败之中，一般不易发现。如果从多次失败中充分发
掘成功的因素，不断积累成功的经验和教训，结果必然走向成功。当然
这个成功的结果也不是纯粹成功的东西，既包含前面失败积累起来的成
功，也包含后面失败的因素，因为一个人成功后就要骄傲。反映自身与
对方，才能被设定为的本质，作为根据而存在。只反映自身，不反映对
方，反映的不是事物的本质，也不能作为事物发展的根据。

譬如我们看见电流现象，直接性是同一的，就是一个电流。但是现
象没有纯粹同一的，电流有正电荷和负电荷，通过正电荷与负电荷的排
斥与吸引，产生了电流。正电荷与负电荷的一切内容，就是电流的根
据。根据就是从内在理性上解释产生现象的本质原因。如果一个人落入
水中就会淹死，医学家说因为人体是那样构成的，他不能在水中生活，
只能淹死。法学家说一个人犯法，市民社会是那样构成的，犯罪的人不
可以不处罚。医学家没有从内在原因上解释人为什么会淹死，法学家也
没有解释犯罪为什么要受到处罚。医学家应该从医学上解释人在水中无
法呼吸，水进入肺中造成人窒息而死亡。犯罪的人因为侵犯他人的合法
权利，危害社会的生存和发展，为了他人和社会的生存和发展，必须对
犯罪的人处罚。根据就是解释现象符合理性的原因，不是表面直接性的
东西。

　　根据表明一物的存在即在于他物之内，一物的存在只是表面现象，无法从它的自身找到根据，还要从与他物的联系中找到根据。譬如我们说这个家的子女都很孝顺父母，那些家的子女不孝顺父母，是什么原因？从自身很难分析出来的。那么我们不能从子女本身找根据，而应该从他物找根据。子女之所以孝顺父母，从他们的家庭看，他们的父母很孝顺自己的祖辈，子女从小就跟自己的父母学，是父母的身教和言教决定子女具有孝心。

　　根据不仅是简单的自身同一，而且也是有差别的。对于同一内容我们可以提出不同的根据。而这些不同的根据，又可以按照差别的概念，发展为正对立的两种形式的根据。一种根据是赞成那同一内容，一种根据是反对那同一内容。譬如偷窃这样的行为而论，这一事实可区分许多方面。偷窃行为侵犯他人的财产权；穷困的偷窃者满足他的急需的物资，也可能是因为这个偷窃的人未能善于运用他的财产等原因。在这里侵犯财产权比起别的观点来是具有决定性的观点。从此可以看出根据不是纯粹同一的，原因也不是一个层次的，而是有决定性和非决定性的差别的。如果这么分析事物存在的根据，任何一个理由都是充足的，这种形式的根据并没有自在自为地规定根据的内容，即没有自我理性的能动的内容，而是只有外在联系的一些内容。只有达到自我能动的内容，才能达到理性的概念内容。就像莱布尼茨反对的，单纯机械式的认识方法，譬如把血液循环的有机过程归结为心脏的收缩，或者某些刑法理论，将刑罚的目的解释为在于使人不犯法，使犯法者不伤害人，用一些外在根据去解释。其实刑罚的目的在于犯罪人危害社会，危害他人，才要受到处罚。至于刑罚不使人犯法，那是刑罚外在目的之一，根本不是刑罚的根据。刑法主要目的是保障社会安全，人民安全，国家安全。莱布尼茨看到形式主义在寻求充分具体的概念式的知识时，仅仅满足于抽象的根据，没有决定性和具体内容的根据。所以莱布尼茨提出了致动因和目的因彼此间不同的性质，力持不要停留在致动因，须进而达到目的因。因为致动因只是自然外在的原因，而目的因则是内在的能动的具有理性的概念式的根据。譬如按照这种区别，则光、热、湿气等虽然为植物生长的致动因，即导致植物生长，但是不是植物生长的目的因，植物生长的目的因是植物本身的概念，即植物内在本质构成的东西。譬如种瓜得瓜，种豆得豆，完全是植物自身决定的，不是光、热和湿气决定的。

在法律和道德范围内，只寻求形式的根据，一般是诡辩派的观点和原则。诡辩派的观点只是一种"合理化论辩"。希腊不满意于宗教上和道德上的权威，他们认为凡认为可靠的事物，必须是经过思想证明过的。为了达到这个目的，诡辩派教人寻求足以解释事物的各种不同的观点，这些不同的观点正是根据。这种形式的根据本身并没有规定的内容，而是寻求一个外在形式的规定，为不道德的违法行为寻求根据。至于哪一个根据较优胜，就必须依据每个人主观自行抉择。于是人人所公认的本身有效的标准的客观基础便因而摧毁了。苏格拉底辩证地指出诡辩派形式的根据是站不住脚的，因而将正义与善，普遍的东西或意志的概念的客观标准重新建立起来。诡辩派并不深究所要辩护东西的内容，他只求说出根据的形式，通过这些理由或根据，他可以替一切东西辩护，也可以反对一切东西。世界上一切腐败的事物都可以为它的腐败说出好的理由。

根据的统一，不是抽象的同一。抽象的同一是直接的同一，表面的同一。譬如说孩子学习不好（结果），家长认为孩子不愿意学习，或者没有好的学习习惯等，这些都是表面的原因，都是从抽象的同一看问题，没有从根本上分析学习不好的根据是什么？俞敏洪考了两年大学没考上，第三年爆发考上北京大学，就是因为俞敏洪看到母亲为了他的学习，冒着大雨到县城为他取英语试卷，浑身上下被大雨浇透了。俞敏洪那一刻心灵触动了，决定为了母亲也要好好学习。一个人如果真心地为了自己的亲人，或者为了祖国和人民学习，这样的学习目的和动力是无穷无尽的，爆发出来就势不可挡，犹如排山倒海之势，任何困难都无法阻挡其刻苦学习的决心和信心，什么不好的学习习惯统统被抛到九霄云外了。其他方面的原因也能激发孩子学习的动力，但那些都是肤浅的有限的动力。只有从根本上挖掘出孩子学习的真正动力，其爆发出来能量和学习动力将是巨大的，是无法想象的。人们只注意直接性的表面性的东西，不注意根据是什么。根据就是事物发展变化的根本原因，表面的原因有很多的，根本原因只有一个。根本的原因是最有力的东西，表面原因则没有多少力量

本质最初是自身映现和自身中介的，把某物与他物映现在自身内，以自身的另一方为中介存在着；在两方互为中介的过程中，存在着差别、对立和矛盾的过程，双方最后在总体上扬弃差别达到统一，得到一个统一的存在，本质的自身统一便被设定为差别的自身扬弃，因而中介过程结束了，也是对中介过程自身的扬弃。于是我们又回复到直接性，或回复到存在，不过这种直接性或存在是经过中介过程的扬弃才达到的。这样的存在叫作实存。

从统一体看外在的存在，根据自身扬弃了自己的内在的规定性，恢复到直接性和存在了。不过这种直接性或者存在是经过本质自身的中介过程的扬弃才达到的，不是外在的原因达到的。

根据一物决定另一物，产生的结果为实存，即有根据的存在。实存是从内在的根据变化看存在的，定在外在原因看到的变化是。外在原因看变化是具有一定虚假性的存在，实存是具有真实性的存在，能够从根据去解释存在的原因，不是从外在条件去解释存在的原因。

根据因为没有自在自为地规定其内容，没有目的性，即没有人的意志在主导根据的变化。因此没有主观能动性和创造性。只是从根据出发

自在地产生一个结果就是实存，因此这种特定的根据表现出来的只是形式的存在。自在自为地规定其内容，具有目的性，而且有人的意志主导对根据的客观自在性进行创造，根据自在没有存在的东西，也能够创造出来。

一个事物的根据从不同的方面和不同的范围看，就有不同的根据，也有不同的存在形式。譬如牛顿的万有引力定律是从地球引力来看的，爱因斯坦从太空的范围来看，得出一个相对论。根据绝对不是一个，根据有不同的层次，不同的内容，不同的范围，不同的角度，不同的视野，就会有不同的实存产生。

人们的思维不同，视野不同，反映的客观根据也不同。有深度的根据决定事物的影响力大，肤浅的根据决定事物的影响力小。人的主观意志对于客观根据，可以加以扩大和改造。譬如李子加以改造，嫁接桃子，根据发生变化，结成李桃的实存。

一个人的意志和行为对根据加以利用和改造，就是要在不违反根据客观性的前提下，按照人的意志产生美好的结合。要想得到美好的结果，必须把根据纳入人的意志范围之内，才能使主观与客观达到对立统一的关系。

第三节　实存——有根据的自在存在

一、实存是有根据的一物决定另一物统一的反映

实存是自身反映与他物反映的直接统一。自身是根据的东西，他物是根据决定结果的东西，二者的统一为实存。根据是人们用理性思维从

事物错综复杂的关系中，把决定他物发展变化的根本性的东西作为自身的根据，二者结合产生的结果作为实存。譬如一个民族的伦理传统和生活方式常被看成一国宪法的根据。但是决定一国宪法的根据还有很多，不只是这一两个根据，还有经济基础等，所以它们只是相对的，还没有形成一个完整的全体具有绝对关系的认识。又譬如一个孩子的成才，既有父母的教育，也有学校的教育，还有社会教育和影响等等，实存只研究两个相对的关系，不把这些根据统一起来研究。实存既制约他物，同时又为他物所制约，处于一个相互作用之中。但是反思的知性无法解释复杂的关系，超出这种单纯的相对性的观点，只有逻辑理念才能够解决。譬如研究地球，根据是从地球与太阳的关系来研究地球，还是从地球与太阳系的关系来研究，得出的结论大不一样。范围越大越具有理性。

实存只能看到自身的根据与他物关系的反映，它们是相对的一对前后直线的关系，不是绝对的相互封闭的循环关系。循环发展变化就是起点从根据找到出发，经过一系列的中介发展变化过程，又回到起点根据重合。种子生根发芽长枝叶开花，到结果就是循环发展变化回到原点，就是一个周期的发展变化。实存只是其中一个环节而已。

实存是反映在他物与反映在自身不可分。作为实存的根据自身，必须在他物具有决定作用的时候，才能体现出根据的作用，实存就是从这种统一里产生出来的东西。实存就是自身与他物两个方面的统一的反映。

二、实存与物的关系

实存既包含相对性（自身与他物相对），也包含有与许多他物联系的多样性。实存是一个多样的东西，不是单纯的东西。实存包含与别的实存着的东西多方面联系于自身内，并且作为这些实存的根据反映在自身内。实存是一个自在的存在，是一个阶段的相对存在，实存形成统一的自身一体，就叫作"物"，实存就进展为一个独立的物了。

物自身是一个事物完整的抽象的自身反映，不反映他物的本质属性，也不包含有他物的任何差别的规定。他物只是为物自身的变化提供条件，为自己形成自身提供条件。所谓不反映他物是指他物在物自身中，他物自己的本性没有得到充分的体现，只是作为一个条件体现的在物自身上。物自身只是研究自身的抽象本质属性，不研究他物的本质属性。概念则是既反映自身的本性，又反映他物的本性，反映整个系统的相互联系，达到相互融会贯通。概念自身反映他物，是指他物的本性全体都能够反映在物自身上。譬如圣人或者上帝，他们不仅反映自身的所有的本性，而且把世界是所有他物的本性都在自身得到反映。因为圣人和上帝具有宽广仁慈的胸怀，能够包容天下一切苍生，才能够反映天下一切苍生的一切本性。一般人，因为自身就不是一个完整的概念之人，就是一个简单存在之人，一般人又与他人有排斥和矛盾对立关系，无法融合包容他人的一切，不能够全面反映错综复杂的各种各样人的本性。一叶一世界，必须把"一叶"自身完全作为一个世界来研究，不是作为物自身来研究，也就是把一叶同世界联系起来研究，能够从一叶中反映世界的本质，达到概念性的认识，而不是一叶只反映自身的本性，达到本质性的认识，才能达到一叶概念性的认识，达到对世界的认识。

实存，只是自身反映与他物反映的统一，是说实存作为根据必须与他物联系，才能够体现出根据，实存作为实际存在，必须在他物才能体现出来。

物自身只是自身抽象的反映，是多个实存自在地形成一体，没有自在自为地形成一体，所以物自身这些规定只是以空洞为基础的，只是极端抽象的、毫无规定性的东西，因此说物自身是不可知的。在这个意义上来说，我们也可以说"质自身"或"量自身"，是指这些范畴没有事物真实的规定性。只有一些方面外在的空洞的抽象的规定性。这意思就是单就这些范畴的抽象直接性来说，而不过问它们的发展过程和内在规定性。事物有了发展过程，内容就丰富具体。如果坚持物自身，只能认为我们只是坚持一种知性的人任性的偏见。认识一个事物的支离破碎。

物自身还有另外一层含义，自然界和精神界有生命的内容，譬如"植物自身"，"人自身"或"国家自身"。这里所谓自身，是指这些对象真正的、固有的性质而言，不是人们主观抽象认识恶那样。虽然这种自身具有真理性，但是如果停留在这些对象的单纯自身时，就不能认识对象的真理，仅仅是单纯片面抽象的形式。譬如"人自身"就是指婴儿而言，婴儿与一个自由而有理性的人而言，就是一个自在的和潜在的人，植物自身就像种子为物自身，种子一切也都是潜在的，没有植物的自身发展过程。所以凡物莫不超出其单纯的自身，超出其抽象的自身反映，进而发展为他物反映，物自身不仅反映抽象的自身，而且反映具体的自身，具有特质。这样物自身就要与他物产生具体联系。认识抽象的物自身只是人们单纯的主观的片面的静止的认识事物。只要具体认识物自身各个环节之间的联系，必然与他物产生联系。因为事物之间都是密切的不可分割地联系在一起，你中有我，我中有你，即物自身有诸多他物的东西，诸多他物有物自身的东西。

第四节 物——有根据事物的自在存在

一、物的含义

物或事物就是根据与实存这两个范畴由对立发展而建立起来的统一的全体。实存是由自身反映与一个他物的反映联系，构成物的一个方面，而作为物的各个他物的根据，与他物结合反映物自身的整个实存，就把物的统一体建立起来了，并没有形成统一性。

物反映他物这一方面而言，物具有差别在自身内的，因为物反映他物不是一个他物，而是多个他物，他物之间有差别，物自然就有差别。因此它的各个实存是有一定规定性的具体的物，但是这些规定性是彼此独立的，彼此不同的，没有形成统一性。物的各个实存的规定性，不是反映它们自身的规定性，而是为了物的构成上。它们是物的特质，不是自身的特质。譬如一栋建筑物，需要各种建筑材料组成各个部分，才能把这栋建筑物建起来。那么这个建筑物的门窗、墙体等，都不是自身的规定性，而是建筑物的规定性。

物与特质不是某物的质，某物的质由是表达，物的特质由"有"来表达。"有"字都是用来表示"曾经"和"过去"，意思是事物是根据过去发展而来，不是自身存在的表象那样。某物的质是外在的规定性，失掉外在的规定性，就失掉某物。而精神是被扬弃了的过去的存在，即使外在变化，内在依然持续存在。这就是精神的规定性与质的规定性的区别，精神具有永恒性，质的规定性只是暂时存在的，转瞬即逝的东西。质的规定性都是用"是"表示事物是什么性质的。物的规定性是用"有"表示其性质的。"有"字表示过去，有字表示扬弃了的过去的存在，已经获得什么成就。这个人是一个教授，只是外在的称号，是质的规定性，不是一个人内在的本质表示，没有表明这个人是教授就是有成就的。如果这个人的教授称号没有了，这个人也就是一个普通人。但是如果这个教授有学问有成就，就是一个人是内在本质的东西，已经获得的成就。即使教授称号没有了，但是这个人的学问和成就不会因为教授称号的消失而消失。物的特质是实存产生的特质，是本质的外在表现。质的规定性的外在表现，不是内在根据和实存产生的特质。

在"物"里一切反映的规定都作为实存着的东西而重现。物开始作为物自身，乃是自身同一的东西，譬如植物的种子。但是同一中存在着差别，这个差别就是各个不同的实存，具有各种不同的特质存在于差异形式下，实存以不同的形式存在着。差异的东西彼此互不相干的，它们彼此之间除了由外在的比较而得到联系外，物里的这些实存具有独立性，只能依靠物的纽带，把那许多差异的特质相互联系起来。某物的质却没有这种独立性，因为某物的质都是外在规定性，事物变化首先是外在变化，质立即变化消失。而物的实存具有内在规定性，不会因为事物的变化而消失。譬如一个人的美貌，会随着年龄的增长而消失，但是内在诸多的品德，不会因为年龄的增长而消失。物的实存这一特质与那一特质没有不可分离的联系，因此即使失掉了某一特质，并不失掉某物的存在，还有其他特质存在。因为物有许多特质。譬如说这个人有历史学、政治学和哲学等学问，去掉其中一个并不影响他是一个学问家的存在。

根据是对事物内在的抽象的逻辑分析，是纯粹思维抽象的东西，实存是根据与他物产生的一种自在的存在，是根据与他物为中介而产生的抽象存在。物是客观自在存在的东西，只是主观反映客观自在的存在。

根据与诸多他物之间产生的实存没有内在的联系。因此"物"的许多特质彼此也是相异的，特质自身是同一的，独立的，并可脱离与物的联系独自存在。譬如食盐本质是由钠元素和氯元素构成的。这两个元素的特质，可以脱离物而独立存在，与其他物联系。特质自身不是具体的物，只是物的一个组成部分，可以任意组合。

二、质料

什么是质料。物的许多特质，不仅是彼此相异的，而且特质自身又是同一的，独立的，并可脱离"物"的联系。这些物的特质，可以脱离物而自身存在，具有独立性的东西就是质料，这主要是指无机物。物的特质只是自身反映的实存作为抽象的规定性，这就是质料。质料就是将"物"的各种特质给予独立，分析物的不同规定。质料是相对独立的成分，物是由各种质料组合而成的，可以成为各种特定的形式。物的特质的规定性表现出来的存在，就是质料，即构成物的材料。譬如化学家将食盐和石膏分解为它们的质料，发现食盐是由盐酸和碱构成的，石膏是由硫酸和钙构成的，这些化学元素都可以独立存在，跟其他化学元素组合另外一种化学分子形式。

质料作为一个反映的存在，有自己的独立规定性或质，达到了直接性的规定性，就是实存。质料是真实的特质，是有根据的特质。存在的质是外在的没有根据没有实在性的质。从质料上反映存在，从抽象的根据达到了直接性的规定性就是实存。

不论是物或者质料，都是抽象反思知性的方式，就在于任意抓住个别范畴，把所要考察的对象，都归结到这些范畴。其实这些范畴根本不能真正反映对象的真实客观性，只是一个片面的抽象的反映，只是作为理念发展的某些特定的阶段，才有它的效用。而且这些反思的解释与直观和经验的矛盾无法解决。这种物的存在和质料的理论，不是所有领域都有效用，在有机生命方面，就显得不够用的。譬如动物的骨骼、筋肉、神经等构成，它们的有机体在联合里才能存在，彼此一分离便失掉有机体的各个部分的功能。

质料是抽象的，没有在物中形成有机的统一体，只是一个组合体，可以任意组合。它自身既有特质，同时主要是为了反映他物。譬如盐酸和碱主要是为了反映食盐等化合物服务的，不是为了自身的存在。因此质料就是以自身特定存在来表现物性的，或物的持存性。这样，"物"在"质料"里就有了自身的反映，通过不同的质料或者不同的形式，构成不同的物。这种质料的组合只是一种表面的联系，只是一种外在的结合，不是内在有机的结合，不可分割的联系。

物在质料里只是根据在形式上的联系，还没有完全达到自己本身内在的固有的必然的联系。质料依据人的反思思维，还没有进入到理性的思维阶段。质料的各种组合方式就是形式，成为物自身的东西。质料本身可以独立，可以任意组合，但是物自身的形式具有固定性，一个形式就是一种物。质料是为他物存在的，与他物结合成各种形式，首先是为形式而存在的东西。质料就会有不同的组合，能够形成不同的形式。普通化学注重自然元素的结合形式。客观存在的许多质料，没有经过人的加工是粗糙的、原始的、能量很低的。理性思维达到概念阶段，才能产生像量子化学和原子能科学那样的组合，注重人的意志思维提取质料，更多地加入人的意志的东西组成新的质料和形式。如果经过理性思维的加工和组合，能创造科学思想意识形态惊人的威力，其创造力能给人类了带来无限的物质财富和精神财富。如电子计算机和量子计算机，能量无法想象。将来人们对人体基因进行不同的组合，有可能治疗人的许多遗传疾病。文学作品的材料，如果经过文学大师的加工组合在一起，能够反映人类的思想内容，成为千古不朽的艺术作品。历史事实和资料很多，人们如何客观地内在地发现它们之间的有机联系，得出历史发展的规律，是一个历史学家和社会科学家必须具备的思维能力。

　　质料作为实存与它自身的直接统一，对于规定性也是不相干的。因为质料自身没有独立的规定性，譬如石膏可以分解为硫酸和钙，石膏还可以与其他质料结合，形成其他化合物。它的规定性随时可以变化，缺乏内在的规定性。因此许多不同的质料都可以结合为一个新的质料，这种结合就是反思的同一性范畴中的实存，即只有质料之间的相对同一性，没有整体的不可分割联系的统一性。那些不同的规定性的质料构成的物，这些物的外在联系就是形式。这是有差别的反思范畴，质料并不是纯粹同一的，而是由不同的质料构成的，形成一个全体的东西。

　　质料没有固定的特质，与物自身是一样的，物也是可以用不同的质料构成的，特质可以随时变化的。而有机体的规定性则是比较固定的，组合的随意性不如物那么大。

　　构成"物"的各种不同的质料自在地彼此都是相同的，它们都是为了组成物而存在的，不是为自身而存在的。就像一个奴隶是为奴隶主存在的，依附于奴隶主，没有独立的人格，不是为自己而存在的。而在资本主义社会，工人具有独立的人格，可以自由选择自己的工作和职业，有自己的权利。从这方面来看质料，质料的差别，只是单纯的形式，形式不同组成的物不同，由质料的形式决定"物"，而不是由质料的规定性决定"物"。类似于奴隶一样，给这个奴隶主劳动或那个奴隶主劳动，奴隶是一样的没有差别的，只是奴隶主变化了。而今天的企业，挑选一批科研能力超强的人和一般的人，差别将是巨大的，因为今天的打工者具有绝对的独立性和创造力。

　　从物的构成看本质上，质料的独立性和规定性不重要，差别只是形式上的，没有本质差别，都是无机物。但是从质料在与物的不同质料结合中，其特质是永久不变性。譬如大理石无论是这一种雕像还是那一种雕像，大理石都是不变的。就是说从质料与物的构成上看，质料有一定不变性。但是这只是相对的，大理石如果加入其他成分构成一个物，就不是不变的了。大理石本身也有特定的石结构，有别于其他特定的石如沙石或云斑石等。就是说质料在不同的物中，具有不同形式和不同的性质。质料的形式很重要，没有形式质料不能够构成物。譬如以大理石作为质料，是这种雕像还是那种雕像，质料不变，形式变化。从形式上看事物的变化。远在古希腊他们的神话形式是混沌的，世界被想象为先于上帝就存在了无形式的混沌世界。他们认为现存的世界是无形式的。这种观念导致在于上帝不是世界的创造者，而只是世界的范成者和塑造者，即世界已经存在混沌的质料，上帝只是给予混沌世界以形式上的改造而已，没有创造质料来创造世界，还有另外一个东西创造世界的质料，这就是二元论。中世纪认为上帝创造世界是较为深刻的，认为世界是一体的，不能分割的本体。世界只有成为一体的认识，世界才有统一性，才有统一的规律去认识世界。分隔世界（二元论），无法对世界形成统一的规律性的认识，用于指导人们认识世界和改造世界。

认为上帝由无中创造世界的观点，则较为深刻。因为这个观点一方面表示质料并没有独立性，是依赖全体而存在的，没有形式的全体无法存在。混沌学说认为质料具有独立性。另一方面指出形式并不是从外面强加于质料的，而是根据质料的全体性，从包含质料的全体自身的性质产生出来的原则，才能创立自由的无限的形式，这就是我们接触到的概念。不能从质料自身的性质产生出来的原则，创立自由形式。从质料里只能产生有差别的反思形式的范畴，不能产生概念范畴。

这样"物"便分裂为质料与形式两个方面，每一方面都能够体现"物"的全体，都是独立自存的。从质料看全体，由盐酸和碱可以构成盐的全体，但是任何质料的构成都要有一定形式的。但是作为"物"的质料，既是具有肯定性一面，大理石或云斑石具有不同性，也有无规定性的一面，大理石的雕像给予一个柱石或者方形的，对于大理石都是不相干的。作为实存既包含反映他物，也包含自身独立存在。譬如食盐包含有反映盐酸和碱为他物的统一，食盐自身也是独立存在。因此质料作为两种规定的统一来说，两种质料联系就是形式，自身构成一物来说也是形式。它本身就是形式的全体。形式作为质料这两种规定的全体，即反映他物和自身反映来说，形式既包含自身反映，表现形式的规定，或者作为质料联系的形式，当然也能反映构成质料的规定。质料与形式两者自在地是同一的，既有质料必然要有形式，才能构成物。同样有物的形式，必然反映要有质料的形式，不是空洞的形式。质料和形式两者这种统一性，就是质料与形式的联系，只有二者联系起来才有统一性。

质料本身以形式构成物，质料就是为形式而存在的。形式就是把物的各种质料，自身的与他物的联系产生的质料联系起来。形式具有构成质料的规定性，不同形式构成质料不同的规定性，形式决定质料。同样的质料也决定形式，特定的形式必须有专有的质料才能构成。两者相互制约，自在地同一，被设定为质料与形式的联系。没有形式，质料杂乱无章，没有规定性。有了形式，质料之间的无规定性得到了规定。譬如盐酸和碱，没有以一定的形式把它们联系起来，就不能得到盐的规定性。

质料与形式的联系，两者的联系也是有差别的，质料作为物的构成要素，构成形式不是一定的，可以有多种形式。同样的质料这种形式是这种物，那种形式是那种物，形式作为质料的联系方式不同，它们具有不同性质。

"物"作为这种自在事物的全体，本身的构成就是矛盾的。形式把质料的不同性统一为物，按照它的统一性来说，它就是形式。但是在物的形式中，各种质料具有不同性，具有互相差别与对立性，会自在地产生不同的联系，与形式产生对立。在形式中质料得到了规定，形式否定了质料的独立性，使质料失去了独立性，并且被降低为特质的地位，即质料的独立性成为一个自身的一个方面的性质，这些质料在构成物的过程中，被否定其独立性。在不断否定质料的独立性和自在性当中，于是"物"作为一种自己本身内扬弃自己本质的实存，过渡到被设定的实存，不是自在的实存，就是现象。实存只能部分地自在地反映本质，而现象则是被设定为反映本质的，而且是全体性地反映本质。

现象是质料和形式自为结合的结果，物是质料和形式自在的结合。譬如化学自然的元素，组成的形式都是自在的。现象按照否定物的统一性来说，物真实反映本质就是现象。形式是思维探讨质料的各种存在的方式，有真实和有虚假的形式。真正的艺术品（现象），是人类真实思想的本质反映。一般的艺术作品（形式），只是部分地反映了人的思想，只能称为物，不能称为现象。

现象则是对物的质料和形式加入思维的反思性，提升了形式与质料的自为性，增加了反思性。现象的所谓反思性，就是根据物的本质属性，人们的思维可以想象和创造新的质料或形式，不一定是自然自在的质料和形式。譬如智能机器人，就是人的思维创造新的具有主观性的质料与形式，真正反映本质属性的现象的东西，不是自然自在的质料与形式。因此，现象就是自为的形式，形式和质料是自在的东西。

物理学的多孔性是对质料独立性的否定。在这些质料的细孔里，发现许多别的独立的质料，质料相互交叉在一起。这就是相互作用留下的痕迹，质料可以交叉融合在一起的。所谓质料独立存在，都是人们的抽象思维，客观现实根本不存在的。质料没有单独存在的，都是相互交叉在一起的，人们只是为了方便分析，抽象思维认为质料独立存在的，可以各种形式组合的。质料的多孔性说明质料是可以包含他物的质料，这些质料同样又有细孔，又留出空隙让别的质料可以交互存在。细孔不是用观察加以证实的，因为用肉眼根本无法观察到，不是依靠理智形而上学去抽象思维的，而是依靠辩证思维，去改变质料的自然独立性。思维想象质料存在细孔，无论原子中子和质子，都有细孔存在，能够无限分割下去。因为任何事物都是相互排斥，互相包含的。因此物的质料的多孔性证明物的形式不是固定不变的，分析质料中包含其他质料的各种形式，才能够全面反映本质的东西。

第五节　现象——本质真实的全面的反映

一、什么是现象

本质必定要表现出来的。本质映现了自身与他物内的双方抽象的联系，一定要表现出来，而成为一种直接性的表现过程，全面表现内在两个方面的本质关系，即为现象。实存只是本质一个环节的表现，物只是本质的自在表现，而现象则是本质一个完整过程的表现。现象的直接性，就本质自身表现而言为持存性和质料，本质是由一系列的实存或者质料构成的。就现象反映他物与他物联系而言，即现象的自身与各个他物形成各种各样的联系方式而言为形式。譬如一个民族的生活方式决定一国的宪法，本质就是内在自身映现了生活方式与宪法两个方面差别与同一的关系，生活方式是国家宪法的根据。本质映现的生活方式和一国宪法自身内在属性要表现出来，就要扬弃自身内在属性，表现为一国的宪法直接性这个现象。这个现象反映了一个民族的生活方式决定一国的宪法，表现在于宪法的形式中。生活方式与宪法的关系为持存为质料，本质自身不断地扬弃持存和质料，即扬弃没有正确反映生活方式与宪法的关系，直到正确地反映二者的本质关系，最后表现在宪法上形式的直接性，就是现象。宪法作为直接性存在的现象，反映了一个民族生活方式与宪法的本质关系。如果一国宪法没有反映一个民族的生活方式和一国宪法的本质关系，就不是现象，而是物的范畴。生活方式如果与国家政权联系，就要形成另外一种本质的关系。本质显现或映现的是本质的存在，而不是定在的存在。定在的存在是事物外在性的显现，不是内在本质的显现。由本质决定实际存在的东西，就是现象。

现象全面反映了本质的东西，不是物只是自在地理智地反映本质。譬如一个服装设计师，服装颜色的搭配，形状的设计，能够体现服装设计师美的思想，就是品牌产品，就是现象。体现不出美的思想，就是衣服就是物。

实存被设定在它的矛盾里就是现象。假象是抽象片面的存在，不是矛盾的客观性反映。譬如子女对父母不孝，一般认为是子女问题，这个实存就是假象。其实问题不在子女，而在父母身上。因为父母没有做好身教，即父母没有孝顺自己的父母，没有给子女从小做好榜样，子女从小没有学到父母孝的行为，导致子女不孝。子不孝，父之过。父母不孝是子女不孝的矛盾根源。

本质最初映现在自身全体内，没有表现在外，作为根据进展到实存，实存的根据不在自身内而在他物内。即刚才所说的，子女的孝不在自身，而在他物即父母身上。实存只是本质的一个过渡阶段，本质是与一系列的他物联系，不断产生实存矛盾的东西，本质才能完整地表现一系列的实存上。作为本质的上帝，当他让其自身显现在不同阶段的实存中，就体现了创造世界的大仁，使得这个实存世界的孤立自存的内容，表现为只是单纯的现象。如果作为本质的上帝，只是在世界上体现一些阶段的实存，没有完整地体现世界的实存，就不是真正体现自己为世界的本质，世界也不是作为上帝的现象而存在着。

现象是逻辑理念的一个很重要的阶段。现象与直接存在的东西是完全不同的。现象是存在的真理，因为现象包括自身反映和反映他物两个方面在内，能够真实客观全面地反映事物的本质。而实存或直接性只是片面地反映一些本质。直接存在只从一个片面的规定性的变化反映事物的东西。本质的现象变化是矛盾两个方面的变化。譬如一个党由在野党变为执政党后发生质变。这个质变不是变为对立物，只是变为他物，即由在野党变为执政党。本质变化必须是指变为对立的他物。一个人的成长变化，有质变也有本质变化。质变是从小孩变为大人，本质变化是从不成熟到成熟，或者从动物性为主变为道德性为主。一个人一辈子可能都没有本质变化，没有从动物性的人变为真正的道德性的人。只有质变，年龄变化，身体变化等外在变化，没有本质的变化。思维上的本质变化是由不能认识真理，到能够认识真理。

现象变化是没有内在的稳定性，只是具有相对性，还没有达到对本质发展变化过程必然性的认识。比现象范畴更高一级的范畴是现实。现象只是本质抽象的存在，没有达到符合客观的理性的直接存在，现实则是合乎理性发展变化过程的反映，不仅符合本质，而且合乎客观的直接存在的反映。

康德把现象和存在区别开来，认为现象高于存在。存在是纯粹客观的，反映事物的外在性，这些规定性都是直接的，能够感觉到观察到。现象是本质的反映。康德只理解现象的主观意义，没有理解现象的客观意义。认为现象之外有一个抽象的本质，认所不能达到的物自身。不知道直接的对象世界之所以只能是现象，是由于它自己的本性决定的，通过现象就能够认识本质。本质并不存留在现象之后或现象之外。如果把世界看成仅仅是现象，那么世界就表现为本质的东西。素朴的意识认为知识的客观性就是抽象的直接性，以为当前所给予的这些抽象直接性的东西就是真理和现实。主观唯心论认为现象是不真实的事物，直接存在的事物才是真实的事物。主观唯心论把本质的客观性和直接性的存在相混淆，相信事物的外在性和直接性，不相信内在本质才是反映事物真实的客观性。

二、现象界

现象界的事物，存在的方式是它的持存直接被扬弃，这种持存只是形式本身的一个环节，各个持存扬弃后，形成持存之间的联系就表现为形式。现象是提通过实存表现的。形式借助实存和质料，从现象过渡到现象界，即形式扬弃实存和质料自在的联系，形成有机的统一性联系。质料通过形式反映的本质就是现象界，通过映现自身与他物，反映的本质就是现象。

形式包含持存或质料于自身内作为它自己的规定之一。形式还有另一种规定性，现象界的事物以形式，即体现本质的形式作为根据，有别于现象中的直接性的实际存在作为根据，并且以形式作为中介来持存，用形式的非持存来中介持存，就是一种无限的过程。因为形式是不受局限的，而实存或质料是有局限性的。这种无限的中介，形式可以联系任何的实存或质料，同时形式也是自身联系的统一，而实际存在便因此发展为一个现象的整体和世界，为一个自身回复了的有限性的整体和世界。只有通过形式，才能够把现象和世界联系成为一个整体，现象只能反映两个事物之间的关系，一个事物作为根据，一个事物作为现象。

以形式为中介的持存是有限性的整体世界。因为形式是依据持存或自料进展而来的，反映的都是有限事物的形式。

第六节 内容与形式——事物本质具体化的外在表现

一、什么是内容和形式

现象界中的事物是经过扬弃持存后，把相互自外的事物，通过实存和质料联系为一个整体，把这些实存作为一个个环节包含在它们的自身联系内。现象的自身联系得到了完全的规定，形成了一个整体的联系，具有了形式是由于其自身内的性质决定的，形式把事物的各种持存联系统一起来，形成了事物的同一性，体现了事物的本质，形式被当作本质性持续存在。形式表现了现象界事物的联系，并且表现了事物固有本质的形式，才是内容。形式不能正确地反映事物的本质，就不能正确表达事物的内容，就不是哲学意义上的内容。持存或质料表现的形式，只是本质的部分内容，不是真正的内容。一篇文学作品，艺术形式没有充分表达思想的本质，就是一部没有真正表现思想内容的作品，只是表现作品素材的形式。一首古诗，把自然风光与人文思想结合成为完美的形式，就是一首好诗。质料经过思维加工后反映事物的本质，就是反映事物内容的形式，这个形式才能准确地表达思想内容。形式是把事物的持存或质料有机地结合为一体，才能反映事物的本质内容，质料的有机构成就成为内容。一个国家的政治制度不健全，有好的政党和人才，也不能很好地发挥其应有的作用。因为这个政治制度不能保证好的人才执政。如果有好的政治制度，没有好的政党和好的人才，好的政治制度也无法充分发挥作用。

内容是本质的具体体现。本质是抽象的两个方面的关系，内容是两个方面关系的具体化。譬如生产关系决定上层建筑，研究纯粹的生产关系就是抽象的本质关系，加上社会生产力、民族传统伦理文化和自然环境等其他因素，生产关系的本质就具体化了，就不是本质抽象的关系，而是具有丰富具体的内容了。

形式就是内容。这句话的含义是指形式完全体现了事物的本质，能够充分反映事物的内容，把内容的本质属性表现得淋漓尽致。没有好的形式，再好的内容也无法充分表现出来，呈现出来。内容必须通过形式表现出来。从内容与形式的同一性来讲，形式就是内容。艺术家表现其思想内容，必须通过精湛的艺术形式来表现。美术家通过艺术形象，音乐家通过音乐旋律，来表现自己的思想内容。

按照形式发展的规定性来看，形式是现象的规律。事物现象在发展的过程中，不断出现各种形式，萌芽阶段，生长阶段，成熟阶段，果实阶段等，不同的发展阶段有不同的形式来反映在现象的变化。形式一定的内在固有的发展变化的必然性就是规律。

如果形式不返回自身本性来说，就是说形式出现了违反现象本质的规定，这样的形式就成为现象的否定面，失去了本质的形式就成为变化不定的东西。这种形式就同内容产生矛盾，成为与内容不相干的外在形式。

内容与形式的关系。内容自身内在固有的本性，就包含有固有的形式，形式返回自身的东西，即形式是依据自身的本性产生的，就是内在的形式，就是符合内容的形式。形式反映事物本质就是内容，不反映本质的形式就是外在形式，即假象。外在形式不能返回到自身内，只能外在于内容的东西，脱离内容的形式，是根据外在性产生的形式。这种外在形式与内容是对立矛盾的。形式有相对的独立性，也是与内容对立的。政治制度（形式）依据经济基础（内容）建立的，政治制度只有符合经济基础的本性，才是返回自身内的，是好的政治制度。如果政治制度许多方面不符合经济基础，那么这个政治制度就没有返回自身内，与经济基础统一的自身内，而是脱离经济基础外在性质的政治制度。

形式有相对的独立性，可以相对脱离内容存在。人们可以把形式抽象出来研究。譬如各种文学艺术形式和表现手法。思想内容也可以抽象出来研究，没有固定的形式专门研究思想内容。譬如中国哲学就是没有多少范畴和概念形式的哲学。而且越是理性强的哲学，其形式就越是少之又少，玄妙的思想内容都在不言之中，哪有形式可言。

形式与内容相互转化。内容转化为形式，内容合乎理性的方式呈现出来成为形式，以形式的面目出现在人们面前。同样形式转化为内容，形式根据质料的有机构成，表现合乎理性的内容，以完美的形式呈现在人们面前，形式就转化为内容。形式与内容不可分离。内容要通过形式表现出来，形式要依据内容建立起来。形式脱离内容毫无意义，内容脱离形式无法表现。一个人有好的思想，没有好的文学功力或文字表达能力，就不能用文学形式表现出自己好的思想。一个人有文学修养，有好的文学表达方式，但是没有深邃的思想，也不能创作出不朽的作品。哲学范畴和概念的逻辑形式，就是表达哲学理念好的形式。

形式与内容的互相转化，必须在绝对的关系中，才能被设定起来。如果形式与内容不是在绝对关系中，而是在矛盾和对立关系中，就不能顺利转化。

理智认为内容重要，形式不重要。内容之所以成为内容，在于使质料融合为一体的表现为形式，只有成熟的形式才能够表现内容。形式是可以感觉的，思想是不能感觉的，通过形式感知和感悟内容。莎士比亚悲剧中的罗密欧与朱丽叶的故事，两个家族的仇恨导致一对爱人爱情毁灭的内容，莎士比亚以活生生的人物形象和艺术形式表现出来，才能感染人和打动人。如果没有感人的人物形象和艺术形式，再好的内容也不会感染人。内容与形式的真正统一，才是真正的艺术品。人们都知道这个故事，但是没有上升到一定的思想高度，没有用好的艺术形式表现出来，就不是一部具有好的艺术形式和内容的艺术作品。

二、哲学与科学在内容与形式上的不同

科学思维只是一种单纯的形式活动，缺乏思维思辨的形式，其内容是根据科学研究的具体表象——事物的材料给予的，不是经过纯粹的思维形式得到的。科学思维不是从内部的逻辑范畴形式自动地予以规定的，因而科学的形式与内容不是互相渗透的，不是形式即是内容，内容决定形式。哲学形式的自身得到了完全的规定，不是片面的规定，因此形式即是内容。科学的形式只是规定事物的一个片面的规定性，没有完全反映事物全面规定性，因此科学的形式不能反映事物的全部内容，只能反映部分内容，因此二者不能完全互相渗透。

任何科学内容都是与具体的特定的事物现象直接联系在一起的，不是哲学的内容与具体事物没有直接的联系，而是与逻辑思维形式具有直接的联系。科学内容可以通过具体事物感知的，哲学内容与具体事物没有联系，无法通过具体事物感知的，只能依靠思维形式去领悟。反之，哲学里形式与内容不可分离，形式完全反映内容的规定性，内容决定形式。因此哲学可以称为无限的认识。

知性认为哲学也是单纯的逻辑思维形式活动。如果我们认为所谓就是可以感知的和可以捉摸的，那哲学确实没有这样的内容，没有感官可以感知的那种内容。哲学研究的是范畴和概念的真理性内容，不是可以感知的具体事物的内容。哲学是以事物的整体和世界的整体作为研究对象的，这种完全的规定性，只能以哲学范畴和概念作为表现形式。

哲学内容不仅仅指事物的规定性和概念的内容，主要是指思想性和精神性的东西。譬如说一个人有哲学修养，就是指这个人具有对世界真理性的认识，不是对事物真理性的认识。说一个人有道德教养，具有仁

爱之心，能够胸怀天下。这些思想内容都是无形的精神性的东西。思想不是与内容不相干的抽象的空的形式，而是有内容的东西在内的。说一本没有内容的书，不是指没有书的形式——文字，而是指这本书只有书的外在形式，没有思想内容和思想形式的书。哲学的内容纯粹是以思维为对象的纯粹的思维内容，即精神性的东西。

哲学的逻辑范畴和概念是表现哲学思想内容的形式。哲学的内容是以科学原理为质料得出来的。科学原理的公式、公理和定律，都是哲学思维的质料，哲学不是面对具体事物作为质料。艺术形式也能够证明与其内容具有同一的方面，艺术形式表现丰富的思想内容。

直接的实存体现了持存的自身规定性。直接的实存就是内容与形式的一个环节，由于持存而得到了外在性。持存的完整性就是内容与形式的统一。实存的一个个现象形成不同的环节和不同性，经过这样设定起来的现象之间的联系，就是关系。形式注重事物的整体自身规定性的联系，关系注重现象整体之间的联系，

第七节　关系——内容与形式在整体中的联系

一、关系

直接的关系就是全体与部分的关系。内容是内在的，只有内容才能贯穿全体之中，而形式是外在的，表现为各个部分。内容与形式是从内外统一研究事物，整体与部分是从全体与各个部分统一研究事物。内容或整体注重同一性，形式或部分注重差别性，诸部分彼此是不同的，由它自己的对立面所构成的，而且各自具有独立性。但是各个部分从整体

来看，它们才是部分。整体不能脱离部分，整体的功能，在各个部分对立中达到统一才能实现。部分也不能脱离整体，部分只有在整体中体现出各自的功能，才能实现自身的价值。

本质的关系是一个事物表现自身内在特定的完全普遍的方式。本质的关系具有特定的普遍性，在一定的范围内具有统一性，统一各个事物。凡一切实存的事物都存在于关系中，只有从这种关系之中，才能认识实存的真实性质。譬如一个人没有同其他社会的人联系去看，就无法认识一个人的真实性质。人是社会关系的总和，只有从社会整体关系去认识一个人，才能认识一个人的真实性质。各个民族都具有不同的性质，只有从一个民族和一个国家去研究一个人，才能明白各个民族和国家的人为什么具有不同性。西方国家和民族古代注重自然科学，发明了自然科学。因此西方人注重科学求实精神。中华民族注重人文科学，发明了仁义道德人文科学。因此中华民族注重仁义道德精神。因此实际存在着的东西不可能抽象的孤立的，其真实性质都存在于一个他物关系之内的。如果失去与他物的关系，实际存在的东西就无法得到真实的性质。关系就是自身联系与他物联系的统一。研究自身的联系就是统一的整体关系，研究自身的整体与各个他物的联系，使整体产生了各个部分，研究二者的统一整体与部分的关系。

整体与部分关系的真实性问题。整体与部分关系的概念，它所包含的实在性是否真实，关键是如何理解整体与部分是正确的关系。如果以部分来理解整体，以部分代替整体，就是错误的。或者以不完整的部分来理解整体，也是错误的。只有以完整的各个部分的统一来理解整体，才是真实的整体与部分关系的概念。哲学讨论的"不真"一词，不是指不真的事物不存在，而是指这个事物的存在不能代表这个事物的概念，即没有完整地表现该事物的真实性，只是部分表现事物的性质，有虚假的性质。譬如一个坏的政府，是指这个政府不符合政府的概念，存在许多问题，而不是指这个政府不存在。关系就是以实存为基础，以各个部分形成一个整体，必须完整地体现事物的真实性，祛除虚假性。

把事物的全体与部分关系同一起来，才能成为一个整体。全体与各个部分的各种关系的自身联系，又是一种否定的自身联系。因为全体虽然由部分组成，但是部分也是以自己的本身为主体的，自然也有自己的本性。各部分有差别和不同，就具有否定关系。

关系不是外在的有形关系，而是内在的无形关系。全体与部分关系作为一种直接关系，是反思理智非常容易理解的。当我们研究深邃的关系时，反思的理智就难以理解了。因为反思的理智思维只能够理解整体与部分的直接关系，只能够理解具有一定实存现象的关系。而整体与部分的错综复杂的关系，则是脱离具体的实存对象的无形关系，反思无法把握。譬如生命有机体单凭整体与部分外在的机械关系是很不够的，无法掌握真实的生命有机体。西医就是看重人体外在关系，许多疾病无法治疗。而中医则注重生命体的有机统一，所以调理好许多疾病。如果用理智思维去研究精神就更不够了，精神比生命体更复杂无数倍。精神应该是世界上最高级最复杂的东西，完全是无形的。单纯用理智的抽象方法去研究心理学或精神的部分，不免以有限的关系去研究无限的东西。他们总是孤立地分解整体的东西，把整体的东西看成是部分的关系。这就是外在的机械的关系的观点。精神的东西虽然也有整体和部分关系，但是往往都是无形的东西，是无法用直接的东西作为思维对象，依靠理智的思维只能用机械的观点来分析研究了。

力的产生与力的表现。全体与部分的关系中具有同一的东西，即任何东西都强调整体性的一面，强调自身的同一性，排斥差别性。因为自身强大，他物弱小。但是任何事物的实存必须与他物联系才能存在，完全失去他物的联系，自身也无法存在。因此任何事物的自身同一不是纯粹的同一，而是包含他物的同一。这种自身排斥性就是直接的否定自身中包含的他物，加强自身的力量的一个否定过程，这个否定过程是以自身否定他物为中介的过程，达到自身真正的过程同一，把反映他物引回到自身同一关系和无差别。这样整体强调同一性，部分自然产生差别性和排斥性，整体与部分，自身与他物就产生了吸引力和排斥力，在事物的发展过程中表现出来。自身竭力反映整体中的他物，引回到自身关系为无差别排斥的和谐统一。用自身的强大统一力，把他物纳入到自身的体系中，差别性就被和谐性统一了。

全体与部分的直接关系是无意义的机械关系。这种关系就是将自身的同一性转化为差异性的过程。全体过渡为部分，部分又过渡为全体，只有外在的过渡，无论是部分持存于全体内，还是全体为持存的，每一方都认为对方不重要，都把各自认为自己的独立存在的。机械关系的肤浅性在于认为各部分是彼此独立的，根本没有看到全体性巨大意义。

以机械关系的观点看待全体与部分的关系，一个东西在此时被认作全体，在彼时又认作部分。因为我们认作全体就要作部分规定，全体转化为部分。物质可以无限分割下去，这个部分又可以认作全体于是又重新发生部分规定的工作，如此递推以至无穷。

全体与部分在无穷递推的过程是否定的，这种事物变化过程差别同一，就是力推动产生的作用。全体产生同一的力，部分产生差异的力。在否定的过程中，自己扬弃持存，即扬弃全体或扬弃部分表现自身于外，这就是力的表现。全体或部分持存消失，力的表现就消失，而又回复到力的推动。

力的有限性。力虽说递推是无限的，但是内容是有限的。因为关系的两个方面全体与部分的每一方面本身，都还不是关系的具体的同一性，而是潜在的同一性。两个方面只是表现了自身或对方一部分规定，内容也是受到限制的，形式也缺乏完整性。因此它的内容与形式还没有真正的同一性，还不是自在自为地规定了的概念和目的。

力的自身性质或整个内容无法知道，是因为力的形式空洞性。力的这种形式只能从全体与部分的机械现象中得到，形式的空洞认识的内容必然是空洞和抽象的。只有从丰富的形式，才能够认识丰富的内容。力的形式依靠简单的机械现象，根本无法表现丰富性。只有丰富的思维形式，才能够表现丰富的内容。力的性质是一个没有被知道的东西，是因为无论力的内容在它自己本身内如何必然地联结在一起，但是力的内容自身是受到限制的，它的规定性必须以外在于它的他物为中介，而不是完全以自身为中介的。没有把他物完全纳入自身，他物就具有不确定性，自身的内容必然受到限制。

力与力的发挥的关系，与全体与部分的直接关系比较，其规定性已经得到充分的表现，具有无限的关系。因为从力的自身来讲，力与力的发挥关系的两方面的同一是明白建立起来了，经过递进的过程，力已经返回其自身，力的发挥已经完成了。但是从力的发挥依靠中介来看，仍然是有限的。每一力的发挥都需要自身以外的东西维持其存在。譬如磁力需要铁才能发挥出来。力只是把铁的磁力规定发挥出来了，至于铁的别种特质，如颜色、比重或酸的关系，却和铁的磁力毫无关系，它们的规定无法发挥出来，因此铁的力的发挥无法表现铁的其他特质，力与力的关系发挥就是有限的。别的力也需要自身以外别的事物的中介，而且力的发挥需要诱导力，这些都是力的有限性。由于力的发挥需要诱导力，这样形成无穷的递推，得不到运动绝对开始，自身的力都是从别物的力延续下来的。不像目的因能够自己规定自己本身的力量，从无限的绝对的开始。由于力的内容是特定的，自身的力是有限的，它的效力是盲目的，不知道能够遭遇什么样的力阻隔。这就像一个人一样，自身能力有限，遇到任何有能力的人都要遭到排斥，不能战胜他人，把他人融入自身为一体。只有上帝或者圣人具有无限的能力，能够把世界一切东西纳入自己的体系内，自己的影响力和能力不会遭到排斥和抑制。

　　力的内容有人认为不可知，那是因为力的有限，不是没有充分发挥出来。力的发挥最初是杂多的没有规定性的东西，每一个力的个别发挥也具有偶然性，缺乏必然性。我们把杂多归结为它的内在统一，我们可以得到必然性了。但是各种不同的力无法归结为统一，譬如引力、磁力、电力等，心理学有记忆力、想象力、意志力等，只有把不同的力归结为统一的全体的需要，归结为一个共同的原始的力，仍然不能得到满足。因为这种原始的力其实就是一个空洞的抽象的东西，正如物自体一样，没有内容。另外认为力是原始的、独立不倚的，又于力的概念相矛盾了。

　　力的表现虽然到处存在，但是我们反对把力与上帝等同起来。因为力就是一个有限的范畴。在文艺复兴时期，许多自然哲学家把自然界的各种现象追溯到基于各现象后面的力。教会斥责为无神论。天体运行是由于引力，植物生长是由于生力等，上帝就没有什么作用了。自然哲学家不知道力的后面还有东西支配决定力，力根本不是最后的决定力量。用力去解释自然的办法，结果就是用抽象的理智据以推论，每一个别力的本身当作究竟至极者，这种有限化的力去解释无限的世界，只好用抽象的无限性去规定上帝，说上帝是不可知的、最高的、远在彼岸的存在了。这是近代唯物论和近代启蒙思想的立场，它们表面上承认上帝的存在，忽视了上帝存在的原因和根据是什么。黑格尔承认世界的无限存在，之所以无限存在是因为具有绝对理念予以支撑的，不能用空洞的理论和抽象的概念予以武断地得出结论。教会和宗教思想在这场辩论里，站在了较正确的一边。经验科学对于现存世界以及它的各个方面的内容的规定性予以思维的理解，进一步寻求比只是抽象地相信上帝是世界的创造者和主宰者更深彻的智慧。教会支持的宗教意识告诉我们说上帝以其全能的意志创造世界，上帝指导星球在轨道上运行，赋予万有以存在及幸福时，只剩下一个"为什么？"的问题没有答复。教会意识把世界的创造者看作复杂的上帝，而不是简单的力，其思维进步较大。解答这个为什么的问题，一般就构成科学、经验科学以及哲学科学的共同的任务了，而不是一个力就能够解释得了的。当宗教意识拒绝承认科学哲学有权负起解答这个问题的任务，它的立场与抽象的启蒙思想的立场并无二致。而且这种借口与基督教企求在精神和真理去认识上帝的精神相违背。

力是一个自身具有否定性的联系于自身内的全体，排斥自己，表现自己。这种他物反映和自身反映，表现出差异性的扬弃，自在地构成了力的同一性的建立。外在有力的影响，内在没有力的响应，也无法产生力的作用。师傅领进门，修行在个人。再好的老师，自己没有学习动力，也无法得到真能力。力及力的表现的真理性被区别为内与外两方面的关系。力作为一个现象，确实是一个无法想象的东西。一个人学习有动力，就能无往而不胜。俞敏洪两次考大学没有考上，最后一次在母亲的感动下动力无穷无尽，一举考上北京大学。可见一个人的潜力是具有无法想象的力量。阿基米德曾讲，给我一个支点，我就可以撬动整个地球。量子计算机用量子组成一个整体，其计算力更是惊人的，一秒钟能计算上百亿次。研究整体中的整体与部分之间的力与力的关系，能够给人以有无限的认识。

二、内外关系

力是一个自身即具有否定性，否定他物后联系自身内成为全体。如果没有否定性，他物就要排斥自身的全体性，拆散自身作为全体性的东西。自身具有向心力，他物具有离心力。只有自己不断地排斥自己，才能表现自己。力在这种表现的过程中，通过否定他物作为回复力的中介过程。力的表现在于扬弃这种关系里两个方面的差异性，自在地构成力的内容的同一性的建立，只有扬弃力的关系的差异性，即整体与部分的差异，自身与他物的差异，力以及力的表现的差异，力及力的表现的真理性达到了统一，即内与外两个方面的关系达到了统一。力是否定力的外在性，否定整体与部分的外在性，把潜藏于整体与部分联系中的变化因素作为研究内容。譬如像研究人体，单纯看人体内在的脉络，外在的人体与各个肢体和器官暂时放弃，把人体脉络作为研究的中心内容。如果没有脉络联系，人身的整体就要失去联系。人体那一部分没有脉络相同，就要发生疾病和坏死。如果在研究人体脉络的时候，必然涉及人的整个身体和各个肢体及器官，但是不能混在一起研究。如果混在一起研究，就要影响内在脉络研究的内容达到精深透彻的程度。因为内与外是两种不同性质的东西。外具有现象性，内具有思想性。力的表现是力通过外在直接性的存在表现出来的，即通过一系列持存表现出来的。譬如人体的脉络，就是通过人体外在性身体各个肢体和器官表现出来的。譬如电力就是阴电和阳电的外在表现。电力具有现象表现出来，单纯的阴电和阳电没有现象表现出来。

内外同一关系。从内外内容上看是同一的。内是根据，根据是现象和关系的一个方面的单纯的形式，根据只是从自身固有本性来看的，不联系他物研究自身的，因此根据反映出来的就是单纯的现象的关系，内就是自身反映的具有一定空洞性的形式。外是这样一种存在，同样是表现关系的形式，不过它的关系具有"反映他物"空洞规定的另一个方面的形式。因为事物要实存，必须与他物联系起来，而内则暂时不看实存，所以可以不与他物联系。内与外的同一性，就是内的抽象根据与外的实际存在的同一，就是自身的根据与他物的条件同一，充实了内在抽象的同一性，就是具有实际丰富存在的同一，就是内容。内与外的同一就是力的作用，即内在矛盾经过运动，与外在他物联系起来，发展起来表现为外在的力，在运动中建立起来的自身反映和反映他物的同一。内与外的同一就是内外运动具有一个完整的过程，才能体现出来全体性，统一体便是以全体性为内容。从此看前面所说的内与外只是空洞的抽象的形式，离具体实际完整过程的存在还有一段距离。譬如研究一个人，这个人的本性是固有的一定的，而这个人实际存在必须与他人接触，他人则是不确定的，老师同学都是不确定的。一个人的本性与这些人接触具有这种表现形式与内容，与那些人接触有那种表现形式与内容。人与人本性相同，同样的外在条件，表现的形式与内容接近，本性不同表现出来的形式与内容必然不同，甚至相反。

人的思维开始研究事物，就是先要去掉丰富性和具体性的繁杂的东西，抽象出来一部分研究，才能对部分得出清晰的认识。根据就是为了对事物的内在本质有一个透彻的理解，必须化繁为简，简化了很多具体的次要的东西。真正与外在他物联系起来，就要有很多具体的东西。而抽象的东西是固定不变的东西，是精华的东西，具有永恒的性质，具体的东西则是暂时的。

本质的外与内是同一个内容，内面如何，外面的表现也如何，这是从本质上看的。从表现形式与内容上看，内在的东西接触他物不同，表现的形式与内容有所差别而已，本质是相同的。内外同一，不可能出现内外不一致的问题。一个人的内在品行如何，外在言行必然表现出来。当然一个人有假象，不能看一个人的一言一行，而要全面地看历史地看，才能看出一个人的真正品行。

内外相反关系。从内与外作为两个形式规定来说，两者是相反的，甚至是彻底相反的。内在形式表示抽象的自身同一性（是纲），外在形式则表示单纯的多样性或实在性（是目）。内在抽象、简单和单纯，外在具体、复杂和多变。但是内外一个形式两个环节来说，一个是抽象的间接性，一个是具体的直接性，它们在本质上是同一的，在形式上是有差别的，甚至对立的。譬如同样一个孩子，如果在一个有教养的家庭长大，就会成为一个品学兼优的人才，在一个没有教养的家庭长大，可能成为品行不正的人。这个孩子的本性是一定的，只是表现品行的形式不同而已。如果经过教育，还能够回复孩子原来的本性。

反思的错误把本质当成单纯内在的东西，本质不是纯粹内在的东西，真正的本质必须有外在表现，才能成为本质。因为在本质阶段，本质不能离开现象单独存在，现象是它存在或者表现形式，如果没有现象表现本质，本质就是空洞的东西，虚假的东西。不成熟的种子无法生长出来的，成熟的种子一定能够生长出来的。一个艺术家初期是不成熟的，只具有本质的萌芽的东西，表现出来的作品也是不成熟的。一个艺术家只有内在思想达到很高的境界，外在艺术表现手法极其娴熟，内外关系和谐一致，达到最高的境界，他的作品才是真正的艺术品。只有概念才是纯粹内在的东西，因为概念反映世界的普遍性，自身形成一个逻辑体系的形式，只能用逻辑体系的形式与内容来表现概念的实际存在。概念与具体事物没有直接关系，也没有具体现象能够表现概念。而具体事物能够直接反映一个事物的本质的形式与内容。

内与外的关系作为前面两种关系的统一，就是对内在单纯的相对性和外在一般现象的扬弃，达到内与外的真正统一。单纯的相对性就是看自身内在两个方面的关系，不看全面关系以及内外整体的相互联系。现象是本质的静止反映，现象反映的本质是比较抽象的，没有反映本质具体丰富内容的东西。只有内与外达到具体的统一，才能把本质的全部内容和形式具体展示出来，扬弃本质的抽象性和相对性。一个植物的种子，只有外在条件全部具备，植物的种子需要适合的土壤、粪肥、气候、光照和水分，通过科学种田，才能生长出植物的根茎枝叶和花，结出丰硕的成果。缺少一样东西，植物的本质就不能完整的体现出来。

无论在自然界还是在精神界的研究里，对于内与外关系的正确认识，有很大的重要性。特别避免认内为本质的，为根本所系，而人外为非本质的，为与本质不相干的错误。内与外是紧密联系在一起的，不可分割的。内是以外作为存在的形式，外是以内作为存在的根据，二者组成了实际的存在。我们认为自然好像是外在的，精神好像是内在的。自然外在性体现的多一些，精神体现内在的东西多一些。按照宗教的观点，上帝作为世界的本质，上帝的启示必须体现在自然和精神里，才能体现出来上帝的存在。自然与精神两者的区别在于，自然尚未能明白自身，没有对自身的神圣本质达到自觉，而精神使其神圣本质得到自觉。自然体现自身的本质，自然没有本质是不能存在的。譬如自然生态环境，如果没有达到平衡的本质状态，自然生态就要消失。作为自然和精神的共同内容的理念，在自然界里只得到外在的表现。

再者一个对象的缺点或不完善之处，即在于它只是内在的，或者只是外在的。只有内外达到真正的统一，才是完善的。譬如一个小孩是有理性的存在，但是小孩的理性最初只是内在的，外在只是表现为禀赋或志愿等，没有充分展现出来。小孩单纯的理性，表现的也是单纯的外表形式。小孩通过教育理性得到完善发展，得以实现于外完善的形式。教育小孩不是完全内在教育，也有外在教育，譬如礼俗、宗教、习惯等外在行为教育，也能够促使小孩内在品质和思想的形成。

如何评判一个人，必须看一个人的整个生活进程，不能看个别言行。一个人个别事情可以伪装，一辈子是无法伪装的。内在的品质和思想等，一定要通过一生言行所有内容和形式表现出来，最后反映一个人本质的。一个有敏锐眼光的老师察出学生有特殊的禀赋，只有将来的结果得到验证，才可以证实他的话有无根据。

实用主义的历史学家，在论述历史上的伟大人物时，常常把人物内心和外表分离开，他们不满意于朴实地叙述英雄人物所完成的伟大勋绩，是与英雄人物的内心的内容相符合，而是幻想着去追寻潜蕴在这些人物显赫勋业后面的秘密动机，想能够找到这些人物的假面具，把英雄人物贬抑成与凡夫俗子一样。他们为了达到目的，常常鼓励人们用心理学来研究。所谓心理学不过是对于人情一些枝节知识，它不能对于人的本性具有普遍的和本质的理解，而主要地仅以特殊的、偶然的和个别化的本能、情欲等等行为作为观察对象，企图寻求人的虚荣心、权力欲贪婪等，以代替爱国心、正义感和追求真理等作为真正的推动力量。

单纯的同一的内容是空虚的，只有在直接的过渡里扬弃自身的空虚性，过渡到完善的形式之中，过渡为实存，不是空想的，通过中介过程，内与外达到自在自为地同一，内外区别仅被规定为一种设定起来的东西。这种内外的同一就是现实。内容与形式和内与外，主要研究在事物的对立中是如何达到同一的。至于同一后如何发展变化，就是现实研究的问题了。现实就是内与外同一的结果，也就是一个完整的存在，就是有根据的、有内容和形式的同一的存在。

第八节　现实——合乎理性的真实存在

一、现实的概念

现实是本质与实存，或内与外所直接形成的统一。现实则是通过实存的直接存在，把本质统一的全体表现为直接存在。现象是本质的抽象表现，不是直接存在。而现实则是本质在发展整个过程中由内而外的直接存在，现实事物本身。

现实事物的表现就是现实事物本身。如果事物不是本质性的表现，只是非本质的表现，就不是现实的事物，是虚假的存在的事物。如果一个人符合企业家或政治家的本质属性，能够在实际中真正的全部实现自己的目标，就是一个现实的企业家和政治家。如果只有理论，或者理论存在缺陷，或者能力存在缺陷，没有实现自己的理论和目标，就是一个具有实存性质的企业家或政治家，就不是一个具有现实性的企业家或政治家。

现实与存在、实存的区别。存在是没有经过反思的直接性，只是从外在表象的规定性去研究事物的变化，不知道事物变化的内在原因。实存是经过反思找到事物存在和变化的内在根据，表现为现象，它出于根据，产生于根据，只是根据两个方面的反映，又返回到根据。实存是自身反映与反映他物，是现实的一个环节。现实是与多个实存结合为统一的直接存在。现实强调本质的全体性直接存在，缺少一个环节或者一个内容和形式，都不是现实，只能是实存。譬如一个孩子开始理性表现的禀赋，是自在的或潜在的，就是一个实存。只有经过教育成为真正具有理性的人，才是自为的一个现实的具有理性的人。

现实事物是上述直接统一设定的存在，是达到自身全体的同一关系，不是片面同一的关系。因此它得以免于过渡，它已经从内容与形式和内与外过渡而来。它的表现或外在性即是它的内蕴力，因此在它的外在性里，已经返回到自己，内外达到了真正的统一。它的定在只在它自己本身的表现，而非他物的表现。自己作为一个独立的事物存在，不依赖他物存在。譬如一个现实的人就是独立自由的人，一切言行都是自身的表现，不会人云亦云。而一个小孩不是现实的人，只未成熟的人，需要依赖家长或者老师，要听家长和老师的话，他的表现不是自身表现，而是代表家长或老师。也不可能有独立和自由。

现实与思想理念的关系。许多人认为思想是真理性和正确性的，现实中却无法找到，或者无法在现实里得到实现，现实不具有真理性。说这样话的人，他们不了解思想的性质，也不了解现实的性质。一方面认为思想与主观观念、计划、意向等类似的东西同义，另一方面又认为的现实是感性存在的东西。当然这些东西都不具有真理性。他们认为思想很好，在现实中难以实现。他们把现实与思想固定不移的对立起来了，这是完全错误的看法。因为一方面观念或理念并不是藏匿在我们的头脑里，必须存在于直接性存在里，存在于头脑里思想是空想。思想或理念只有符合直接的存在，才能够称为思想或理念。而且理念一般并不是那样软弱无力，自身实现与否必须依赖人的意愿。反之，理念乃是完全能起作用的，并且完全能够自身实现的。另一方面现实也并不是那么污浊、不合理的，现实只有包含理念的东西，是彻头彻尾地合理的东西，才是现实的东西。现象只是部分符合思想理念，只有不合理的事物，即因其不符合理念，才不能人作是现实的。譬如一个诗人或政治家，如果没有真正显示才智和贡献，以及扎实的业绩，人们大都拒绝承认他是真实的诗人或真实的政治家。名与实相符为现实的东西，名与实不相符，就不是现实的东西。譬如一个政府符合政府的理性标准，就是现实的政府，不符合理性的标准，就是一个不现实的政府。符合现实的政府，就能够存在几百年甚至几千年。而不符合现实的国家政权，存在几十年上百年就灭亡了。其实理念也不是依赖人的意愿实现的，而是自身完全能起作用实现的。理念的内容是客观，形式是主观的。客观规律的发展变化是不以人的意志为转移的，是能够自动实现的。因此，理念具有现实性，不是空虚的，不是无法实现的东西。

柏拉图只承认理念为真理，现实是污浊的、不合理的。他把理念和客观现实对立起来了。亚里士多德认为现实不是呈现出来的材料，而是以理念为现实的本质，理念本质上是一种动力，发扬于外的"内"，内外统一是现实。柏拉图把现实的存在当作污浊的，没有认识到现实的存在与一般存在的区别。现实中的东西虽然凌乱，但是可以根据理念为指导，使事物向着美好的现实方向发展。譬如一个国家如果没有贤人治理，肯定就要违背国家的理念出现混乱局面。如果有贤人按照治国理念治理国家，肯定就会繁荣昌盛，成为一个美好的现实的国家。柏拉图没有看到，人能够利用反映社会发展规律的理念，充分发挥人的主观能动性和创造性，创造美好的现实社会。人能够利用客观规律，嫁接各种果树，结出丰硕的果实。

二、可能性

现实作为具体的范畴，包含有前面那些范畴及其差别在内，是它们的发展。那些范畴在现实里被规定为一种假象，是主观设定起来的东西。同样一种性质的事物，由于它们之间存在差别，以及与不同的他物联系，就会产生多种实存，即多种结果。这些范畴是作为实现现实的一个部分，为现实的实现服务的。现实的实现要有一定的客观条件，不同的客观条件，就有不同的可能和结果。客观条件不具备，或者出现一些意外的情况，再好的计划、思想和理念也不能够实现。

可能性是根据现实自身具有的一般的同一性产生的。一般同一性是一种自身的反映，是现实自身固有的本质性，没有与他物联系的，它被设定为与现实事物的具体统一性相反的、抽象的缺乏非本质（具体本质）的本质性。譬如一个孩子自身有音乐天赋，就具有成为音乐家可能性，但是还要有名师指点才能成为音乐家。这个小孩子的天赋就是具有音乐家的一般的同一性，是抽象的非本质的本质性。可能性对于现实性来说诚属本质的东西，反过来现实性必然包含可能性。可能性决定现实性，一个事物的现实只有存在可能性才能够实现，如果不存在可能性，根本不可能实现。因此，现实在实现之前，就具有一定不可预测性，就存在可能性。可能性同时是现实性。可能性因为符合事物的客观本质，才有实现的可能。如果可能性不符合事物的客观本质，是根本不可能实现的。

现实在没有实现以前首先具有可能性。现实要想真正实现，必须客观条件完全具备才能实现。现实开始首先是主观的东西，是人们研究事物本质的客观性后，得出一个能够实现的思想，这只是主观上具备了实现现实的可能性。现实的实现还要具备一定的客观条件，不是无条件的实现。客观条件一是千变万化，人们无法完全预料；二是主观思想和理念超前，客观条件还不具备。人们没有达到自由的时候，不能完全掌握实现现实的客观条件。

现实世界不可能完全按照人们的主观意愿设定的，现实世界都是以偶然的错综复杂的方式存在的。有的人们可以控制，有的则不能控制。所谓谋事在人，成事在天，就是这个意思。现实是被人的思维反思设定的，具有相对性和抽象性，与现实实际存在的具体事物的统一性，具有一定的差别和差距的。

可能性和现实性与必然性的区别。可能性就是自身反映的空虚抽象，类似于"内"，被规定扬弃了外在的"内"，是一个无内容的抽象，没有包含他物的抽象本质，被设定为只是属于主观思维的东西。现实性与必然性是与此相反的，它们虽然与他物联系成为直接的存在，但是不是为他物而存在的样态或样式，就是不为他物所左右，虽然也是设定起来的东西，但是不是抽象设定起来的东西，而是自身完成的具体的东西。

可能性是一种自身同一的单纯形式，因为没有具体的内容，所以具有不确定性。可能性因为具有不确定性，容易让人产生丰富广阔的范畴，容易产生不着边际的空想。表面上的理由充分，就会把人引入歧途。凡是理由认为可能的，同样有理由认为不可能的。每一具体的内容不仅包含不同的规定，甚至包含相反的规定。凡认为是可能的，也同样的理由认为是不可能的，因为每一内容不仅包含不同的规定，而且包含相反的规定。只有在差别与对立中达到统一，确定具体内容才能确定可能性。一个事物可能还是不可能的，取决于内容，取决于现实性各个环节的全部总合，而现实性在它的展开中表明它自己是必然性。人的主观思维容易玩弄抽象空疏的形式，哲学的任务就在于指出这些说法的空虚无内容。历史学家喜欢滥用空疏锐敏的理智，凭空揣想相当多的可能性，这些可能性都不是哲学上的可能性。哲学家则要从诸多的可能性中找出现实性和必然性。不是现实性和必然性的可能性没有多大价值。因此，可能性还有主观任意性的空虚无内容的性质。

从可能性反面看，有不可能性。可能性是人的思维形式，可能性一旦脱离客观性，就是根本不可能了。克服可能性的弊病，就是要用必然性来解决。从众多的可能性中，找到那些可能性是必然实现的，那些可能性是不能够实现的。

可能性要成为现实性取决于其内容，取决于可能性的各个环节能否实现。现实性在它的开展过程中，表明它自己是必然性的。可能性可以任意遐想，可能是奇思妙想，可以是虚无缥缈。现实性让人要有客观性和真实性的内容，不能虚无缥缈。现实性的内容一定要符合客观性，其发展变化才能一定是必然性的。

现实性有时比可能性丰富，因为人的想象力有时想不到现实如何。客观世界丰富多彩和千变万化。一个人愈是缺乏教育，对于客观事物的特定联系，愈是缺乏认识，便愈会陷于空洞的可能性之中。只有具备理性思维的人，才能使自己的可能性符合客观性。在欧洲启蒙时期的抽象理智思维认为，三位一体的上帝是不可能的，因为他们认为三者是矛盾的，没有同一性。这是由于抽象空疏的理智在玩弄抽象空疏的形式。如果用辩证思维看上帝与三位一体的关系，找到内在与外在联系的统一性，就是有可能的了。

三、偶然性

现实的事物本身是外在的具体的东西，往往有非本质的东西。现实事物与现实不是一个概念，现实事物作为直接的东西，就是最初内与外简单的直接统一来说，它就是非本质的外在物，不能反映本质。就像各个各样的人，有的人具有文化和道德修养，能够反映人的本质，有的人没有什么道德修养，就不能反映人的本质。现实事物因为没有包含多少本质的东西，就不能与许多他物发生联系，因此它又是单纯的内在物或抽象的自身反映，而现实事物也因此仅可人作是一种单纯的可能性。自身包含东西的单纯性，导致可能性的单纯性。现实事物如果与单纯的可能性处于同一的地位，它就是一个偶然的东西。

可能性是事物的抽象的内在的属性，还没有与外在具体客观实际相结合。客观实际情况错综复杂，变化多端，不同的环境存在不同的条件，可能性与外在客观实际结合就会出现各种不同的可能性，出现不符合可能性内在本质属性的现实事物，就是偶然性的事物，不是必然性的事物。偶然性就是一个事物在发展过程中存在不确定性，与人们预想的事物发展变化结果不相符。如果可能性能够充分反映事物的本性和理念，人们充分了解和掌握外在的变化情况，偶然性就会大大减少。可能性和偶然性其实就是事物发展变化过程中的内外关系的问题。

内在弱，即缺乏理念支撑，受到外在因素影响就要大。譬如一个人无法对自己的命运有理念性的认识，只能听天由命，由环境偶然因素决定自己的命运，并且只能以他物或他人为中介来实现自身。如果内在强大，有足够的理念支持，也能够充分了解和掌握外在的变化条件，受外在影响就弱，偶然性就小，就能够增加可能性成为现实性的可能。所谓内圣外王就是说一个人内在强大，外在能力也十分强大，才能够完全掌握自己的命运。必然性是以自身为中介的，以自身内在的、固有的理性，以及以自身具备充分的外在条件，使自身的可能性变为现实性。偶然性是以他物为中介的来实现自己的。譬如一个运动员，如果其内在能力不是十分强大，没有能力拿到冠军的充分根据，就没有把握拿到冠军，会出现许多可能性和偶然性。如果拿到冠军的根据充分，拿到冠军的必然性就会大大加强。

现实事物譬如法律和人们认为的自由等，只有是本质的显现，即人的理念加入现实事物之中，才是必然性的东西。如果法律和自由等现实事物没有人的理念在其中显现，就成为违反社会现实的不可能实现的东西。

可能性与偶然性是现实性的两个环节，即内与外作为设定起来的两个单纯的形式，这些形式构成了现实事物的外在性。它们的自身规定在现实事物或内容里，作为他们自身反映作为它们自己的本质性规定的根据，不是现实的本质性规定的根据。因此，这样的现实事物是偶然的事物和可能的事物，不是必然的事物，是有限性的事物，把形式的规定与内容分离开了，形式不包含现实的本质性的内容，只是自身偶然性的内容。所以某物是否具有偶然的和可能的或者必然的，完全取决于内容如何。

偶然性一般来讲，是指一个事物存在的根据不在自身而在他物而言。偶然事物仅是现实事物的片面形式，反映他物的那一面或被认为现实事物单纯可能事物的那一面。这样偶然事物既然以他物为根据，那么这一事物能存在还是不能存在，这样存在还是那样存在，均不取决于自己。人们无法掌握事物变化的规律。认识的任务就是在于克服这种偶然性，在实践中行为的目的也在于超出意志的偶然性和克服任性，增加意志的必然性和理性。近代人有人将偶然性过分予以提高，赞美自然界品汇繁多和丰富，除了所包含的理念展现外，并不能给我们提供较高的理性兴趣。那些受环境支配的五花八门的动植物类别，以及风云状态的变幻多端，与心灵一时突发奇想和偏执的任性来，不值得我们予以较高的估量。对于这种变幻无常的现象加以赞美，乃是一种很抽象的心理态度，必须超出这种态度，进一步对自然的内在和和谐性和规律性有更确切的识见。

偶然事物和现实事物的存在，而以他物为根据的，即它们自身没有存在和发展变化的根据。譬如一个企业，不是依靠自身强大的科研实力作为企业存在和发展的根据，而是要依靠其他竞争公司的弱小为存在和发展的根据，一旦竞争对手的公司强大了，自身就要倒闭了。现实性的事物的存在和变化，取决于自身的根据。

对意志的偶然性予以估价。人们说到意志自由，大都是指任性和任意，就是偶然性的形式意志。任性作出决定的能力具有两重性，既有客观性的一面，根据理性作出决定，也有主观性的一面，依据主观自身作出决定。任性是自由意志的一个重要环节，人的思维可以任意想象，任性遐想，具有想象力和创造力。任性在思维阶段可以发挥重要作用，任性可以插上想象的翅膀，会有一些重要的科学发现或发明。但是违反客观性，意志的自由就要受到限制。真正的自由意志，把任性扬弃在自由意志自身内，抛弃任性中的主观性，保留任性中的想象力和创造力。意志自由是它的内容是自在自为规定的，它的内容完全属于自由意志的，而不是任性自由意志。意志停留在任性阶段，即使它的内容符合真理，但是也包含矛盾，它的内容与形式也是彼此对立的，内容与形式还是有限的，还能有达到最高的圆满的阶段。因为在这个阶段，任性的内容是外界给予的，并不是基于意志本身，不是依据理性作出的决定，是人们依据外在的环境作出的决定。任性的意志自由，内容是给予的有限的，因此形式也是一种表面上的选择，也只是一种形式上的自由，主观假想的自由。

偶然性是人们在实现现实性的过程中，偏离现实性而出现的一个片面环节，现实性没有完全实现，不能与现实性相混淆。人们在实现现实性的过程中，按照人的理念认识实现了，就是必然性。偶然性是与必然性相对的。但作为理念形式之一，偶然性在对象的世界里仍有相当的地位。首先在自然界里，偶然性有其特殊作用，在自然的表面，偶然性有了自由的施展，才使自然产生了丰富多彩的世界，如果按照必然性去施展，自然的表面将千篇一律。人们在自然中寻求必然性，完全是为了人们自身需要服务的，而不是要求自然本身都是必然性的展现。偶然性在精神世界也有其相当地位，意志在任性下包含有偶然性，精神活动不必被寻求理性知识努力所错引，引导人们的精神或思维走向教条和呆板，对于丰富多彩的精神现象界予以先验的构造。精神的任性的偶然，能够充分发挥人的想象力和创造力，产生奇思妙想，会得到意想不到的收获。无论科学家或艺术家，都需要任性的遐想，爱因斯坦借助小提琴的旋律产生遐想，产生了相对论。任何科学家和艺术家以及哲学家，都要有无限的想象力，才能达到自身科学领域的高峰。科学或哲学的任务诚然在于从偶然性的假象里去认识潜蕴着的必然性，但这意思并不是说，偶然的事物仅属于我们的主观的表象，而是偶然事物也包含有完全按照理性思维无法发现的真理性东西，也就是说只有按照偶然的遐想，才能发现真理性的东西。因此任何科学研究，如果太片面地排斥偶然性单求必然性的趋向，将不免受到空疏的指责和"固执的学究之气"的正当批评。理性思维也有固执空疏的一面，要用偶然性来克服。

现实事物的偶然性具有外在性，它本质上是人们设定后出现的一种意外存在。一个事物变化有多种情况，人们设定这几种或那几种，现实存在出现了人们预料不到的偶然情况，就产生了偶然性。现实事物的偶然性是直接的现实性，具有自身的同一性，它本质上只是一种设定的存在，是被扬弃了的东西。对于人们来说是偶然性，对于现实事物直接存在而言，就是另一种事物的可能性，是人们还没有认识一种事物的可能性，也许是人们还没有认识到的可能性或现实性。偶然性中包含的可能性，已经存在于现实事物里，不是抽象的可能性，而是另一事物的可能性了。因为世界无论是客观还是主观理念，都具有无限性，有许多人们没有认识到的理念。人们的认识总是从有限不断走向无限的。譬如科学家进行科学实验，在已知的领域是知道事物变化的可能性和现实性，再往前进展一步就是未知领域，就充满着偶然性，就要从偶然性里发现必然性。

现实性矛盾发展的过程。偶然性作为已经存在的现实性而言，就是直接的现实性，这个现实事物要发展变化，同时即是另一事物的可能性，但是这个可能性不是我们最初所讲的那种单纯的抽象的可能性，而是存在着的可能性，而这种作为存在的可能性即是一种条件。含有两种意义，第一是指一种定在，一种实存，一种直接的东西。第二是指此种直接性的东西本身将被扬弃，并促成另一事物得以实现。直接的现实性本身是一个支离破碎的、有限的现实性，它的命运就在于被销毁掉。因为有限的事物没有永恒性。但是现实性还有另一面，那就是它的本质性，这本质性作为内在的方面，具有单纯的可能性，也注定要被扬弃。这种被扬弃了的可能性即是一种新的现实性而兴起，而这种新的现实性是以最初直接的现实性为前提、条件。从这里我们便可以看出，条件这一概念所包含的交替性，一物的条件最初看来好像完全是单纯似的，但是事实上那种直接的现实性却包含转化成他物的萌芽在自身内，就是某物自身包含他物，随时可以转化。这种他物最初也是一种可能的东西，然后他扬弃其可能形式而转变为现实性。这样新兴起来的现实性就是它所消耗了的那个直接的现实性所固有的内在本质包含在自身内。这样完全另外一个形态的事物产生了，但它又不是另外的事物，因为后者即是前面的直接现实性的本质发展而来的。前面在后一新兴现实里牺牲了、被推翻了、被消耗了的条件，达到前面的东西和自己本身结合。

由于人们在未知的认识领域里，从偶然性中发现了新兴的现实性，包含的可能性就不是抽象的可能性，而是存在的可能性了。存在的可能性是现实性的存在。现实性的存在是直接性的东西，直接性的东西本身被扬弃后，人的认识又深入前进一步，促成另一事物得以实现自己的现实性。现实性矛盾发展如此。人的认识过程也是如此。

现实并不是一个像现实事物一样直接存在着的东西，而是作为本质一直不能消逝地存在着，扬弃的只是自身的直接性的东西，本质的东西一直不能因直接性被扬弃而消逝，而是以自身为中介不断发展。

现实性就是包含事物全体的东西，而不是抽象的本质属性，就是内容自在自为地规定了的实质，成为有丰富内容的现实性的事物。由内在到外在的直接自身转化，形式的运动是以实质作为自身的一个根据。根据与现实条件结合在一起，就扬弃自身的抽象本质性进入现实性。可能性是抽象的多种性，直接现实性则是具体的实存。从外在看直接现实性是具体的丰富多彩的，从内在看又是单一的，只有一种可能性或必然性了。

现实性内外更替运动形式。现实性的这种外在性发展变化，包含有他物的可能性与自身的直接现实性两个范畴，彼此互为中介，形成一个圆圈运动形式时，经过循环形式的认识，由原来的偶然性变为真实的可能性。直接现实性固有的本质，一直在此圆圈循环往复运动，它就是一个全体，没有缺陷的全体形式，因而就是内容，就是自在自为地规定了的实质。这两个范畴在统一体中的差别来看，可能性是内在，直接现实性是外在，由内在到外在，直接现实性作为发展的前提，又是下一个直接现实性事物的可能性，再由外在到内在的直接转化，这就是形式本身具有的全体。形式的这种自身运动即是能动性，即有目的性的。不是盲目发展变化不知道回复，没有实质性的东西掌握。而这种形式的运动是交替回复进行的，无论形式如何发展变化，作为现实性的本质的东西，亦即成为直接现实性的实质的东西始终存在着，并作为其自身一真实的根据，这根据在可能性与直接现实性反复交替发展变化中，不断扬弃自身不符合本质的东西，扬弃偶然性的现实性或条件，不断发现实质性的东西，最后形成实质的现实性。根据是抽象的内在本质的东西，实质是实际存在着本质，具有丰富内容的本质，是与存在直接联系的本质。当两个范畴运动发展变化形成一个圆圈，对所有的实质都了解，对所有的条件也都了解，当一切条件均齐备时，这实质必会出现，而且实质本身也是条件之一，因为实质最初也是作为内在的东西，也仅是一种设定的前提。现实性在发展过程中，以内为根据，以外为条件，作为内与外的两个相反的运动联合为一个更替，内是直线性的，外是多重性的。内是以自身主要方面为主，以外为辅；而外正好相反，以外自身主要方面为主，以内作为次要方面为辅。在运动更替过程中，内融合外符合自身实质性的东西，排斥不符合自身实质性的东西。外自身固有的本性排斥内，在相互作用形成一个有规律的运动过程，就是必然性。譬如商品的价值规律，商品价值是内，就是一条直线运动，商品的价格是外，就是上下波动，二者联合成为一个运动的更替成为现实性，就是商品的价值规律。

四、必然性

必然性是可能性与现实性的统一。可能性是自身一般的同一性，现实性是包含有可能性的直接现实性，使可能性成为真实的可能性。但是这样说必然性还是抽象的、肤浅的，难于理解。

必然性不是一般事物变化的中介过程，不取决于他物，而是取决于自己，是把他物纳入自身内，通过自身的中介来实现自己的。在中介的过程中，把中介过程扬弃的东西包含在自身之内。譬如像植物的种子，无论如何发展变化，植物种子的基因始终包含在自身内，不会因为他物的介入而改变，种瓜得瓜种豆得豆，这就是必然性的。在必然性的事物里，是单纯的自身联系，不是与他物的联系，因而排除了与他物的对立，因此这种自身联系受他物的制约因而摆脱掉了。偶然性的事物是与他物联系，其存在取决于他物，而非取决于自己，他物不确定，自身也不确定。必然性的事物自身具有丰富的实质内容与形式，他物只是作为自身实现的一个条件之一。必然性事物自身前后形成了单纯的联系，就排除他物的决定作用，能够自己决定自己。所谓必然性的事物，就是人能够掌握实现现实性的条件，把实现现实性的条件纳入在自身的体系内，以自身强大的相对封闭的一个系统，排除或控制外在意外因素的干扰。譬如古代中国以儒家思想为代表的传统思想文化，演变成为民族精神和民族之魂的具有极其强大的民族凝聚力，始终以自己的民族精神和思想文化作为民族发展的中介，无论任何外来民族还是西方的三权分立的民主和法制政治思想，都无法改变中国的民族精神和思想文化，中国依然按照自己的历史传统发展下去。而第三世界许多发展中国家，因为民族自身内在本质的思想和文化力量极其微弱，无法抵御西方外来所谓民主自由，打破了自身发展，导致战争和混乱。

　　必然性中含有盲目性。必然性中没有目的性和自觉性的存在，是自然性在起主导作用，人的目的没有起作用。相对人的目的而言，必然性具有盲目性。必然的过程开始是彼此不相干的、孤立散漫的实际存在，我们看到双重的内容：一方面作为已经实现的实质的内容，一方面作为孤立散漫的情况的内容，前一种是肯定的内容，后一种是否定的内容，系空无的。前一部分是自在的必然性，后一部分的必然性是未知的。自在的必然性就是如此，而自为自由的必然性还有很多。譬如农民过去种地依靠天和自然吃饭就是盲目的必然性。现在科学家科学种田，改造良种，过去自然亩产几百斤，现在科学种田亩产千斤。人根据事物的可能性和必然性，充分发挥人的主观能动性，充分挖掘现实的本质的潜在属性，创造条件让现实本质的潜在属性充分释放其能量，就能克服必然性的盲目性。如果人在现实向直接现实性过渡时，加上目的性或自觉性，那么现实的必然性就会脱离自然的状态，有人为的主观意志弥补自然状态下的必然性的缺陷。人们遵守客观性，不是遵守自然性，而是遵守客观规律的基础上，就是要对自然性进行改造，让自然规律或者必然性，与人的意志合二为一发展变化。认识世界越深刻，目的性和意志性就越强，自然性就越少，意志性和自由性就越多。认识越肤浅，自然性和盲目性就越强。

概念是必然性的真理，必然性是潜在的概念。必然性本质上是客观的，人的主观意志不能改变必然性。必然性只是对事物一个过程内外发展变化规律性的认识，而概念是在认识必然性的基础上，达到对事物全体每一环节的全体性认识，即不是对事物一个发展过程的认识，而是对事物全体每一方面和每一环节的认识，对全体每一环节都是融会贯通的认识。天意或神意的基础是概念，不是必然性。上帝知道他的意志不为外来的和内发的任何偶然事变所左右。必然性只是人们对事物的现实性一个发展变化过程的认识，没有达到对事物全体性的认识，就是盲目的。人对必然性上升到概念阶段的认识，就没有盲目性了。

必然性对于我们的意向和行为有很大的重要性。我们把人世事变认作有必然性时，我们好像处于完全不自由的地位，没有人的意志主宰必然性，人们要受必然性的主宰。古代人认必然性为命运，人无法改变自然和社会的现状，认为这是正确的认识。近代人不想接受必然性的命运安排，想改变必然性，想努力实现自己的目的和利益，但是往往事与愿违，自己就放弃了目的和利益。认为没有实现自己的目的和利益就该如此，接受必然性的命运的安排，无能为力欣然接受，得到某种补偿，就是自我安慰。命运不能给人以安慰的。古代人对于命运的信念，没有感到不自由，他们认为谋事是如此，是应该如此，没有感到命运不公，就没有不自由、痛苦或悲哀。而近代人认为命运不该如此，要改变自己的命运，自己的主观与客观存在产生对立和矛盾，就要产生痛苦、不自由或悲哀。近代人敢于向命运抗争，有一定的进步。古代人不敢于向自己的命运抗争，就不能去探索战胜不公的命运的思想。近代人没有抗争成功，只好寻求宗教安慰。无论是不需要安慰还是需要安慰，主观性还没有达到无限的意义，都是有局限性的。中国古代人把命运寄托在好皇帝和父母官上。

人们如果认识到，人在不违反必然性的基础上，按照人的意志去改变必然，这样人完全可以从必然王国走向自由王国。中国人的愚公移山精神，就是不甘心接受命运的安排，一定要把大山挖开一条路来，挖山不止，总有一天能够挖出一条路来。人一定要有改造自然和战胜自然的意志和决心。中国古老的易经哲学，就是研究天地人的变化规律，利用客观规律，把人的目的和意志加进去，改造天、地和人的自然性，提出了"天行健，君子自强不息"。西周提出敬天保民的思想，国王和民众团结一致力量无边，得到了无穷无尽的改造自然和社会的社会力量。

必然性的缺陷。面对自然的必然性，人们虽然不能违反，但是如果人们在必然性面前无能为力，就完全听凭必然性命运的安排，就不能充分发挥人的主观能动性。人们只看到必然性，只知所然，不知所以然。人知道为什么如此发生，才能充分发挥人的主观能动性，认识自然的必然和改造自然。

古代人沉静于命运的态度，古代人没有追逐主观目的，比近代人想偏执地追逐其主观目的具有较高的价值。但是古代人缺乏积极进取的精神，接受必然性。近代人对世界有一些认识，又没有达到对世界概念性的认识，因此在现实世界被迫放弃主观愿望，只能以宗教信仰的形式得到安慰。正确的人生态度应该是在现实世界里得到安慰和幸福。儒家信仰的就是修身养性的哲学，最后达到内圣外王的境界，救民于水火之中，在实现改造社会的同时，实现自己的理想，在现实世界中得到精神安慰。

主观性一词并不仅是与客观实质对立的坏的有限的主观性而言，真正讲来主观性是内在于客观事情，存在于客观事物之中的，与客观合二为一时，就是客观真理本身。这样看来，近代人安慰的观点具有较高的意义，努力把人的主观性与客观性得到统一，上帝愿人人得到解救。这就明白宣称，主观性具有一种无限的价值。基督教之所以富于安慰的力量，是因为上帝被认识为绝对的主观性，能够拯救世界上任何一个人。但绝对主观性既包含有特殊性这一环节在内，没有特殊性的环节，绝对主观性就成为抽象的主观性，失去绝对性了。古希腊人的神灵虽说也是有人格的，但诸神的人格不是真实的，自身并不自知，只是被知道而已。因为古希腊还没有认识到人具有绝对的能力，所以也不可能把人格化的神达到自知。基督教的上帝不仅是被知者，而且完全是自知者。上帝不仅是人心中的观念，而且是绝对真实的人格，能够认识自己和认识世界，并创造世界和改造世界。近代科学发展，人们认识客观世界的能力不断增强，人们有信心认识世界，所以才创造出来一个上帝具有绝对真实的人格。古代神灵只是一般人格化的产物，没有达到主观与客观世界统一认识的高度，并不是真实的人格，自身并不自知。上帝认识世界，包括认识自己，所以能够创造世界。伟人自知自己，认识客观世界，达到内圣外王的境界，就能改变自己和创造世界。人类从动物界进化而来，对世界的认识从不知到知道一点，从知道不多到知道很多，从有限到无限，从相对到绝对。

一个人是把自己的命运，归于个人还是归于环境。个人的不幸归于个人，就能够从自身找原因，解决自身的问题，一切问题都迎刃而解了，就是自由的人，敢于自己承担责任，把自己的命运掌握在自己手中。把个人的不幸归于环境，怨天尤人，不会从自身找到问题，自身问题不能克服，自己永远不会强大起来，永远把自己的命运由环境和他人决定，就是不自由的人。一个人能意识到他的自由性，则他所遭遇的不幸，将不会扰乱他的灵魂和平安的心情，环境和他人无法左右主宰自己，只有自己能够主宰自己。只有现代人能够认识到，只有自己能够主宰自己的命运，能够认识自己、改造自己，能够认识环境和改造环境，实现自己的理想和愿望。华为的任正非就是这样一个主宰自己命运的成功例子。他创立的华为公司，具有强大的生命力和竞争力，以及创新能力，完全能够主宰自己的命运。

必然性的三个环节：条件、实质和活动

（1）条件是主观可以设定在先的东西。人们根据实质，为实现实质的需要而设定许多条件。譬如科学家进行科学实验，设定许多条件进行实验。科学实验成功了，就找到了事物发展变化的必然性。条件是独立自为的，是一种偶然的、外在的情况，与一个实质没有内在联系，只是为了实现实质服务的。但是作为偶然性的条件与全体性的实质则有一定联系，即实质的全体性实现，必须具有一定的条件，是由诸条件构成的完全的圆圈，才能实现全体性的实质。设定的条件必须圆满，不能有漏缺的东西，有漏缺就要出现偶然性。

（2）这些条件是被动的，依附于实质，依据实质设定条件。条件没有自身独立性，用来作为实质的材料，与实质结合，进入实质融合为实质的内容，失去自身的性质，与内容形成一致性，条件包含在这内容的整个规定在自身内，条件与实质完全融合为一体了。譬如植物的种子，在最适宜的土壤种植，土壤的营养完全进入果实之中，果实的味道是最好的。如果土壤差一点，果实的品质就要差一点。条件也能够影响实质的内容，但是不能改变的实质的本性。

（3）实质也同样地是一种设定在先的东西。人们为了认识事物，设定一种事物在一定范围内，就具有一定实质性的东西。设定事物的范围不同，实质性就不同。譬如牛顿研究力学，在地球范围内研究，得出的实质是万有引力定律，爱因斯坦超出地球范围研究力学，得出实质相对论。人的思维可以抽象地把客观存在的东西，作为设定事物实质的东西，让其演变和变化。譬如人们设定从沥青中提取铀原子，得到了原子核能的实质。实质有自然客观存在的，但是人们从自然和客观中设定思维出来的。就它在先而言，具有独立自为的内容，是人对事物的实质思维以及与客观条件相结合，形成必然性的全体性内容。

（4）抽象的实质与各种条件结合，实质取得外在的实存，取得了各种内容规定的实现，这些内容规定与那些条件恰好相互符合，所以它依据这些条件而证实自己为实质。而且同样可以说实质是由这些条件产生出来实现的。实质的实现需要一定的条件相符合，条件在实现实质具有重要的作用。譬如科学家要研究一个科学课题作为实质的东西，就是运用各种科研条件对自己的课题进行实验，最后取得预想的结果，课题成为直接的实质，科学研究就成功了。

（5）活动也同样是独立自为地实存着的，人们根据实质和条件进行活动，控制活动按照人们预想的进行。有条件有实质，活动才能实现。活动是一种将条件转变为实质，实质转变为条件的，亦即转变为实存的一种运动。譬如一个学生具有音乐天赋，具有成为音乐家的实质的可能。音乐大师的教授作为实现自己音乐家的条件，音乐大师的教授，能够给学生赋予较高的音乐素养，提高学生的音乐才能，条件转化为实质性的东西。实质转化为条件，音乐大师要想实现自己教授学生的目标，必须由学生配合他的教授内容和方法，才能够实现，这样实质又转化为实现音乐大师目的的条件。或者活动也是从各种条件里建立起实质的运动，实质不具备各种条件，是运动和无法实现的。实质本来是潜在于这些条件里，譬如植物的种子，潜在地包含一定的条件，包含土壤、水分、气候、光照等诸条件，才具有种子的实质，这些条件不具备，就失去了种子的实质。如种子种植在不适合的土壤、气候等地方，植物果实的实质必然变化。活动给予实质以实存的一种运动，将抽象的实质变为直接的存在。

活动是将条件和实质结合起来的一种运动变化过程，从各种条件里建立起实质，实质就潜在于这些条件里了，扬弃诸条件原有的实存，以实质为中心的一种新的实存的运动。任何一个事物或团体都是一个实质或核心，不能同时出现两个实质或核心。

条件与实质互相包含，在实现的过程中要互相变化，互相扬弃。这个阶段是实质，下个阶段就是条件为其他实质服务。譬如一个组织开始建立，要有一个核心领袖人物，作为团队的实质核心，作为组织的决策人物，决定组织的路线方针和政策，其他人围绕领袖，这个组织才能团结一致，才能发展壮大。在实现领袖思想的过程中，一个具体的目标实现，需要组织主要骨干组织实施，需要领袖配合，这时候领袖成为实现这个目标的条件。一个组织人员彼此互相包含，互相扬长避短，发挥团队每一个成员的作用，大业可成。

条件是现实的存在，实质是逻辑思维的抽象存在。三个环节彼此各有独立实存形态而言，这种过程就是一个外在的必然性。因为实质是一种具有简单规定性的整体，没有形成完整具体的整体，因此它的形式不是内在固有的，而是与外在条件结合产生的形式。形式的外在性决定内容必然是外在性的。一种条件产生一种形式和内容，即有一种必然性。一种活动也会有一种形式和内容，产生一种必然性。三者不是必然内在的固有的联系，而是外在的联系，随时有各种变化。外在的必然性都是根据外在的有限的条件产生的，是一种有限制的内容作为它的实质。辩证思维就是要去掉实质外在的有限性，把实质形成一个内在的封闭的系统，把内在所有各个环节联系起来，作为其内在活动内容与形式变化的关系，来进行逻辑推理演绎，排除条件外在性的因素。如果不排除外在性因素的影响，就看不到实质发展变化的内在必然性。只有排除具体实质的简单规定性，排除个别条件的外在性，必然性才有普遍性和无限性。

必然性自在地即是那唯一的、自身同一的而内容丰富的本质，还没有达到自为的唯一丰富的本质。必然性是自在本质的发展过程，其自身内的映现是这样的：必然性同一于本质，以本质作为同一主宰发展变化的主线，它的各个差别环节都具有独立的现实形式，只是这种自身同一的东西能够作为绝对的形式，而它的各个差别环节没有形成绝对同一的形式，因此必须扬弃自身的各个环节的直接同一性，作为自身形式与内容统一的中介，才能从自身相对关系中，过渡到事物本身的绝对关系。譬如一个政党，以一个领导为核心，其他各个派别存在差别，各自具有独立性甚至对立。一个政党具有绝对同一，但是各个派别千差万别，要使政党达到绝对同一的关系，必须扬弃在具体问题上的差别，存大同去小异，才能做到一切行动听指挥。

凡必然的事物，都是通过一个他物而存在的东西，自身与他物结合，分裂为起中介作用的根据和一个直接的现实性，同时同条件结合，又是有条件的偶然事物。必然的事物通过一个他物而存在的东西，故不是自在自为的东西，而是设定起来的东西，但是这种中介过程正是对其自身直接性的扬弃，即根据与偶然条件被转变为直接性，经过转变那设定起来的东西便被扬弃而成为现实性，而实质也同它本身结合起来了。必然性事物的变化过程，就是实质自身扬弃其直接性，成为现实性的一个过程。我们不看必然性事物的具体变化过程，而看实质在必然事物变化过程中是如何返回自身的，必然事物就绝对地存在着，作为无条件的现实性。必然事物之所以是这样，是因为通过一连串的情况作为中介而成的，通过一连串的中介，把必然事物所有的各种条件都包含在自身内，才使自身变为无条件的现实性。换言之，经过一连串的中介，还原了自身本来的属性，还原自身的东西，还原它是那样，因为它原来就是那样，只是人们开始没有认识而已。

在成为现实性的过程中，人们没有认识无条件的现实性以前，完全凭天由命，不知道会出现什么他物为中介，结果也是不确定的。只有认识实质同所有条件结合起来，彻底认识实质转变为直接性，扬弃偶然性的和设定起来的东西，返回自身成为真实的现实性，才能够扬弃外在的必然性。

现实是从本质作为根据的发展为直接存在来看，是反映事物实质一个发展变化的过程，主要体现了事物发展的时间性，缺乏空间性。实体则是把现实放在一个整体空间范围内去研究的，在整体内研究现实为实体。

实体是现实在整体内与所有环节联系，包括直接关系和间接关系，是现实所能涉及的所有整体关系的总和。实体只是在一定的范围内具有绝对的力量，具有很大的自主创造力，上帝作为世界的本体具有无限的创造力。中国古代的皇帝作为现实的直接存在，在自己国家的权力体系内，集经济政治军事大权于一身，具有绝对的力量，具有至高无上的权威。但是在域外国家，中国的皇帝就没有什么力量了。

实体是反映现实在整体关系中的反思范畴。思维的范围到哪里，实体范围就扩展到哪里。实体具有无限的延伸性，在相对实体中包含绝对。实体则是现实在整体内实体之间相互作用，互为因果，形成一个循环发展变化的过程。

第五章

实体关系——现实在整体中的关系

第一节　实体——整体中的现实为实体

一、在实体中看事物的必然性和偶然性

必然事物的本身是绝对的关系，实质在扬弃自身的一连串中介过程中，返回自身，达到自身绝对的同一，就是实体性和偶然性的全体的统一关系。外在必然性只是实质与一个偶然性的关系。实体是在扬弃现实自身的所有偶然性之后，使必然的事物过渡到绝对的同一性。现实的绝对自身同一性含量的高低，就要看现实在多大的整体范围内。牛顿的万有引力定律包含的绝对性，就不如爱因斯坦的相对论包含的绝对性范围广。从必然性的实体范围看，实体的范围越大，必然性就越大，偶然性越小。

必然的事物从其直接表现形式看，就是实体性与自身所包含的所有

偶然性的关系，这种关系的绝对自身同一性，就是实体本身。实质是一定的，其直接性表现为实体性，而条件是不确定的，则表现为偶然性，实质与结合在条件里表现为偶然性，二者统一就是现实的实体。实体是对内在必然性形式的否定，设定其自身为现实性，它同时又是对这种事物外在性的否定，达到内外统一。在这否定的过程里，现实的事物作为直接性的东西，表现为一种偶然性的东西，因为没有经过人的理性思维设定。而偶然性的东西通过它自身单纯的可能性过渡到一个别的现实性，即人们无法认识和掌控的现实性。偶然性能够体现多种多样的现实性的东西，不是一种现实性的东西，而是多种现实性的东西。譬如商品的价值决定价格是一定的和必然的，但是商品的价格受供求关系等诸多偶然性的影响，会上下波动又是偶然的。这样才能直接呈现出丰富多彩的价值规律，直接性存在的必然事物。

实体就是各个偶然性的全体。实体就是必然的事物经过一个完整的进展过程，出现所有的偶然性，这些偶然性作为绝对否定性，否定必然事物各个环节的直接性，从所有偶然性中得到实体必然性全部丰富的内容。这些内容不是别的，就是实体表现的本身，全体偶然性的东西正是实体内容的表现。譬如商品的价格因为一个偶然因素，暂时严重偏离价值，好像价格完全脱离价值的制约，偶然性脱离实体性。但是从商品价格长期发展变化过程看，价格经过发展变化，与各个偶然条件的联系，必然回归商品的价值，严重偏离商品价值的情况，绝对不会长期存在。商品价格上下波动的一个完整过程，就是商品价值作为实体性的全部内容。实体包含偶性发展变化的全体，就是实体返回自身成为内容的各个规定性本身，从形式上表现为实体的各个环节。实体在各个环节的过渡，都是在实体的力量支配下进行的。譬如商品需求量增加，价格就上升，需求量下降，价格就降低。实体性和偶然性合一形成实体的力量。实体有一个完整的活动过程，实体性乃是绝对形式的活动，就是一个必然性的力量，而不是偶然性的力量。实体性只在进展过程中，偶性力量才存在。而实体性的一切内容，是属于这个过程的各个环节的，达到了形式与内容相互间的绝对转化，因为形式与内容达到了绝对的统一。相对统一只能相对转化，只有绝对统一才能绝对转化。

实体的范围由于足够大，可以把事物发展变化的偶然性全部囊括进去后，人们就可以研究各种偶然性和控制偶然性，就使偶然性走向必然性奠定基础。全体是偶然性的绝对否定性的力量，同时又作为全部内容的丰富性，偶然性能够增加实体的丰富性。全体能够全面反映事物的必然性，不是一个偶然性中的必然性，一个或两个现实无法全部反映事物的必然性。现实性中的必然性是抽象的单纯的一个发展变化过程，实体性和偶然性则是丰富的、多样的必然性和现实性。

斯宾诺莎认为上帝是实体，遭到很多人的攻击。我们看一下实体在逻辑理念体系里的地位，就知道斯宾诺莎说上帝是实体的问题。虽说实体是理念发展过程中的一个重要阶段，但不是理念本身，不是绝对理念，而是尚在被限制在必然性形式里的理念，是有局限性的，还没有达到自在自为和自由的阶段。实体只是依靠必然性发展出来一些现实事物，不是自由创造世界的一切事物的理念。因此说上帝是实体，上帝将无法创造世界上的一切东西。实体只能根据其本质的范围内创造一些东西，离开本质将无所作为了。斯宾诺莎认为上帝是实体，这就是非真正的上帝，而是把上帝降到一般人的地位。上帝是绝对的实质，具有绝对的人格，万能的上帝可以创造世界一切东西。他的哲学未能构成基督教意识内容的上帝真性质。斯宾诺莎的身体统一性的观点无疑地可以形成一切真正哲学进一步发展的基础，但不可停留在那里，必须向较高的目的推进。

批判斯宾诺莎无神论者，没有批判到要害上。斯宾诺莎不是无神论，而是承认上帝为唯一的真实存在，只是他所说的上帝，不是绝对理念的上帝，而是实体的上帝，这样的上帝却非真正的上帝，有上帝与没有上帝差不多。别的哲学家也把上帝降低为低于理念的地位，认作上帝为只是"主"或将上帝认作至高无上的、彼岸的、不可知的存在，都可和斯宾诺莎一样被指责为无神论者了。将攻击斯宾诺莎哲学为无神论，归结起来，实系指斥他未能将差别或有限性的原则给予正当的地位，而是把有限的实体当作唯一的东西，没有指出世界的统一性是什么，他的体系不应该称为无神论，而应该称为无世界论。泛神论认为有限事物的本身或有限事物的符合为上帝的学说，没有把上帝看成为无限世界的统一性和创造者。斯宾诺莎看来，有限的事物或世界一般完全没有真理的，但是对无限世界有无法认识，产生了自相矛盾的学说。

实体内容的有限，必然决定形式的有限，斯宾诺莎将实体放在他的系统的顶点，将实体定义为思想与广延的统一，但他却未阐明如何发现两者的差别，并如何追溯出两者复归于实体的统一。他没有把实体内容的各个环节分析清楚，即差别与统一。就像一个植物，无论外在如何差别，存在着根茎枝叶花的差别，但是植物的实质都具有植物的因子，统一于植物的各个环节，植物的任何一个环节都能重生一个完整的植物。斯宾诺莎对于内容的进一步处理，采取所谓数学的方法进行的，没有采取哲辩证学思维方法进行。即先提出界说和公理，接着就列出一系列命题，并根据未经证明的前提，依据知性形式的推理，以证明这些命题。而那些反对斯宾诺莎体系的人，对于他的方法的严密次序予以高度赞扬。他的体系的缺点在于未认识到形式内在于内容，形式是由内容决定的，数学的形式方法不能反映复杂世界的诸多内容，只能反映世界数量的内容。他是以主观外在的形式去规定世界客观的内容，他的实体只是直观洞见，没有先行经过辩证证明的中介过程。所以他的实体只是直接地被认作是一个普遍的否定力量，好像只是一黑暗的无边深渊，将一切有规定性的内容皆彻底加以吞噬，使之成为空无，没有一个是自身积极持存性的事物，没有产生具体的、有差别的和具有各种规定性统一的内容。只有从其自身产生出积极的自身持存性的事物，不断地否定客观的自在性，否定主观的抽象性，肯定它们的自为性和具体性，形成一个有差别、有各种具体规定的完整体系，才能达到主观与客观的绝对统一。斯宾诺莎好像是在黑暗无边深渊的世界里，在没有认识的世界里，他没有认识的一切有规定性的内容，就不能从相对认识达到绝对认识。

实体作为具有绝对的力量，是自己与自己联系着的力量。这是从实体自身体系内来看的，实质形成完整的形式与内容，在实体内就能够形成一股力量，依靠自己联系自己，就能够自己决定自己。当然实体作为具有绝对力量，是指实体内在的实质具有一内在的可能性，与哪个条件联系，不能绝对控制和把握，就不具有绝对力量了，而是具有多种可能性。因为实质具有与实体内各种条件联系的可能性，一种联系一种结果，联系不是绝对的，但是联系的结果具有绝对性。譬如一个人如果骄傲，必然落后。如果不骄傲而谦虚，就能够进步。实体内的实质与条件在联系具有偶然性，实体内在绝对的力量就转化为具有偶性的力量。譬如上帝，主宰万事万物的发展变化过程，具体特殊的东西，偶性的东西已经被上帝的力量完全控制了，不起什么作用了，就不会产生偶性的力量。

实体作为绝对力量只是一个内在的可能性，遇到不同的外在条件，就会产生不同的现实力量。有几种不同的偶性力量，就会有不同的结果，这样就进展到因果关系的范畴。譬如一个企业内集团领导统一和强大，在企业集团就具有绝对统一的力量。但是在经济市场上，存在诸多的竞争对手，就存在诸多的偶性力量，从自身看就存在诸多的偶然性。从自身与条件的联系看，还是具有必然性的。

二、偶性力量

偶性力量是包含根据内在的可能性，这是因。同一本质的根据虽然只有一个，但是根据要走向现实的时候，根据与不同的外在条件结合，就会发生很多个偶性的力量，成为不同的因。有几种外在条件与内在的可能性结合，就产生几种因，就会出现不同的形式的外在东西，就会产生的不同的结果为果。本质相同，因（根据与外在条件结合为偶性的力量）不相同，产生的果就不同。譬如植物的种子根据是一个，但是在植物在生长过程中，因为有不同的土壤、粪肥、水分、阳光、气候等外在条件，会产生不同的偶性力量，产生不同的植物果实。

因果关系是在实体内根据的绝对力量与条件的偶性力量发生的关系，不是两个事物即某物与他物之间的关系。因包含在本质根据内的因子，在实体内与外在条件结合，必然产生结果。譬如一个人由年幼的纯朴善良，随着年龄增长，受社会环境外在条件的影响而变得自私贪婪，这是一个人由纯朴善良加上偶性的力量的原因，变为自身贪婪的结果。如果在比较好的社会环境生长，就成为一个品德比较好的人。

因与根据的区别：根据是从事物自身看内在同一与差别的根本性的抽象的东西，是事物存在的内在的东西。因是在实体内的根据与外在条件结合，产生的偶性力量成为直接产生现实直接存在事物的东西。根据内在的抽象的范畴，因是根据与外在条件结合的直接性范畴。

第二节　因果关系——实体内的必然和偶然变化

一、因果关系

原因是原始的实质，当实体过渡到偶性时，即实质与条件结合产生的原因，在过渡时扬弃实质自身抽象的东西，扬弃单纯的可能性，否定设定的自身东西，而返回具体的东西，产生出一种效果，产生出一种现实性。这种现实性虽然只是设定起来的东西，却通过产生效果的过程而同时又是必然性的东西。无论条件如何变化，产生效果的过程具有必然性。譬如一个孩子品质比较好，按照孩子的品质和正常的家庭环境和社会环境，就会成为一个品德良好的人。但是因为家庭变故，或者社会环境的影响，会出现多种可能性，就会出现多种结果。但是无论环境如何变化，孩子的品性是一定的，与各种条件存在着内在的必然的关系。

原因作为原始的实质，具有绝对独立性，一种与效果相对而自身保持其持存性的规定或特性。譬如植物的种子或生物的基因是原始的东西，具有绝对独立性，不会因为外在条件而改变自身的本性。现实事物的任何发展变化过程，都是原始实质的本性在发展变化，不会是其他实质的东西在发展变化。条件只能改变原始实质的特性，不能改变原始实质的本性。俗话说江山易改，本性难易。原因只是在其同一性构成原始性本身的必然性中，才能过渡到效果，即效果的内容与原因里的内容具有一致性，只是形式的规定不同而已。譬如种瓜得瓜，种豆得豆，这就是原因与结果内容的一致性，只是结果的形式有所不同，有的果实品质好一些，有的品质差一些。原因的原始性在效果里被扬弃了，使自己成为一个设定的存在了。原因并没有消逝，在设定的存在里。只有在效果里，原因才是现实的，即细胞的羊是可能性的，变为克隆羊才成为现实性。原因是抽象的潜在的东西，结果才是现实的东西。譬如父母孝顺自己的父母，给自己的孩子以身教，把孩子培养成为孝顺的孩子，自己孝的原因就结出果实了。如果把培养孩子的孝归结到孩子自身上，就是没有找到孩子孝的原因。

原因的原始性在效果里被扬弃了，它在效果里使自己成为一设定的存在了。原因并没有消逝，现实的东西并不因此好像只是效果，效果里包含原因。因此，从效果里，也可以说被设定的存在就是原因的自身返回，就是它的原始性的展现。只有在效果里，原因才是现实的，不是原因。没有效果，原因只是具有内在的可能性，只是实质不是原因。原因具有自因性，有因必有果。耶可比由于对中介坚持片面的看法，把自因这一有关原因的绝对真理，仅仅当作一种形式主义，没有看到内容具有绝对的一致性。他把上帝定义为原因，但是这种办法不能达到他的意图。因为原因是有限的，一个原因只能产生一个结果，譬如雨是原因，湿是结果，同一是水。就形式讲来，原因（雨）消失在效果（湿）里面了，雨没有了原因也就没有了，原因（雨）没有了，与原因联系的效果形式也就没有了，只剩下不是效果的湿了。如果上帝是原因，只能产生有限的事物，就不是万能的上帝了。

二、因果关系的有限性

原因的内容是有限的，原因的内容只是包含有效果的内容，没有包含其他内容，正如实体是有限的一样。原因与效果是两个不同的独立存在，只是有相对联系，不是具有不可分离的统一体的联系。原因与效果只是人们设定的区别，不能固执着两个范畴在联系中的区别。因果两个范畴只是研究事物的实质与事物的效果之间的关系的范畴，是事物发展的一个阶段有意义，其他地方没有意义。原因与效果都是相对的，将原因被设定为效果，那么作为效果的原因又是由另一原因产生的。依次递进，由果转变为因，由因又产生果，以至无穷。同样也可以有一个递退的过程。把一个实质的事物看作因，就要往后看产生的果。如果把这个实质的事物看作果，就要往前看，寻找自己的因。

因果关系还是属于必然性的范畴，只是事物发展必然过程的一个侧面的反映。人们用因果关系的范畴，帮助人们深入分析实体中的偶然性中必然性发展变化为现实性的一个环节。

在必然过程中必须扬弃包含在因果关系的中介性即有限性，并且表明是自身关系，即因与果具有同一性，不是外在的不同的两个东西。只有看到因与果的同一性，看见有限的因果性，才能够不固执于两者的区别，扬弃两者的区别，注重两者的同一内容是如何发展变化的。这样我们才有可能看到这种关系的真理性的东西。如果我们固执因果关系的本身，便得不到这种关系的真理性。因为两者的区别只是设定的区别，在客观上没有真正的区别。从无限来看两者是同一的，是一个内容两个范畴。因与果被设定区别，还表现在原因不仅是他物的原因，父母不孝，导致子女不孝。而且又是它自己本身的原因，父母自己不孝，导致自己的家庭不和睦的结果。一个原因能够产生几个效果，因与果两个不是固定关系的。而且因与果是具有分离性的，表面上因与果具有不可分离性，因可以又是果，果又是因，但是因与果还是具有分离性，因却在不同的联系内是因，在不同联系内的因，不能同时转化为果。父母不孝与子女联系不孝是因，与自己家庭联系不和睦是因，这样不同联系的因，它们之间不能同时互相转化，即子女不孝与家庭不和睦的因与果不能互相直接转化。

单纯从因与果的关系看，它们是有区别的。说这个事物是果之所以是果，在于设定了这个果前面的原因，但是这种设定是从果的自身反映来看的，寻求果的产生的原因。这种设定也是具有直接性的，有一因，必有一果，没有经过什么中介。只要我们坚持因果间的区别，则原因作用必然产生后果，同时这个后果又成为这个原因的前提，即后果成为原因，反作用于原因，使原因成为后果。譬如老师和学生教学相长的关系，老师教学生使学生成绩有极大的提高。反过来学生提高水平以后，又要对老师的教学水平提出更高的要求，成为促进老师提高水平的原因。第一个原因与后果是第一个实体，反过来后果作为原因反作用于原来的原因成为后果，产生另外一个实体。这另一个实体既是直接的关系，便不是自己与自己联系的否定性关系，开始不是主动的而是被动的作用。但作为实体在效果作为原因决定的过程中，它扬弃那设定在先的直接性（原因）和那设定给它的效果，从这个方面看，它又是主动的，效果作为原因又对原来的原因实体进行否定，成为效果。譬如刚才所说，学生通过水平以后，对老师提出要求能够促进老师水平的提高，但是这是被动的，是以提问的方式进行的，不是主动地促进老师水平的提高。随着学生水平的不断提高，就会主动地对老师提出明确要求，对老师水平的提高具有决定性的作用。这就是扬弃第一个实体的活动。反过来第一个实体继续活动，在对自己的直接性或对设定给它的效果的扬弃的同时，它也扬弃另一实体的活动。如老师经过学生的否定提高水平后，老师水平提高又要对学生讲授，扬弃学生否定老师这一实体。于是因果关系便过渡为相互作用。

　　在相互作用里，因果关系虽说没有达到它的真实规定，但那种由因到果和由果到因向外伸展直线式的无穷进展，已经得到真正的扬弃，而绕回转变为圆圈式的过程，因而返回到自身来了。只有返回到自身来，才能使因与果的内容形成一个全面的完整的没有任何缺陷的关系。直线进展只是因与果一个规定就消失了，只有相互作用，形成圆圈式进展，才能使因与果的所有规定性得到完全发挥出来。因与果通过相互作用，就是因果关系中的两个环节的互换来看，每一环节都是一个独立存在的实体，每一环节是独立自为的，具有相对的独立性。如果按照两者同一性来说，无论原因与效果都具有同一性的内容，所以两者又是不可分离。所以设定其中一环节，根据其内容同时必须设定另一环节，圆圈式的循环进展下去。

第三节　相互作用——实体内的原因与结果的相互决定

一、相互作用

在相互作用里，坚持因果区别的范畴没有意义，它们自在地都是同样的，是没有区别的。原因是原始的开始的，原因是原始的主动的产生结果，结果包含原因，结果作为原因又主动作用原始的原因，产生结果。因果关系的相互作用，在它们的效果里扬弃自己的实体性，即扬弃原因的各种可能性，成为直接存在的结果。通过因果关系的相互作用，能够看到事物发展变化趋于完美。原因与结果两个范畴，只研究事物因果两个方面的关系，没有研究它们之间的相互作用，就只能得到片面的认识。只有从因果关系的相互作用，才能得到全面的认识。

因果虽说具有统一性，也是独立自为的。虽然因与果的内容具有同一性，但是整个相互作用就是原因自己本身设定的，而且只有原因才产生了结果和一系列的相互作用。因此原因是独立的。因果无论如何相互作用，都是原因设定的东西在变化。因果区别并不是虚无的，而是具有具体的规定性的。相互作用在于，将每一设定起来的规定再加以扬弃，使之转化为相反的规定，因而把诸环节的空虚性都设定起来，各个环节都得到了规定性。原因的原始性也被扬弃了。原因开始作为作用，形成了作用和反作用。

相互作用被设定为因果关系的充分的进一步的发展，两个方面的规定性得到了充分的发展，但是这是抽象的反思，只研究因与果两个方面的关系，不能得到真理性的认识。因为客观世界是具有多重关系和联系，不仅仅是两个方面的联系，两个方面的关系只是其中一个环节。譬如在历史研究里，究竟是一个民族的性格和礼俗决定它的宪章和法律的原因，还是反过来说，一个民族的宪章和法律是它的性格和礼俗的原因。我们还可以依据相互作用的原则去了解，这些都无法从真理性上说明二者的关系。因为一个国家的宪章和法律，不仅由一个民族的性格和礼俗决定的，还有经济基础，以及政治制度、思想意识形态等方面相互作用决定的。所以从因果关系两个方面不能得出真理性的认识，必须从第三者，即所有与因果关系有联系的东西，都要包括进去，才能得到真理性的认识。譬如生命的有机体，五脏以及人体的气血脉络就是明显地处于彼此相互影响和相互作用的关系中。变化影响不是单向的，是双向的甚至是多向的相互作用。相互作用才能反映客观事物的本来面目，所以接近客观性，接近真理。

这种自己与自己本身的纯粹交替，都是原因包含的同一个本质的东西在运行，因此就是显露出来或设定的必然性。所谓设定的必然性，就是人们主观截取一段因果关系中的必然性。必然性本身的纽带就是因果两者的同一性，不过还是内在的隐蔽的同一性。必然性是现实事物的同一性。因此实体在其内部通过因果关系和相互作用的发展途径，只是这样一个设定，即实体的独立性是一种无限的否定的自身联系，只有通过互相否定，通过区别与中介，各个独立的现实事物彼此否定，使其独立的原始性无限的自身联系得到同一的必然性的东西。

二、必然性的真理是自由

必然性的真理是自由，而实体的真理就是概念。必然性是人依据事物的内在的根据与外在的条件联系发展变化过程规律性的东西。必然性的实体具有独立性，在于自己排斥自己成为有区别的独立物，自身排斥只是与自身相同一，没有达到自身与全体的同一。并且始终只在实体自身内的因与果进行交替运动，没有在全体内进行运动变化。概念则是在所有各种具有同一性的实体运动，得出个体性、特殊性和普遍性的全体认识。

必然性被称作坚硬的，只在一定的范围内是必然性，超出一定的范围就是偶然性了。必然性内容具有有限性，一种独立自存的东西，没有包含所有的普遍性的东西，一旦遭遇别的东西阻挠，便失掉独立性和效用。这就是直接的或抽象的必然性所包含的坚硬的和悲惨的东西。在必然性里表现为互相束缚，即必然性发展的过程是采取克服它最初出现的僵硬的外在性，而逐渐显示它的内在本质的方式。一个实体包含一些本质的东西，必然性发展一个循环过程，使本质的所有属性得到体现。必然性在全体中不是陌生的，只是全体中的一个环节，不同的环节与对方发生联系，再回复到它自己本身，自己和自己相结合，把全体中的每一环节的内容与自身相结合，自身不只是包含对方，还包含全体每一环节的内容。这就是由必然性转化到自由的过程。这种自由不是抽象的否定性的自由，而是一种具体的积极的自由，是突破必然性束缚的一种自由。由此可以看出，认为自由与必然为彼此互相排斥的看法，是多么的错误。必然不是自由，但是必然性解决了全体的一个基本环节的认识，自由以必然为前提，包含必然性在自身内，只有在必然性的基础上，突破必然性的束缚，由这个环节到另一个环节，一个环节一个环节过渡，最后达到全体各个环节的自由畅通。

一个有德行的人自己意识着他的行为内容的必然性，就是作为一个公民必须要做的，不能作为负担。把它看作应尽的义务，就不感觉到不自由了。如果站在个人立场，认为必然要做的事情是一种负担，能不做就不做，把这个必然的义务当作对自己自由的束缚。一个人犯罪受到处罚，他可以认为惩罚限制了他的自由。但事实上是因为他的犯罪行为违反了作为一个人的必然该做的事——遵纪守法。由于自身违反一个人必然的行为，所以失去自由和受到处罚，是自己行为的一种表现。只要他认识到这一点遵纪守法，就能够不受法律的惩罚，就会有自由。当一个人自己知道他是完全为绝对理念所决定时，他便达到了人的最高的独立性。

概念就是存在和本质的真理。概念是从存在中发展出来的，也就像从它自己的根据中发展出来那样，存在就像概念的根据，概念的一切规定性都是从存在里派生出来的，而不是从事物产生出来的。前一方面的进展可以看成是存在深入于它自己本身，通过这一进展过程而揭示它的内在的本性，解决万事万物基本属性的东西。譬如人的本性就是由动物性和人性构成的，世界的本性就是主观与客观，思维与存在构成的。后一方面的进展可以看成是比较完满的东西从不甚完满的东西展现出来，即从抽象的本质内容，进展到具体的概念内容，就是作为自身直接统一的存在与作为与其自身自由中介，形成有差别内容统一概念之间的区别。存在是概念的一个环节，是概念的外在性的表现，概念是存在的真理，就是概念把存在内外所有规定的东西得以展现。概念作为自身的返回，从存在到本质一系列规定的内容最后都返回到概念上，并且是对这个范畴中介性在过渡中的扬弃，扬弃存在直接性的前提，使这一前提返回到自身，与自身所有内外规定同一，这种同一性便构成自由和概念。概念的环节是不完满的，概念本身各个环节的统一是完满的。概念就是从不完满的东西发展出来的，从一环节过渡到另一个环节，概念在本质上扬弃它的前提的不完满。

概念与存在和本质的联系来说，可以对概念作出这样的规定，概念从存在出发开始具有直接性，进入本质否定直接性进入间接性，进入概念后又要返回简单直接的包含本质的存在，就是映现了现实性的存在，不是贫乏空虚的存在。在这种方式下，概念便把存在作为它对它自己的简单的联系，或者作为它在自己本身内统一的直接性。真正的概念不仅包含简单的直接性本质，而且包含全体各个环节具体丰富的统一性。

由必然到自由或由现实到概念的过渡，是最艰苦的过程，因为独立的现实在过渡到别的独立现实的过程中，并且与别的现实的同一性中，才具有它的一切实体性。由现实过渡到概念，不可能一下子完成，要经过诸多环节才能实现。这样一来，概念开始也就是最坚硬的东西了。但是那现实的实体本身，在它的自为存在中不容许任何事物渗入其中"原因"，即已经受不容许或命运的支配。在概念开始阶段，人们没有认识到渗入原因什么东西，能够达到自由，只能一步步渗入其中。对必然性加以思维，就是对上述最坚硬的必然性的消解。因为思维就是自己在与他物的关系中，解决与自身结合在一起。思维就是一种解放，是指一个现实事物通过必然性的力量与别的现实事物联结在一起，不把别的现实事物当成异己的他物，而是把它当成自己固有的存在和自己设定起来的东西，成为自身必然性通向自由性的一个固有的环节或阶梯。当成异己的他物，就成为通向自由概念的绊脚石，就不会有自由。这种解放，就其是自为存在着的主体而言，便叫自我；就其发展成一全体而言，便叫作自由精神；就其为纯洁的情感而言，便叫作爱；就其为高尚的享受而言，便叫作幸福。斯宾诺莎关于实体的伟大直观，只是对于有限的自为存在而言的，是自在的解放，不是自为自由的解放。只有概念本身才自为地是必然性的力量和现实的自由。

排斥偶然性，就是要从全体的每一环节的相互作用和排斥，以及相互统一看实体的发展变化。必然性发展的过程采取克服最初出现僵硬的外在性，逐渐显示它的内在本质的方式，由此表明那彼此相互束缚的两方，事实上并非彼此陌生的，而是在与对方发生联系，吸取对方的自身没有的内容，返回到自身上，不断丰富自己，最后达到兼收并蓄比较完美的境界。概念是从全体的每一环节去联系实体其他每一环节，而不是仅仅从根据与外在条件的僵硬关系去看实体。在每一环节的互相联系中，各个环节都得到了自身自己与自己圆满的结合，这就是由必然性转化到自由的过程。

概念是一种独立性和独立物。概念就是实体的全体各个环节相互联系，相互排斥，形成在自身内的交替运动，才能形成循环往复的发展变化过程，最后达到对实体事物的概念认识。只是研究实体内的因果的关系和相互作用，没有研究实体循环往复的发展变化，就不能形成完整和全体的认识，就是坏的无穷进展。譬如一个国家如果闭关自守，不与世界各国联系，就不能看到自己的差别，不能在与各国的竞争排斥中，提高自己的竞争力。只有采取开放的态度，在与世界各国的相互竞争与排斥中，才能达到相互学习，相互提高，兼收并蓄，使自己的国家发展到最高境界。任何学说也是如此，一家学说如果固步自封，自以为是，就是坏的无限进展。只有参与百家争鸣，与各家学说进行交锋和交流，才能发现自身的短处，吸收百家之长，弥补自身短处，扬长避短，完善自己的理论实体的体系，使自身的学说达到圆满的境界。

譬如认识地球达到概念的高度，必须在太阳系内或者更大的天体范围内，认识地球与各个星球在太阳系之内的相互关系与循环往复发展变化。如果只是从地球与月亮关系研究它们之间的相互作用，不会得到真理性的概念认识。

必然性与自由的关系。必然性是客观的，不以人的意志为转移的，人如果违反必然性就没有自由可谈。只有在充分认识必然性的基础上，透彻的了解和掌握必然性在实体内实现所需要的全部各种偶然条件，充分了解和掌握根据与各种外在条件结合发展和变化，就能达到自由的境界。如果有一些认识上的缺陷和未预料到的偶然性出现，就要被偶然性所愚弄。

自由就是人们在充分认识必然性在实体内的发展变化规律，在不违反必然性的前提下，人们让必然性按照人们的意愿发展和变化。要知己知彼，才能百战不殆。譬如研究国际间的国家斗争策略，研究中日或者中美关系两国力量政治军事经济文化等对比，必然得出一个本质性的认识。在处理具体问题时，根据两国力量对比以及具体问题的本质属性，能够预料问题的发展变化的必然性。但是必然性还存在偶然性，必须把涉及这两个国家的其他国家的影响力，就是对一切影响两国处理问题的全部因素考虑进去，形成一个实体的全体统一的认识，才能得出一个真理性的认识，才能应对自如，达到自由的状态。

一个有德性的人，能够意识到自己行为内容的必然性和自在自为的义务性。一个人行为内容的必然性是指作为一个人应该做的，如果不去做，就违反人的德性了。但是作为一个人不只是去做必然性的行为内容，而且还应该去做一些付出性的行为内容。只受行为内容必然性的支配，没有自觉去做一些义务性的行为，就不会有应该自由的人。一个人刚愎自用、任性作为，或者欲望泛滥、不受节制、违法犯罪，必然受到必然性或者法律的惩罚。一个人知道自己为绝对理念所决定时，内外一致去做，便是一个自由的人，便达到了人的最高的独立性。斯宾诺莎所谓对神的理智的爱，也是如此。

儒家思想认为一个人要获得真正的自由，就是达到内圣外王和天人合一的境界。内圣就是自身修身养性没有私心，就不会与他人和社会产生对立和矛盾，能够与人和社会达到和谐一致的境界，才能团结一切可以团结的力量。外王就是认识客观世界和社会达到概念和理念的认识，实现自己改造自然和改造社会的理想。

三、概念是存在和本质的真理

存在的质量互变是研究定在发展变化的，本质是研究事物根据与外在条件发展变化的。存在是外在的，是感觉的东西，是事物各种外在发展变化的规律。本质是事物内在关系以及外在表现。概念是研究实体事物的全体关系，即自由包含必然性是变化发展过程，即一个实体事物全体每一环节的发展变化和循环往复的过程，就进入概念认识阶段。

存在和本质在概念里返回到它们的根据。根据是包含一切的东西，在存在里，根据只是在表面上表现事物外在的规定性，在本质里根据又展示内在的关系。在概念里各个根据，全面地循环往复地展示出来主体与客体统一的绝对性的理念。

存在作为前一方面是由表及里的进展，看成是存在深入于它自己本身，通过这一进展过程揭示它的内在本性。本质作为后一方面的进展，是从不完满的内在东西展现出来，进展到完满的概念阶段。存在是概念的一个环节，概念是存在的真理。概念扬弃前提（存在）的直接统一性，去粗取精，去伪存真，从感性到理性，由外到内，再由内到外，由局部逐步进展到全体。譬如存在看红色变化为黄色，是外在规定性的局部变化。从内在看红色是两个方面的对立统一的，既互相包含同一，又相互矛盾和对立，互相制约发展变化。最后把颜色作为一个实体看待，看颜色全体的每一环节的发展变化，回复到自身的过程。颜色是由七色的实体构成的全体，每一种颜色都程度不同地包含其他六种颜色，揭示其整个颜色之间的关系，揭示事物作为实体的全体发展变化的过程，才能对颜色整个发展变化有一个完整的认识，这就是对颜色达到色谱的概念认识。

扬弃就是不断否定，不断深化认识，由表及里，由浅入深，由片面到全面，由主观到客观。扬弃就是否定上一个范畴的不足和缺陷，保留这个范畴正确性的一面，汲取前一个范畴有价值的思想，形成下一个范畴和概念，这就是扬弃的含义。

概念，从存在与本质的联系来说，概念就是返回到直接存在的那种本质，即本质与直接存在完全统一，是本体表现出的现实存在。譬如上帝作为世界的本质，上帝创造了世界，将自己的本质表现为世界的现实存在。因此这种本质的映现有了现实性，即在自己本身内的自由映现，不能受到客观和主观的限制。在这种方式下，概念便把存在作为概念的简单联系，自己本身内的自由映现的形式，即存的逻辑范畴在概念内得到了绝对自由的状态，彼此在思维上是相互自由的相同的，不是在存在的阶段只有某物变为他物是彼此不相同的。

必然性到自由或由现实到概念的过渡，独立的现实过渡到别的独立现实，并且它们之间具有同一性，才具有它的一切实体性。必然性只是一个现实性，自由则是实体中的一个个必然性相互的统一性。概念作为自为存在，不容许任何不明事物的原因渗入，不受必然性的绝对支配。对必然性加以思维，是对必然性坚硬东西的对立性消解后，成为能够为人的自由服务的力量。思维具有穿透力，把必然性这种坚硬的受命运支配的东西化解，实体内的互相诸多对立的东西得到统一，把别的现实事物不当成异己的他物，把他物解放成为自己固有的存在和设定起来的自己固有的一部分的东西，就能消除矛盾和对立。这种解放，就其自为存在主体而言叫作我，就其发展成一体而言叫作自由精神，纯洁感情而言为爱，高尚享受而言叫作幸福。概念是必然性的力量和现实自由完美的统一。譬如一个能够改变历史、创造新时代的伟人，他能够战胜自己的私心和私欲，使自己的胸怀无限宽广，能够胸怀天下，达到内圣的境界。运用自己仁义和智慧，在认识社会发展变化规律的基础上，团结一切可以团结的力量，组成强大的力量，能够战胜一切敌对力量，取得改造社会和创造新社会的伟大成就。这样的伟人才是达到了自由的境界。

概念为什么不能作为逻辑的开端？因为概念或真理是一个复杂的逻辑体系，有许多范畴和概念叠加在一起，一个人不可能一下子认识那么多那么错综复杂的范畴和概念体系。硬要想一下子解释明白什么是概念，也只能提出单纯论断而已，根本不可能真正认识概念。认识概念一定要逐步认识，要从最简单的范畴定在开始认识，才符合人的认识规律。人的认识是由简单到复杂，由表及里，由浅入深，由局部到全部，由个别到全体，由有限到无限，由相对到绝对，才能对概念得到真理性的认识。哲学以存在范畴作为认识的开端，是因为存在的范畴是哲学逻辑范畴里最简单最基本的东西，也是最容易解释明白的。

第六章

概念——真理性的认识

第一节　概念总论

一、概念的基本性质

概念是自由的原则，是独立存在着的实体性的力量。人们在本质里的认识，只是站在两个方面的关系看待事物的发展，受两个方面发展变化的必然性支配，人们超出这个范围就没有自由。在存在与本质里，人们是站在部分的角度看待事物的发展变化，而概念是站在全体的角度，看到全体中的每一环节都是与全体相互联系的，反映了全体所有内容与形式的东西，概念的每一环节都能够构成概念的一个整体。因此概念的各个环节都是相同的，人的认识能够从概念的一个环节自由地转换到另一个环节。如果只是认识事物部分内容，还有的没有认识，那么在各个环节互相转换的时候，就会遇到阻碍。概念是人们认识实体事物的全体及每一环节，达到了全体与各个环节的统一认识，在本质阶段只是认识实体事物的一个环节的根据与外在条件结合的发展变化的必然性。自由是人们在充分认识必然性的基础上，认识实体事物的全体和每一个环节的相互关系，就能够摆脱必然性的支配，可以解决实体事物全体的一切矛盾和对立，达到和谐统一和自由的状态。概念的各个环节具有不可分离的统一性，各个环节已经融合为一体了，就像一个人的生命体一样，分离就失去自身的功能。所以概念在它的自身里是自在自为地规定了的东西。在本质里被设定的范畴，只是实体事物全体的部分规定，还有许多规定未被认识，这一部分可以独立存在，没有达到自身全体不可分离的统一性。

概念是一个全体的认识，不是局部的部分的认识。就像生命体的一个细胞作为生命体的最小环节，都是生命整体的反映，所以科学家才能利用动物细胞克隆出羊来。一叶一世界就是这个意思。用概念的思维能够从一叶这个世界的一个环节，看到整个世界之"道"。围棋顶级高手，每下一步棋，都是从全局着眼，从每一步棋能够体现全局的观念。这样下的围棋，才能达到概念的思维水平。

概念是独立存在着的实体性的力量。独立存在就是摆脱了必然和偶然的力量束缚，能够独立处理一切矛盾和对立。殖民地国家民族受宗主国的制约，不能自主地决定自己的国家命运，就不是独立存在的实体性力量。一个国家只有独立自主，才能自由主宰自己的国家命运，成为独立存在的实体性力量。人的认识在存在和本质阶段，认识处于片面性，受各种客观和主观制约，就没有自由和独立性，人的力量的发挥就是极其有限的。

概念的观点是绝对唯心论的观点。只有哲学才是概念性的认识，是把别的意识当作存在的东西去认识，而科学则是对事物存在的认识，这些科学认识只是构成哲学概念的一个理想性的环节。概念的观点是绝对唯心论的观点，是指概念主要是依靠主观思维或逻辑推论得到的，不是直接依靠客观事物得到的认识。在知性逻辑里，概念是被认作思维一个单纯形式的，是空的和抽象的，与整个客观世界是毫无关系的。哲学概念在客观世界和主观世界的体系内是充满活力的，是具体的有生命的有机的统一体，各个环节是相互联系不可分离的。

概念是从存在和本质范畴整个逻辑运动发展而来的，因而不用先予以证明。存在认识事物的外在规定性，本质认识事物内在的本性及其外在表现，认识实体的一个环节的必然性。知性逻辑的概念所谓单纯形式的想法，是把形式与内容对立起来，概念的形式脱离了内容。哲学通过反思克服各个范畴之间的对立，通过自身矛盾发展的过程得到克服了。概念在此基础上把此前一切思维范畴都加以扬弃，并包含在自身内了，认识实体全体的每一环节及它们之间不可分离性，达到自由性的认识。概念无疑地是形式，是指哲学概念不受具体事物内容的束缚和支配，是具有独立性的，所以具有无限的创造性的形式，可以根据各种各样的具体内容，创造理性的科学的形式。但是形式又包含一切充实的内容在自身内，这个内容不是具体事物的内容，而是理性内容，即包含各科学原理统一性的内容，所以不为内容所限制和束缚。形式不是固定不变的，而是有自己的独立性和无限性。

概念的具体是不可感知的，不是具体的事物可以感知的。概念相对于具体可感知的事物是抽象的，不是感觉的具体。所谓概念的具体是比较存在和本质而言的，存在和本质只是反映事物一部分的规定性，从思维的规定性上看是抽象的，概念是存在和本质内容的统一，而且包含两个范围中全部丰富的内容在自身之内，所以概念的逻辑内容是具体的。

　　逻辑理念的各阶段认作一系列的对于绝对的界说，这个绝对就是概念。概念包含了一系列范畴的形式与内容。这样的概念不同于知性逻辑所理解的那样，把概念仅仅看成是我们主观思维中的、本身没有内容的一种形式。我们可以从概念去推演出内容，譬如从财产的概念去推演出有关财产法的条文，或者从内容去追溯概念。譬如人的概念就是人的各个环节一切有差别的规定性内容的统一。任何事物的概念用哲学去思维，就能够得到全体性内容的具体认识，不是片面的、抽象的认识。哲学给人们创立一个思维形式，依照这个思维形式，就能够对事物的得到概念性的认识。

　　概念的进展不仅是过渡到他物（存在中某物变为他物），也不仅是映现于他物内（本质是某物与他物的映现），而是一种发展，是从原始的部分的一直发展到整体的。譬如生命体的细胞过渡他物就是另一细胞，而发展就是克隆一个整体的羊。因为在概念里那些区别的东西，它们直接地同时被设定为彼此同一的，并与全体同一的东西。概念每一环节虽然有区别，但是它们在发展的过程中得到完全的同一，不仅是两个环节的同一，而且是每一环节与全体的同一。每一区别开的东西的规定性，又被设定为整个概念的一个自由的存在，不是自在的存在。譬如一个化学分子内在彼此只是两个方面对立的统一，没有整体的同一。概念的含义是实体内的全体各个环节都包含整体的东西。自然界只有有机生命相当于概念阶段，譬如植物的种子已经包含植物的一切环节，生根发芽开花结果只是种子发展展示自身包含的一切而已。植物的每一环节，果树的枝子就包含该水果的一切东西，所以用该果枝嫁接后，就能包含这个水果的成分。

　　某物过渡到他物是"存在"变化方式，在"存在"范围内的辨证过程，某物映现在他物内是"本质"变化方式，在"本质"范围内的辨证过程。反之概念的运动就是发展，发展的意思就是潜伏在自身的一切东西得到全部发挥和实现。存在的范围只是实现事物的外在性，本质只是实现事物的内在性及其表现，而概念则是实现全体性的东西。概念的发展并未增加任何新的东西，只是产生了一种形式的改变而已，即有种子的形式改变为植物的根茎叶花等。概念的这种过程表现为自身自我发展的本性，也就是一般人心目中所说的先天观念，或者如柏拉图所提出的，一切学习都是回忆的说法了。这一说法并不是说经过教育形成的一切特定意识内容，已经先天存在于头脑之中，而是先天意识具有这些意识内容的萌芽的东西，只是经过教育开发出来而已。就像一座矿山，如果没有金子，无论如何开发，也不能挖掘出金子来。一个人具有天才的意识，经过学习过程，就能展示出自己认识概念的天才能力。有些人没有天才意识，无论如何学习，也无法展示出来自己的天才能力。只有天才的科学家才能够发现伟大的理论，譬如爱因斯坦发现了相对论。一般科学家是无法发现伟大理论的。

概念的运动好像是一种游戏：概念的运动所建立的对方，其实并非对方，而是自身全体的一部分。植物的根茎枝叶都不是对立的，互相具有绝对的同一性，植物无论是根或枝，都完全可以代表植物本身。这个道理基督教教义中是这样表述的，上帝不仅创造了一个世界，作为一种与他相对立的他物，而且永恒地产生了一个儿子，作为自身存在的形式。而上帝作为精神性的东西，在他的儿子里即是他自己本身里。儿子只是上帝的一个化身而已。譬如一个人达到内圣外王的境界，人民都能够完全听从他的指挥和召唤，按照他的意志行事，人民都是自己的一部分，每个人就像自己的身体一样服从自如，就达到了自由的状态。如果一个人没有达到很高的境界，处处与人对立，没有把对方融入自身内为一体，对方就是对立面，处处充分着矛盾和对立，无法达到自由的状态。

二、概念的构成

概念可分为三部分：1. 主观或形式的概念，是概念在人的思维形式上的反映。2. 直接性的概念或客观性，就是存在于客观世界里存在实体事物里。3. 理念，就是主体和客体、概念的主观形式和客观性的统一，就是绝对真理。

普通逻辑思维形式自身不充分，只包含理性思维形式的一部分，就要用经验的材料来补充。前面讨论的逻辑范畴，即"存在"和"本质"的范畴，不仅仅是思想范畴，而且在它们的过渡、辨证环节和返回自身和全体的过程里，却能证明其自身为概念。但它们只是特定的概念，自在的概念，没有达到自为自由的概念。原因是每一范畴所过渡的，映现于其中的对方，不是映现全体，因而只是两者相对的东西，不是全体的具有绝对的东西。这个相对的东西既未被规定为特殊的东西，即没有从全体中表现为特殊的东西。作为两者之合的第三者，也未被规定为个体或主体，概念是从两者之合的第三者，继续进展到现实事物的全体，从整体上去看待一切，就会出现个体或主体的概念。未明白设定每一范畴在它的对方里得到同一，得到它的自由，因为它不是普遍性。具有普遍性的现实事物作为反映全体所有的规定性，每一环节都能够反映全体的规定性，就是个体性。个体性是从自身来看的，如果从普遍性角度看个体性，个体性自身就具有不同于其他同类个体的特殊性。个体虽然包含普遍性，但是不能完全代表普遍性，而是个体性包含有普遍性，具有特殊性，各个个体的特殊性的统一性，就是普遍。通常一般人了解的概念，只是一些理智的规定或只是一般的表象，只是思维的一些有限的规定，不是现实事物的全体规定性。

概念的形式与内容的关系。概念的逻辑通常被认作仅是形式的科学，只是研究概念、判断、推论的形式本身的科学，而完全不涉及内容方面是否是真的东西。某物是否真的问题完全取决于内容。形式只是内容的表现，形式才具有价值，如果形式完全脱离内容，就是虚假的东西，就是无聊的古董。当然形式也具有独立的价值，现实的事物凌乱的，甚至是杂乱无章的，只有具有真理性的逻辑形式，即具有真实内容产生的逻辑形式，才能够表现现实事物的真实性和真理性。但是这些逻辑形式的真理性，以及它们之间的必然联系，还要加以考察和研究，才能确定为真理性的逻辑形式。

第二节　主观概念——思维对客观世界
全体的整体的统一反映

一、概念本身包含三个环节，普遍性、特殊性和个体性

普遍性，这是指它在它的规定性里，与它自身有自由的等同性，就是概念的普遍性的规定性，同它概括或包含所有事物具有统一的规定性，而且不是抽象的同一，而是具有具体的统一，自由性的统一，即它在它的规定性中没有对立的，一切都是畅通无阻的，没有不自由的，在同类范围内规定性都能普遍使用。个体性虽然包含普遍性，但是它们之间具有差别性，因此个体规定性之间没有自由的等同性，相互之间还有差别和对立。譬如研究社会或国家的概念，既要在一个社会或国家的系统内进行研究，即从这个社会或国家来看生产力决定生产关系，经济基础决定上层建筑，上层建筑决定意识形态，以及它们之间的相互作用的整个发展变化过程来研究社会或国家，这是个体性的认识，对其他国家

不能完全适用。从一个地区具有同类性进行研究，这就是特殊性的东西，对其他地区的国家不能完全适用。在各类所有特殊性中进行研究，才能对社会或国家达到普遍的规定性的认识，才能在全世界范围内都适用，放之四海而皆准。对社会或国家有一个方面或者一个地区没有包括进去，就不能称其为普遍性。

抽象普遍性与概念普遍性的区别。抽象普遍性就是以事物表面的外在的规定性为普遍性。譬如以动物外在的特殊部分的共相作为其共同点，作为区别动物的规定性。以动物有四只脚或者没有四只脚作为区分动物的普遍性的标准。抽象的普遍性把事物表面独立自存的特殊规定性作为普遍的规定性。概念的普遍性，是以个体事物和特殊事物为基础的统一性，作为共性或普遍性的东西。

单纯的共同点与真正的普遍性之间的区别，卢梭在著名的《民约论》有恰当的表述。他说，国家的法律必须由公意或普遍的意志产生，但公意却无须是全体人民的意志。普遍意志与全体人民意志的区别，全体人民的意志不能够真正代表人民的利益和意志，只能代表各个阶级和阶层的利益和意志，以及各个党派斗争妥协的结果，是各个阶级和各个阶层利益和意志拼凑起来的，而且是相互矛盾和对立，只能代表他们的表面和眼前利益和意志，并不能真正代表人民长远的根本的利益和意志。因为普遍意志，只有一个国家的思想家、哲学家和真正代表人民根本利益的政治家，根据国家政治、经济和思想文化等许多方面的因素，才能研究出来符合国家各个阶级和阶层的长远的和根本的利益和意志，才能真正代表人民利益和意志的普遍意志。

个体性，这是指普遍性与特殊性两种规定性返回到自身内的个体，把普遍性和特殊性包括在自身内，具有丰富的内涵。普遍性对个体性而言范围广泛，包括所有的，是比较抽象的。个体只是普遍性的一独立分子，特殊性则是相对于普遍性而言的，部分个体性与其他部分个体性虽然普遍性相同，但是它们之间还有差别，具有不同性就是特殊性。特殊性是普遍性中的一定范围，或者整个过程中的一个阶段。个体是一个活生生的现实存在的东西，把普遍性和特殊性包含其中，用自己的个体性，展现其普遍性和特殊性，使普遍性和特殊性得到个体化的呈现。譬如中国作为个体国家，既具有世界各国的普遍性，又能够体现东亚国家的特殊性，更具有东方文化的典型个体性，是东亚其他国家所没有的个体性。

个体事物与现实事物的区别。个体事物是概念阶段，现实事物是本质阶段。现实事物只是潜在的或直接的统一，许多内容与形式并没有展示出来，就不能达到全面的具体的逻辑的统一。譬如植物的种子，包含植物的一切东西都是潜在的。而个体事物包含有普遍的东西，概念的个体性是纯全起作用的东西，不是像原因那样只是一个规定性对另一事物产生作用，这只是一个抽象的假象。一个事物对另一事物起作用，是具有全体性的，而不是单纯性的。个体事物反映实体各个环节的规定性和统一性，包含有具体的普遍性和特殊性。个体性是以自身每一环节都是构成概念的一个整体，对一切其他事物纯全起作用的。而现实事物作为抽象的事物，只是反映事物一个方面的规定性和统一性，只是事物内在本质与外在条件结合一个方面的规定性，普遍性和特殊性也是抽象的。譬如说人体五脏相生相克，木生火或肝生心，这是现实事物的认识方法。如果以概念的认识方法，则是不仅肝生心，而是人体诸多器官都对心有相生的功能，气血和心情等都对心具有相生的功能。本质是作为原因，只是对另一事物在一个方面产生作用的。譬如一个普通的人只是反映人的一般本性，就不能够反映一个人的全体的所有的各个环节不同性质的统一，就没有达到人的概念阶段，就不具有人的普遍性，他只能代表跟他一样特定的人。而像孔子、孟子和孙中山等人，就是以人的个体的面貌出现的，但是不是以个人（存在或本质）的面貌出现的，他们完全代表人的所有属性，即人的概念的普遍性，他们就是个体人，对人类的影响是巨大的。

概念的个体性不是直接的个体性，个体事物或个人那样，而是包含有普遍性和特殊性统一体的个体性。

人们以为概念就是一个抽象的普遍性，排斥各种事物的特殊部分，只要共性的东西。真正的普遍性要有特殊性和个体性结合为一体的，不是单纯的共相的东西。单纯普遍性抽象的东西是有限的，没有无限性。只有普遍性与特殊性、个体性结合为统一体，互相融会贯通，才有无限性。普遍性是从特殊性和个体性判断推论出来的，普遍性脱离特殊性和个体性，就成为抽象的普遍性，无法概括特殊性和个体性，就不是具体的普遍性，就无法指导特殊性和个体性。

特殊性是个体性和普遍性发展变化过程中的一个阶段，或者一定的范围，是普遍性和个体性的具体化，特殊性注重一个阶段或者一个环节的概念性，普遍性和个体性注重概念的全体性和整体性。特殊性是普遍性与个体性的中间过渡环节。离开特殊性，普遍性和个体性就缺少中间环节。譬如马克思主义普遍性原理，怎样在落后的国家建立社会主义国家（特殊性），东欧苏联和东南亚国家具有自己的特殊性，落实到在一个落后国家如何建立社会主义（个体性），即在中国怎样建立社会主义国家。落后国家的特殊性是通过武装斗争推翻反动统治，建立人民政权。在资本主义发达国家，就不能通过武装斗争夺取政权，建立社会主义国家。个体性采取武装斗争的方式不同，在俄国采取城市工人武装起义的方式夺取政权，在中国则采取农民武装斗争，农村包围城市夺取政权。

人类直到基督教时期，思想才进入意识。希腊人造诣很高，也只是认为神灵只是特殊的精神力量，没有普遍性的上帝。他们认为神灵不是对所有的人和物都有力量。希腊人对于人本身未被承认有无限的价值和无限的权利，把神和人只认作是有限的力量，是有限的精神力量。基督教把人当作有其无限性和普遍性的人格，把人的地位提高到了应有的地位，真正认识人的力量是具有无限性的。奴隶是没有自我的物品。世界上只有上帝有无限性，真正的人也有无限性，一般人和其他物品则没有无限性。一般人既不能认识自己，更不能认识他人和世界，所以是有限的。基督教的精神能够通透所有人的心灵，仁爱思想也能穿透所有人的人心，才具有无限性。

二、概念的来源和形成问题

概念不仅是单纯的存在或直接性的东西，不是直接就能够得到的，而是包含有中介性，是通过一系列的自己通过自己，并且自己和自己中介才能得到的东西。概念通过自己与自己中介，在个体事物进展到每一个环节，对全体每一环节的整体得到一个全面统一的认识。并不是知性逻辑认为的那样，概念是对表象内容，通过主观活动认识，通过抽象方法概括对象的共同点而形成的概念。其实概念是真正在先的东西，因为任何事物的活动，都是它固有的东西产生出来的，自我展现出来的，并不是后来外在原因导致才产生的。人们没有认识以前概念已经在先存在了。譬如植物的种子生根发芽开花结果，是种子自身已经存在植物这些东西，只不过是自然活动产生的，不是人们干预的结果。相反知性认为的表象内容的概念，不是事物本身固有的东西，是随时消失的东西。这个思想出现在宗教意识里，上帝从无之中创造了世界。这个上帝或无其实就是概念的代表，世界和有限事物是从上帝的神圣思想和神圣命令的圆满性里产生出来的。上帝具有无限的概念思想，上帝依据概念的思想创造了世界，即世界离开上帝的神圣思想，就无法产生。由此必须承认：思想，准确点说概念，乃是无限的形式，具有同上帝一样的创造力，是具有自由的和创造性的活动，它无须通过外在的现存的质料来实现自身，它自身具有一切创造力，不仅能够创造神圣的思想，下达神圣的命令，也能够创造一切质料之类的东西。

黑格尔在这里强调概念的作用，看到了概念在人类认识世界和改造世界的巨大作用，即世界许多东西离开概念根本无法产生。譬如今天许多科学的东西，量子计算机、智能机器人等等许多东西，没有概念指导，根本不可能产生。黑格尔说的概念乃是无限的形式，或者说是自由的创造的活动。概念可以独立自由存在，可以创造质料，创造世界。现代许多科学东西，都是客观现象世界没有的东西，而是科学家根据客观性创造出来的。人的认识能力低下，就主要依靠客观现象世界认识世界和改造世界。人的认识能力强大，就要依靠超强的思维能力、概念思维方式来认识世界和改造世界。

一个人对客观世界的认识达到了概念的状态，就是自由的状态。充分认识世界客观规律，在人们尊重客观性的基础上，能够让世界按照人们的意愿发展变化。相反人们只相信存在的认识阶段是真理，人们只能在黑暗的环境中摸索前进，不知道自己的命运如何发展，会有许多偶然性，一个人在社会和自然面前就是一个不自由的人。诸葛亮在隆中三分天下，就是对当时社会有了一个概念性的认识，才能一语中的。一个政治家或者一个政党，其认识达到概念程度越强，掌握团体或国家的程度就会越自由。认识没有达到概念的高度，掌控的力度就越小。基督教的上帝能够对世界达到概念性的认识，就能够得到那么多基督教信徒。中国的儒家以德治国思想达到概念性的认识，得到了无数仁人志士的信仰。

人类如果在认识上和思想道德上能够真正的达到统一状态，人类社会就能够按照概念的逻辑发展变化，真正达到自由的王国。目前人类还没有对社会的认识达到概念阶段，也没有实现以德治国，因此没有全民团结一致，因此无法完全掌握国家和人类世界，也就无法掌握自己的命运。

概念是完全具体完整的。因为概念是同它自身否定的统一，即概念是由自身各个环节组成的，一个环节与一个环节，环节与整体之间通过自身的不断否定，相互否定不同性，产生同一性以及不同环节的特殊性，每一环节自身构成了一个概念的整体，最终达到了与各个环节和整体具有完全统一的性质，就达到了各个环节的独立的自由的统一。这就是概念完全具体的含义。所谓概念的具体是逻辑的具体，而不是事物的具体，只有逻辑的具体才能够完全地全面地反映客观性的东西。所以概念能够与作为自在自为的特定存在有机结合为一体，概念从逻辑上反映个体事物的一切规定性，这就是个体性，构成它的自身各个环节的联系，能够反映同类事物的规定性，因而具有普遍性。我们所说的举一反三就是这个意思，把"一"研究达到概念的阶段，就能够反映所有同类事物的具体普遍性。如果概念的普遍性缺乏完全具体的内外统一性的规定性，那么与特定存在结合，与特定存在的一些规定性产生对立，无法融合为合二为一，就不是真正的普遍性。本质只反映事物抽象的内在关系以及外在表现，反映事物一个抽象环节的发展变化。概念反映个体事物各个环节，以及与整体之间的关系，全面反映个体事物各个环节的规定性和整体性的统一。本质只能反映特定存在的本质属性，不能完全反映事物个体性中的普遍性。概念的各个环节是不可分离的，每个环节都是包含整体的个体性，缺失一个环节，就不是一个个体的整体性了。譬如一个人的生命个体，缺少一个器官或脏器，生命就不健康，甚至死亡了。

反思的范畴总会被认为各个独立有效的，可以离开对方而孤立的理解，认为它们是孤立存在的，其实这是错误的。认识事物开始可以这么理解，但是你的认识和理解就是自在的，离开反思范畴就是不自由的，就要受到严格限制的，是有局限性的。最后要把任何事物都看成是一个整体性的个体，把个体的各个环节联系为一个有机统一的整体，才能理解个体的各个环节的功能和价值和整体的价值，才具有具体的普遍性，才能从有限过渡到无限。一个人一生不自由，就是不知道自己的命运是与他人和社会融为一个整体。自己独立存在，与他人与社会产生矛盾和对立，不能够与他人和社会消除对立融为一体，就无法掌握自己的命运。人要想自由，既要保持独立，又要与他人和社会关系和谐，融为一体，成为社会整体中的一员，具有紧密的不可分割联系的。高明的中医总是从人体的整体去看某一器官的疾病，而不是头痛医头，脚痛医脚。

三、概念的相同性、差别性与明晰性

普遍性是相同性，概括所有这类事物统一性的东西（普遍真理）。特殊性是差别性，以普遍性为指导，在一定的范围或一定的过程中，就会找出不同性和差异性。譬如中国历史文化，在东亚国家朝鲜和韩国受中国东方历史文化影响比较大，同中国相同性多一些。日本影响相对小一些，朝鲜、韩国与日本就体现出具体的差异性。普遍性走向实际，与客观实际结合为一体，就要出现特殊性和个体性。个体性是普遍性和特殊性的真实体现。譬如一个中医，开始学到中医知识原理（普遍性），接触到许多病人的时候，会遇到同一类的病人，还可以分成几种类型（特殊性）的病人，再找到各种类型病人的具体治疗方法。当具体接触每一个个体的病人时，运用中医知识原理，以及这个病人偏向那种类型的病，对这个个体病人对症下药，才能真正治疗好一个病人。概念只有区分好普遍性、特殊性和个体性的关系，才能达到明晰性的认识。

特殊性是在普遍性的大范围内，再划分不同性质，在普遍性范围内有相异的地方，特殊性是自身包含有普遍性，比普遍性要具体一些，比

个体性要抽象一些，趋向于个体，是普遍性向个体性过渡的东西。譬如运动是绝对的，这是普遍性。但是具体运动形式又有特殊性，有机械运动、物理运动、化学运动、生物运动和社会运动等形式。具体到每一个个体事物，又具有自己的运动形式。

个体性是主体的或基础的东西，它包含有种（普遍性）和类（特殊性）在自身，是实体性的存在。

概念具有抽象性，是思想的抽象，不是感官材料的抽象。概念的抽象是对思想的思维加工，科学的抽象是对感官材料的思维加工。概念的抽象是把科学思想的分散性，用思辨思维方式加工成为统一体的逻辑思想。譬如在存在里的质的范畴，不是研究具体事物的规定性，而是研究所有事物规定的共性，即所有事物都有规定性的思想。科学研究具体事物的规定性，化学研究化学分子的规定性，生物学研究细胞的规定性。科学抽象只是把感官材料思维加工后，反映事物一个方面变化的科学原理。

概念虽说是抽象的，但它不是"存在"和"本质"阶段的抽象，只反映事物一个方面的性质或本质，没有全面完整地反映个体事物各个环节和整体的所有属性。概念是主体本身具体的抽象，对感觉和质料直接性来讲是抽象的，对逻辑思维的规定性来讲则是具体的。概念同存在和本质比较，具有思想性很强的具体性，概念全体每一环节都能够反映概念的整体。本质只有事物一个环节两个方面的对立统一，与全体的其他环节没有排除对立，没有达到统一。绝对的具体就是绝对精神和理念。所谓绝对的具体是指主体与客体达到绝对具体的统一。因为精神和理念只有达到绝对的具体统一，才能够穿透主客观世界一切东西。客观的东西是有限的，没有自动统一世界的主动性。只要主观具有主动性，能够达到主观与客观的统一。

概念是根据其研究其思想所涵盖的范围大小，得出不同的普遍性，以及特殊性和个体性，概念还没有达到对主观和客观世界统一的绝对认识，因此，还没有达到理念的认识阶段。概念只是认识理念的一个阶段，一个个概念综合统一起来，才能形成对世界完整的认识，才能达到理念认识阶段。

普通人说的概念，如人、房子、动物等，单纯的规定性和抽象的观念，就是采取普遍性其中一部分的规定性，即抽象的普遍性，而将概念的特殊性和个体性丢掉了。譬如对人的认识，只知道人的有语言、有思想、有品德等，这只是对人抽象的认识，没有对人形成一个全体的整体的普遍性的认识。要想得到对人的普遍性的认识，就要把人所有全体的每一环节和每一方面研究明白，从整体看每一环节的人性，并把人的各个环节统一为整体认识，形成对人整体的普遍性的认识，才具有逻辑的具体性。

个体性是建立概念的基础。个体性就是研究个体事物，要从个体事物的全体的和整体的去研究每一环节，这样就会出现个体事物整体的各个环节的规定性，而且每一环节的规定性都能够反映整体的规定性，每一环节之间都能达到真正的有差别的整体性的统一，不是个别规定性的统一。概念就是在个体性基础上最后建立起来的。概念的普遍性是同种的规定性，特殊性是同类的规定性，只有个体性是包含前两者。个体是现实的表达，普遍性和特殊性都是逻辑的表达。

个体性是概念否定的自身反映。普遍性呈现统一性，个体性呈现出差别性，具有具体性和不同性，自我区分自我分化，它有具体丰富的性质，就是对概念普遍抽象同一性的否定，这样一来概念的个体规定性便建立起来了。个体性的各个环节表现出具体的性质便是特殊性，一个个特殊性呈现出来了。第一区别的东西表示概念各个环节彼此间自己有具体的规定性；第二则是各个环节的同一性，即这个环节就是那个环节，各个环节彼此具有相通性，各个环节具体的同一性便建立起来了。这种建立起来概念的个体的特殊性就是判断。先判断概念各个环节的特殊性，然后再把各个个体的特殊性同一起来，形成个体性。譬如一个人有这样的特殊性，那样的特殊性，把这些特殊性同一起来就是一个人的个体性。如果一个人只有一部分的特殊性，没有完全地体现出来人的普遍性所包含的各个特殊性，这个人就不是一个个体之人，只能是一般个人或抽象个人。

第三节　判断——依据普遍性对概念各环节予以区别和规定

一、判断

判断是概念在它的特殊性中。判断是对概念的各环节予以区别和规定，确定各环节的规定性，由区别而予以自身的联系。判断的目的就是确定概念各环节的特殊性，具有独立的规定性，对各环节有具体的准确的认识，它同时主要跟自身同一不与别的环节同一。

通常我们一提到判断，首先想到判断中的两极端，主词与谓词是各自具有独立性的，以为主词是一实物，或独立的规定，以为谓词是一普遍性的规定，主词谓词没有内在联系。好像谓词在主词之外，好像在我们脑子里想出来的，不是主词本身固有的规定。其实主词谓词联系的"是"字，已经表明谓词属于主词的，不是我们主观规定，也不是两个实物之间的联系。德文判断的意义，表示判断是概念的统一性是原始的，本身固有的，不是人们外在给予的。而概念的区别或特殊性，是对原始的一体东西予以分割。这的确足以表示判断的真义。

判断开始都是抽象的。抽象的判断可用这样的命题表示："个体的即是普遍的"。这个判断的意思就是个体包含普遍性，但与普遍性不是完全等同的，最初彼此是对立的两个规定，概念的各环节开始被认作直接的规定性和初次的抽象。个体即是特殊的，特殊即是普遍的等命题，个体各个特殊性都体现了普遍性，没有缺陷，个体才能进展到普遍性。这些则属于对判断更进一步的规定，判断的目的就是将主词与谓词规定之间的区别，把它们表述成同一的。

判断就是把个体的东西，找出特殊性的东西，与普遍性相联系，才能找出个体具有的普遍性。如果个体没有普遍性作为判断的依据，就不知道个体都有普遍的规定性，使个体得不到概念性的认识。因为普遍性对事物有全面的整体性的统一性的认识，为人们认识个体事物提供概念标准，个体就能够得到概念性的认识。在判断的过程中，个体出现许多特殊性作为过渡环节，把个体一个个特殊性判断以后，就能使个体从特殊性过渡到普遍性。判断就是由浅入深，由表及里，由片面到全面的一个过程。个体必须通过特殊性，才能过渡到普遍性。譬如这个人是个体的，他有儒家的仁义道德品德，有以德治国的政治思想和能力，有科学文化，有艺术修养等，从一个人的特殊性，形成一个整体性，与普遍性统一，过渡到普遍性。

判断里联系的"是"字是从概念的本性里产生出来的，即使是外在的规定也是概念本性的表述。因为概念虽然是外在化的东西，也是与它自己的本性具有同一性，而不是在存在里，外在化只是表述事物的外在性，与事物的本性没有关系，因为它的外在的东西是单纯存在的，与事物的全体没有任何联系。个体性和普遍性作为概念的环节，是不可能彼此孤立的两种规定性。普遍性是在个体性和特殊性基础上建立起来的，是个体性具有共同的特殊性的规定，祛除个体自身固有的其他个体没有的特殊性，即祛除个体不同的特殊性，才能得到普遍性。前面讨论的反

思的规定性，它们的相互关系中也彼此互相联系，但它们的关系只是
"有"的关系，不是"是"的关系。"有"的意思只是包含对方什么东西，
彼此之间还有很大的差别，同一只是相对的。而概念的"是"明白建立
起来同一性或普遍性的关系，差别和对立已经完全消除。所以判断就是
得到概念的特殊性，因为判断就是概念的区别或规定性的表述，把个体
的各种规定性都予以表述，而不是抽象地表述对立的两个方面的规定。
其实个体事物具有多方面的规定性，就像一个人的生命体，其关系错综
复杂纵横交错，只有明白建立它们之间的关系，才能达到普遍性。

判断一方面是概念之间的联结，甚至是不同种类概念的联结。这是
从概念的构成的前提和差别而言的，概念与概念之间有不同性和差别
性。概念的差别或不同，是因为有完全普遍性的概念，有带有特殊性一
些的概念，有些对概念的认识不同，没有达到尽善尽美，会产生一些差
别。如果说概念有种类的不同是错误的。因为概念虽说是具体的，可能
存在一些差别，但是概念本质上仍是一个概念，本质是相同的，只是具
体内容有差别的。概念所包含的各个环节不能认作种类的不同，而是同
一种类的不同环节。判断的两边加以联结，认为联结的双方是各自独立
存在的，不是一体内的东西，也是错误的。概念无论联结多少，都是一
体内的各个环节的联结，不是两个独立对立的实体的联结。主词与谓词
也不是两个不相干的东西联结，谓词不是我们脑子内找出来的东西。而
是主词自身固有的东西。我们说"这朵玫瑰花是红的"或者"这幅画是
美的"时，我们这里所表达的，并不是说我们从外面把红加给这朵玫瑰
花，把美加给这幅画，而是说红美都是这些对象自身特有的诸规定之
一。概念的判断无论是哪方面的规定，都是从概念角度出发的，而不是
单纯地判断事物的规定。概念判断任何一个规定，都是从全体的角度判
断的，不是单纯的判断。具有概念思维的人，譬如围棋高手，每走一步
棋都是从全局布局的角度去思考的，绝对不是看一步走一步。形式逻

辑对于判断的通常看法还有一个缺点，认为判断好像只是一个偶然的东西，从判断的进程也没有证明具有必然性。但是概念本身并不像知性所假想的那样固执不动的，没有发展过程的，它毋宁说是具有无限的形式，绝对运动好像是一切生命的源泉，自身分化期之身。因为任何事物自身具有对立和排斥性，一刻也没有停止对立和排斥，只要有对立和排斥，就要有运动。这种由于概念的自身活动而引起的分化作用，把自己区别为它的各个环节，这就是判断。人们只有通过概念的活动过程，才能看到概念不同环节不同表现。由浅入深，由表及里，由简到繁，由片面到全面，由部分到整体，由个别到全体。这种由于概念的自身活动而引起的分化作用，把自己区别为它的个环节，确定个环节的规定就是判断。因此判断的意义，就必须理解概念的特殊化。概念已经是潜在的特殊性。概念开始表现为普遍性，特殊性没有显现出来，在其发展变化过程中逐步显现出来。譬如前面所说的植物的种子诚然已经包含有根、枝、叶等特殊部分，但这些特殊的成分最初只是潜在的，直至种子展开其自身时，才能得到实现。这种自身的展开也可以看成是植物的判断。概念乃是内蕴于事物本身之中的东西，事物之所以是事物，不是因为事物的表象规定，而是因为由于自身包含概念的原因。因此把握一个对象，必须依据这个对象的概念来把握，不能以事物的表象来把握，才能真正把握这个事物。因此，当我们判断一个对象时，并不是根据我们的主观活动区加给对象以这个谓词那个谓词，而是我们观察对象的概念的自身所发挥出来的规定性给出谓词。

　　判断是由事物自身产生的。一切事物都是一个判断，一切都是个体的，不是抽象的。所谓事物是个体的，是说事物是由各环节构成的，而不是一个规定性就能够构成事物。判断通常被认为是一种主观意义的意识活动和形式，是纯粹出于自我主观的意识思维活动。但是在逻辑原理里，却并没有作出这种区别，不分主观与客观。判断是依据事物的客观本性表述的，是通过主观意识活动和形式表现的。一切事物都是个体的，个体思维不是片面性的规定，而是全体性的规定，因此，个体事物包含普遍性，是个体化的普遍性，是用个体来表现普遍性。而普遍性自身则是包含所有同类个体事物共性的东西。因此个体化的普遍性与普遍性是有区别的和差别的，但同时具有同一性。

命题与判断的区别。命题与主词没有普遍关系，只是表述一个特殊状态。譬如说凯撒是某年生于罗马，参加十年战争等，只是描述凯撒的经历，没有表述凯撒作为个体人的普遍属性，就不能成为判断。只有对事物客观表述具有同一性，与普遍性联系起来，对事物的表象（潜在的个体）的各个方面和各个阶段的规定性逐步表现，显示出各个方面的特殊性统一为一个体，才能成为一个个判断。

判断所表示的观点是有限的。因为判断是对个体事物的判断，而个体事物是有限的，它不能完全表现概念的普遍性，只能以有限的个体事物自身来表现普遍性，而不是以概念自身来表现普遍性，所以是有限的。只有概念来表现普遍性，才能完整地全面地表现普遍性。个体事物以它的特定存在和它们的不完整的普遍本性（类似肉体和灵魂的关系）虽是联合在一起的，但是它们这些环节仍然是不同的，具有缺陷性，所以又是可以分离的。只有达到概念阶段具有完美无缺的程度，才是不可分割的统一体。譬如一个文学家或者艺术家，开始创作的时候，都是一部分一部分进行构思创作的。这个阶段就是个体阶段的构思，没有形成完美的构思。在创作的过程中，不断有新的构思和思想出现，最后创作一个完整的文学作品或艺术品，才能真正表达艺术思想和精神内容，成为一部概念性的文学艺术作品。一般的作家和画家，创作中因为没有形成一个完整思想概念的作品，只是表达部分思想，没有达到概念思想表达的水平，就不会称其为真正的艺术作品。

判断的内容。在"个体是共体"抽象判断里，主词是否定自身个体性联系的东西，用共体的普遍性来否定个体性，就是要判断个体的特殊性，个体的同时性才能与共体的普遍性联系起来，才能得到与普遍性联系的特殊性，否定个体与普遍性没有联系的其他的特殊性。主词又是直接具体的东西，个体必须指向具体事物。谓词是抽象的、无规定性普遍的东西。譬如这朵玫瑰花是红色的。共体是任何一类的事物都可以有的规定性（红色）。但是，主词和谓词被"是"联接起来，普遍性的谓词也必然包含有主词的规定性，因而是特殊性。譬如红色是玫瑰花的特殊性，玫瑰花不是其他颜色。而特殊性就是主词与谓词确立了同一性。特殊性就是主词与谓词联系起来形成了形式，反映了特殊性的内容。譬如玫瑰花与红色联系起来，构成了玫瑰花颜色的形式，反映了玫瑰花红色的内容。

主词具体很多具体的内容，或者诸多的特殊性。主词必须通过谓词的规定，才具有明确的规定性和内容，孤立的主次只是单纯的表象和空洞的名词，没有具体的形式和内容。如上帝是绝对自身的同一者，上帝和绝对都是单纯的名词，没有具体内容。因此谓词只有对主词规定性进行具体的判断，才能得到特殊的形式与内容的东西。

主词是个体，谓词是共体。主词是某物，谓词是某物的性质，这种说法未免太过肤浅。因为这种说法对于两者丰富的差别毫未说出来。按照概念的看法，主词是个体，谓词是共体，即谓词是把主词的个体的普遍性判断出来。谓词对于主词的判断，不是任意判断，而是围绕主词的普遍性即共体进行判断，所以说谓词是共体。在判断的进一步发展过程中，主词与谓词结合，主词便不单纯是直接的个体，而谓词也不单纯是抽象的共体。主词通过判断获得特殊性和普遍性的意义，谓词也获得特殊性和个体性的意义。所以判断的两方面虽有了主词与谓词两个名称，但在发展过程中，它们的意义却有了变换。譬如中国新民主义革命与马克思主义相结合，中国得到了毛泽东思想就是具有特殊性和普遍性意义的马克思主义。而马克思主义则与中国革命相结合，具有了特殊性和个体性的意义，成为具有中国特色的马克思主义。

主词与谓词的关系。主词是否定自我关系，个体开始是整体的东西，也是抽象笼统的东西，在与谓词（普遍）的联系过程中，不断否定自己的直接性，寻找自己的特殊性，就是不断判断个体自身的各个规定性，就是不断否定自我得到整体性。谓词就是围绕主词从直接性自我否定产生的特殊性，形成普遍性。因此主词就是谓词稳固的基础。谓词是围绕主词发展下去的，不是漫无目的开展的。连续一系列的谓词持续存在于主词里，包含在主词里。主词是直接的具体的，谓词只是一种特殊内容围绕主词，只是表示主词许多规定性之一。从这个意义上说，主词比谓词更为丰富和广大。

反之，谓词作为共体，它是独立自存的，而且与主词的存在毫不相干。譬如玫瑰花是红色的，红色是独立自存的，是与主词的存在毫不相干的，许多事物都有红色的性质。从谓词独立自存来看，谓词则比主词广大，使主词从属在它的下面，主词只是谓词的特定内容红色中的一种事物。主词与谓词的互相差别，只有谓词的特定内容，才能构成两者的同一。

判断的种类。判断最初主词和谓词特定的内容是被设定为相异的，或彼此是相外的，但是从本质看它们是同一的。由于判断是围绕个体的全体的具体展开的，主词不是任何某种不确定的杂多性，而是个体性，主词具有特殊性与普遍性同一在个体性之中。同样谓词因为主词的个体的全体性，也是统一的。开始判断只是用一个抽象的"是"字去表述，依照同一性来看，主词也须首先是设定具有谓词的特性，还没有展现自身的个体性的特殊性和普遍性。同时谓词也获得了主词的特性，这只是联系字"是"充分发挥其效能了，把主词和谓词的特性联系起来了。这只是简单的特性联系，不是具体的丰富的概念联系。判断的进展最初只是抽象的感性的普遍性加以个体的全、特殊的类和普遍的种等等规定，进而发展到概念式的内容与形式完全统一的具体普遍性。

通过对判断的了解，我们可以区分杂乱无章、捕风捉影和概念判断之间的区别。概念不同的判断是一个跟随一个必然进展过程，而不是任意的割裂的判断，是对概念自身的一种连续的规定。判断就是得到特定的或规定的概念，不是得到事物的特性。从前面的"存在"和"本质"两个范围看来，特定概念作为从判断而来，是从存在和本质两个范围推演而来的，运用"存在"和"本质"的思维方式，得出特定概念的认识。

不同种类的判断，并不单纯是经验的杂多体，而是必须理解为通过思维得到规定的一类事物的全体性。康德的一个伟大功绩在于，首先指出了这种要求的必然性，任何判断都要得出同类事物的全体性，而不是分散的杂多性，这样的判断才有认识价值。虽然康德根据他的范畴表格的架格，提出了对于判断的分类，只是分出了质的判断、量的判断、关系的判断和样式的判断，注重存在的判断，满意于样式的判断。这个分类不能令人满意，因为内容极其空疏，不能够认识概念的具体丰富的内容。他的这种划分确系基于真实的直观，我们要规定各种不同的判断原则，即逻辑理念的普遍形式本身，依据这种看法，我们便可获得三种主要判断形式，即相当于"存在"、"本质"和"概念"三个阶段。概念是存在和本质的统一，则概念在判断中的发展，也必须符合概念变化发展的方式，重现这两个阶段的范畴。譬如玫瑰花是红色的判断，是存在阶段的判断，这个植物有治疗功能是本质阶段的判断。

判断也有不同的价值区别，是构成一种阶段性的次序。如说"这墙是绿的"（眼观），"这火炉是热的"（感觉），都是存在范畴的判断，判断力是极其低下的。"这件艺术品是美的"，是内在的品质判断。"这人是善良的"，是一个人的内在品质判断，是本质范畴的判断。这样的判断力比较高，一般人达不到这样的水平，对事物概念的判断则是更高的判断力了。判断力高低也有不同的价值判断。

二、质的判断——肯定个体的特殊性

质的判断是直接判断，直接判断是定在的判断。直接判断的主词被设定在一种普遍性里，普遍性为谓词，是一种直接的质，感性的质。譬如这个人是男人，直接主词这个人被设定为男人这个抽象的普遍性，男人能够感觉到的直接性，没有无法感觉到的内在规定性。

质的判断是肯定的判断，肯定个体是特殊的。如这玫瑰花是红色的，红色在色系中只是特殊色。但是个体并不是特殊的，这种个别的质并不符合主词的具体的本性，个体应该是特殊和普遍的统一。这种个别的质，只是符合个体表象的规定性。因此，从个体的本性来看，这样个别质的判断实质就是对个体本性否定的判断，即是对主词具体本性的否定，这样的判断只是指出主词一部分外在的属性。

譬如说这朵玫瑰花是红的，说这类质的判断包含有真理是偏见的，至多可以说是不错的，只能说是包含有个体的质的规定性。以存在的范畴为标准，说玫瑰花是红色的是对的，以本质范畴为标准就是错的了，以概念为标准就更是错误了。内容是有限的，只是表示玫瑰花的颜色，其他内容没有表述。我们对质的判断要有正确的认识，不能以质的判断代替真理性的判断。我们说判断错与不错，取决于其内容是否符合个体本性。在质的判断里得到是表象内容的判断，所以说是不真的。真理完全取决于它的形式，取决于形式与内容的完整性，符合概念的实在。这样的真理在质的判断里是找不到的。

在日常生活里，"真理"与"不错"常常当作同义词。其实"不错"的意思只是指表象与它的内容有了形式上的符合，而不问这内容的其他情形还有许多东西。反之，真理基于对象与它自身的概念内容相符合。

譬如这个人身体有病了，这个人偷东西，这话不错。但是反映这个人的内容（概念）却不是真的。这个人身体不仅仅是有病，身体还有其他许多健康的内容没有涉及和反映，只是说出了一个人身体的表象特性。偷窃行为与人的行为也是不相符的。一个人不仅有偷窃行为，还有诸多行为没有涉及和反映。一个直接的判断，某一事物某种抽象质的表述，不能包含真理，因为主词与谓词彼此的关系，不是实在与概念的关系，没有把主词所有的内容判断出来。一个人病了身体不是真实实在的身体全部，只是一个人身体的极少现象的反映，身体大部分是健康的。但是这个判断无法反映一个人身体健康状况的真实情况。全部实在性的统一表述，才能反映事物的真理，成为与此物相符合的概念。

直接判断不真，是它的形式与内容不符。当我们说，"这玫瑰花（形式）是红的"时候，由于联系字"是"作为媒介，就包含主词与谓词彼此是一致的，而不是说有红色，还有其他本性。这个直接判断只能得到一个表象的性质，即红的是内容。玫瑰花红的只是一个表面性质，还有香气、形状和其他许多特性，都没有包含在"红"之内。另外谓词作为一个抽象的共体，也不单纯适合这一主词，其他主词也适合，许多花或东西也同样是红的。所以在直接判断里，主词与谓词彼此间只是在一点上有接触，其他各个环节都没有接触，因此它们彼此并不相吻合。概念的判断与此不同。当我们说这个行为是善的时候，我们便对善的行为作出全面的判断，而不仅仅只是在一点上接触。在直接的判断里，谓词乃是一种抽象的质和，主词与谓词彼此是松懈的外在联系，这个谓词的质可以隶属于主词，也可以不隶属于主词。反之，在概念的判断里，谓词好像是主词的灵魂，主词作为灵魂的肉体，是彻头彻尾地为灵魂（谓词）所决定的。在概念判断里，主词与谓词之间是唯一性，不可分割性。譬如孔子是儒家学说的创始人。孔子创立儒家思想是唯一的，其他人没有。

质的否定只是对谓词相对普遍性的一种特质被否定，但是主词与谓词仍然保持联系。譬如玫瑰花不是红色的，否定红色的特质，仍然还有其他颜色。否定的同时，又是一种肯定的判断。虽然对个体事物进行肯定判断，但是这种个别事物不具有普遍性，因此即使肯定判断，也得不到普遍性的东西，只能得到空洞的同一关系，玫瑰花否定是红色的，就是肯定是其他颜色，无论如何否定，只能得到空洞的内容，不会深入一步得到什么具体的内容。结论个体还是个体，即玫瑰花还是玫瑰花，没有得到玫瑰花的任何内容。或者这样的否定判断，只能得到无限空洞的判断，否定形式为"精神不是象"，"狮子不是桌子"等等。这样的否定毫无意义。或者说"你这个人不是人"，至于这个人是什么东西没有判断出来。这些判断表达了存在着的东西或感性事物的性质，结果只能是一方面成为空洞的同一性，另一方面成为无限的完全不相干的关系。质的否定判断，不能否定它的外在的普遍性，只能否定它的特质，不能否定质本身的东西，一直在质的范畴判断，不能使我们的思维进入个体事物的内在本性。如果完全否定质的事物，就是无限否定，主词与谓词完全隔绝了，谓词就不能判断主词的本性或普遍性了。

三、反思的判断——解释现实事物内在功能和属性

反思判断是谓词解释主词的性能、功能和作用等，是内在的功能，不是外在的表象特性。反思的判断作为返回到自己的个体，即判断个体的性质从自身去看是什么关系，不是与自身没有多少关系的东西。譬如质的判断这玫瑰花是红色的，红色跟玫瑰花自身内在什么关系，红色的东西很多，不是玫瑰花固有的本性。而反思判断是把判断的东西与自身联系起来，是个体自身内在的性质，而且是看不到感觉不到的。譬如这一植物可以治疗疾病，治疗疾病与植物联系起来，返回到植物本身，反

映了植物固有的本性，不是任何植物都具有这个功能的。

反思判断是在实存里解释一种事物内在的功能，谓词是主词里的个体事物的本质属性表述。不是在个体外在表象里表述其特性。反思判断不管植物什么颜色，什么形状，只研究植物内在功能，是否能够治疗疾病。这样一来，谓词的普遍性（治疗疾病）便获得相对性的意义，有这种功能或者那种功能和本能等等。

质的判断就是从主词的直接个体性的特质来看的，不与别的东西相联系。譬如玫瑰花是红色的，主词玫瑰花只与红色这个个体的特质联系去看。而"这一植物可以疗疾"，是植物与疗疾这一事物联系起来看，谓词都是反思事物内在的规定，是主词只是固有的东西。而质的判断则是个体事物可有可无的性质，玫瑰花失去红色一样是玫瑰花，还有白色的玫瑰花。植物失去疗疾功能便不是这个植物了。通过反思的规定，谓词超出了主词的直接的个体性，进入主词的本性，但是还没有使主词达到概念的判断，没有全部把主词的各个环节的规定性提示出来。通常抽象理智式的思维喜欢用这种方式判断，一个反思判断就以为得到真理性的认识。我们对所考察的对象愈是具体，对这种对象可以提供更多的观点进行反思。但是通过反思的思维决不能穷尽对象固有的本性或各个环节的规定性，得出概念性的认识。因为反思思维只是在个体范围内思维，不能突破个体进入所有的特殊性和具体的普遍性。

第一，主词作为个体在单一判断里是具有共体性的，具有类的功能。譬如"这个植物"，"这个"是一个体，"植物"是一个共体。主词在单一判断是指（植物）被认作有普遍性时，即"这类植物都可以疗疾的"，并不是只指这一个单独的植物是可以疗疾的，而是指这一类的植物都有这种功能。第二，从单一判断进而得到特殊判断，这个植物可以疗疾，那个植物可以疗疾，这样的植物都可以疗疾的。这样由个体性进展到特殊性。直接的个体性（这个植物）通过特殊性（这些植物）便失掉其个体自身的独立性，进而与别的同类事物联系在一起形成特殊性。作为这个植物，便不仅是一个别的植物了，而是众植物中的一分子了。特殊判断既是肯定的，这些植物有疗疾功能；又是否定的，与这些植物不同的那些植物没有疗疾的功能。"一些物有这个功能"，这是特殊判断。第三，判断又进展到第三种形式，从这些对象自身来看，所有这些个体事物都具有这个本性，即由特殊性进入普遍性，进入反思的判断就是全称判断，譬如凡这类植物皆能治疗疾病，凡人皆有死，凡金属皆传电等都是全称反思判断。全称反思判断是把这类所有个体事物的特殊性判断后，得到一个普遍性的东西，才能称为全称判断，即所有的这类事物都具有这个本性。个体判断是这个事物有这个本性，特殊判断是这些事物有这个本性，全称判断是所有这类事物都有这个本性。判断认识是从个体到特殊，最后到普遍性。

全体性的反思是我们进入普遍性一种思维方式。思维开始只能从个体事物作为反思的基础，得到本性的认识，然后主观思维逐步扩大范围，把这类个体事物的一些事物归纳为特殊性，最后概括为全体就为普遍性。普遍性（种事物共同的本性）才是个体事物的根据和基础，根本和实体，个体事物自身的特性则不是存在的根据和基础。因为个体事物失去特性，个体事物依然存在，如果个体思维失去普遍性，则失去存在的价值。譬如所有这类绿色的植物是可以疗疾的，当这个植物失去绿色时，这个植物依然可以疗疾。如果这个植物失去自身本性的成分，这个植物就不具有疗疾这个本性了，虽然这个植物的外在依然与这类植物一样，但也是另外一个植物了。譬如说这个人不是人，却说他有勇气和学问，便是荒谬至极。因为说这个人不是人，就是说这个人根本没有人的本性，就根本就可能有人的本性勇气和学问。说一个体的人之所以是一个人，是因为这个体的人具有人的普遍性，只有个体性和特殊性，都不是一个真正的个体之人。这种普遍性不是抽象的质，也不是单纯的反思特性，而是贯穿于一切特殊性之内，包括一切特殊性在其中的东西。缺少特殊性的东西，不是普遍性。个体的全体特殊性，才能包括这类个体事物的一切特殊性，才能上升到这里个体事物的普遍性。

人的认识必须从个体开始，然后从个体的一些同类得到特殊性，所有的同类认识后就是普遍性了。人不可能一个个去认识，认识这一个金属铜导电，那个铁也导电，然后就认识这一类金属导电，那一类也导电，然后就认识所有金属都导电，即普遍性。个体事物是普遍性的现实化。同一普遍性表现在不同个体身上，就有不同的特殊性。

这样主词所有特殊性因为得到普遍性，被规定为上升进展为普遍性的东西。因此主词（特殊性上升到普遍性）与谓词的同一性（合二为一）便建立起来了。譬如凡金属皆导电，金属主词是所有金属与谓词导电具有同一性。判断形式上的划分无关紧要了，而是注重主词与谓词的这种内容的统一。内容统一即是与主词否定自身——否定主词自身的单纯性、单一性和个体性，回复到主词的同一普遍性，使得判断的联系成为一种必然联系，这个金属导电，那个金属导电，这些金属导电，那些金属也导电，凡金属必然导电，金属与导电具有必然联系。

从反思的全称判断——所有的人皆有死，进展到必然判断——只要是人，必然要死的。全称判断当说人或者植物，都是指所有人或所有这类植物的意思。

四、必然的判断——寻求二者内容内在的同一性

必然的判断，在内容的差别中寻求同一性的判断，即本性的同一或实质的同一。主词和谓词内容不同，但是二者本性具有绝对的同一性，所以二者在本性的联系是必然的。必然判断有三种形式：

直言判断。谓词的一方包含有主词的实质或本性，所有这些个体事

物都具有的具体的共同的本性，就是共相或类的意思；一方面所有同类个体事物的共体里，各种个体具有不同的规定性，互相具有否定性，因此也包含有否定的规定性在自身内。共体不仅肯定个体事物的实质或本性的同一性，还有否定其他个体事物不具有的这种具体的实质或本性。因而谓词表示排他性的本质的规定性，这个排他性的东西就是种，即共体中不同性的东西。这就是直言判断，直言判断就是判断事物的共性。譬如黄金是金属，玫瑰花是一植物。把一类事物归为共体里，具有共体的实质或本性，黄金有金属的实质或本性，玫瑰花有植物的实质或本性，得到对这类事物的共性认识，在不违反共性的前提下，再研究特殊性，不犯原则错误。黄金是昂贵的，不是直言判断，没有对黄金的本性作出判断，只是对黄金的使用价值进行判断。这个命题只是与人的嗜好有外在联系，与黄金的本性没有任何联系。说玫瑰花是植物，是说玫瑰花具有植物的本性。说尤卡斯是人，是说尤卡斯具有人的本性，而不是说尤卡斯具有人的外在性质。尤卡斯是一个典型的德国人，是说尤卡斯具有德国人的本性，而不是指尤卡斯是有德国籍的人。直言判断先把这个事物划归为哪一类的普遍性，金属类或植物类，为了找到这个个体事物的共同本性。沿着这个类的实体共同本性再继续研究下去，再接着研究特殊性和个体性，就会少走弯路。

直言判断在一定限度内有缺点，不能指出事物的特殊性，只能得到普遍性。譬如黄金是金属，银、铜、铁也是金属，在直言判断里它们之间是没有区别的。为了克服这一缺点，直言判断就要进展到假言判断。直言判断是前面本质范围内讨论的实体与偶性的关系。假言判断是相当于前面因果关系范围内的判断。

按照主词和谓词的实质性，双方都取得了独立现实性的形态，它们的同一性只是内在的。一方的现实性同时不是它自身的现实性，而是在它的对方才具有现实性，才能够存在。这就是假言判断。如果一个人骄

傲了，就要落后。骄傲和落后都是取得了独立现实性的形态，可以独立
存在。但是落后现实性的产生，是与对方骄傲实质性联系在一起的，具
有内在不可分割的联系。通过假言判断，事物的普遍性在特殊化的过程
中确立起来了。一个人落后的普遍现象由多种原因造成的，可能是骄
傲，也可能是不努力，也可能是固执己见自以为是等。直言判断只说出
主词的普遍性，没有特殊性。假言判断指出普遍现象的特殊原因。

假言判断只是指出了普遍性的一种特殊性，没有把个体所有的特殊
性都指出来，判断的两个方面没有达到同一。这样便过渡到第三种形
式，即选言判断。

在概念外在化过程里，它的内在全面的同一性同时也建立起来了。
在概念外在化的过程里，把所有共同本性的个体事物归为一类，所以共
性就是"类"。类就是在排斥他物的个体性里，男人排斥女人的个体的
特殊性，取得与自身的同一性。譬如男人的刚性排斥女人的柔性，使得
女人具有一定的刚性，同样女人的柔性排斥男人的刚性，使得男人具有
一定的柔性。这样就得到了人的刚柔相济的同一性。

这种判断，它的主词和谓词双方都有共性，这共性有时确是共性
（和谐），有时又是排斥自身，出现不和谐，这是自身特殊化的过程。在
这个过程里，不是这样就是那样，既是这样又是那样。它都代表类，这
样的判断就是选言判断。男人既是刚强的，又有柔情的，双方是不断变
化的，不是一成不变的。选言判断就是描述这种不同情况下的状态。选
言判断在事物发展的过程内，各种情况都包括在内作出的选择。甲如果
不是乙（刚强），必是丙或丁（柔情或刚柔相济，或偏刚强偏柔情），在
共性范围内变化。选言判断是把所有的特殊性全部选出来，即类（普遍）
是种（特殊）的全体，种的全体就是类。譬如诗的作品不是史诗必是抒
情诗或剧诗。类是诗，种是史诗、抒情诗和剧诗。选言判断的两方面是
同一的，这种普遍与特殊的统一就是概念。直言判断和假言判断不是概

念，只有达到了选言判断才是概念判断。

直言判断归类，找到事物类的本性；假言判断找到特殊性，自己本身的根据，最后选言判断分析所有的特殊性，把自己的所有属性展现出来。选言判断是从特殊性进入到普遍性，即所有的选项的特殊性都包括进去就是普遍性，也就进入概念阶段。概念就是看事物全体特殊性中的普遍性。

五、概念的判断——得出现实事物真理性的判断

概念的判断，以在简单形式下的全体，作为它的内容，不是部分作为它的内容，只有形式的全体，才能保证内容的全体。概念的形式就是普遍事物各个环节的联系，缺一不可。亦即以普遍事物和它的全部规定性作为它的内容。全体性的内容包括范围的全体，规定性内容的全体和过程的全体。

概念判断里的主词，最初是一个体事物，而以特殊定在（特殊物）返回到它的普遍性为谓词，即以普遍性与特殊性是否一致为谓词。如真善美正当等，确定一个体事物，人们给它下的判断是否符合它的概念，就以是否符合它自身的普遍性与特殊性一致为标准的。普遍性是一类个体事物共有的根据，特殊性是一种个体事物共有的根据，个体性、特殊性与普遍性相结合就获得了普遍性，个体事物就成为概念的东西了。特殊性不与普遍性结合，这个特殊性就是片面的东西，不是全面的东西，是有缺陷的和有局限性的东西。确定事物概念性的判断就是确然判断。确然判断就是全面判断，不能有任何遗漏的判断，就是能够准确全面有层次有逻辑地判断出一个体事物或行为的好与坏，真、善、美等，就有确然判断力。说一个花是红的，是表面的性质不是确然判断。

确然判断在最初直接的主词里，没有包含谓词所必须表达的特殊与

普遍的联系。确然判断如果只是主观的特殊性，没有达到客观的特殊性，就是一个或然判断，这样或者那样。主词只是人们主观分析的结论，没有与客观符合。主词逐渐分析判断，才能接近客观实际。

当客观特殊性确立在主词内，主词的特殊性成为它的定在本身的性质时，主词表达了客观的特殊性与它的本身性质符合的时候，与它的类之间就有联系了，主词与类的普遍性就有联系了，谓词构成概念的内容了。如这一所（直接个体性）房子（类或普遍性）是一栋豪华别墅（特殊性）。这一所房子是主词，谓词是什么性质的房子，是一栋豪华别墅，豪华别墅有具体的客观标准。这个主词（一所房子）是什么样的，谓词描述主词符合客观特殊性（别墅）的性质时，主词（一所房子）才有特殊性和普遍性（类——豪华别墅）的联系。如果主词在谓词的描述中有些地方不符合别墅的客观特殊性的时候，主词本身就不能包含客观特殊性在主词内。如果符合客观特殊性，就是必然判断了，即主词客观特殊性与普遍性一致。

主词与谓词自身都是完整的判断。主词要自身的主观性和客观性、特殊性与普遍性符合，主词和谓词必须作出一系列的判断才能完成。这样主词与谓词自身都是一个完整的判断。

主词的直接性质表明自身为现实事物的个别性与其普遍性之间的终结的根据。譬如这一所（直接个体）房子（普遍性），房子（普遍性）是谓词的根据，谓词一切判断都要根据房子的普遍性进行。主词的普遍性也是直接性个体本质判断的根据，围绕的个体性与普遍性进行判断。这一所房子是豪华别墅，普遍性是房子，一切判断要围绕符合房子的普遍性，个体性（这一所）要符合特殊性（豪华别墅）的客观标准，又要符合房子的普遍性，又要有自己的特殊性和个体性，才是概念的判断。

主词与谓词的统一，就是概念判断的任务，最后得到概念的认识。概念被区分为主词与谓词两个方面。譬如这一所房子是豪华别墅。豪华别墅（谓词部分）是有一系列的客观特殊性。开始人们对这一所房子（主词部分）具有这些特殊性只是主观的认识，这些认识可能是片面的，可能是全面的；可能是深刻的，可能是肤浅的，可能符合客观性，也可能不符合客观性。房子是普遍性，豪华别墅不能因为是豪华别墅，就要违反房子的普遍性。这一个人是善良的人，这个人要符合善良的概念，从一个人的各个方面，要有一系列推论完成。不能以一个方面的善良就能代表这个人的善良。每一个谓词对主词的判断，开始都是主观认识，最后符合客观性的认识，才达到了概念认识。

第四节　推论——概念作为推论的前提，得出真理性的结论

一、推论

推论是概念和判断的统一。推论就是依据概念，从判断的个体形式差别中去推论，不断从形式的差别中寻求同一性，最后返回简单同一性的概念。推论就是判断，在推论的过程中，判断各个环节形式的差别性，作出一系列的判断，依据它的实在系性或本性，得出一个与概念具有同一性的结论。

理性只有通过思维得到理性的规定性，只有通过推论，即三段论的形式才能得到理性。三段论推论不只是形式的推论，而是具有理性规定性内容的推论。如果把三段论只认作一种主观的形式，与理性的内容，例如理性的原则、理性的行为和理念之间，不能指出它们之间的联系，这种推论的形式毫无意义，就不是理性的思维形式，即不能得出判断与

概念统一的思维形式，只能得出判断与知性概念统一的思维形式。形式的推论如果用不合理的方式去表述理性，使得推论与理性的内容毫不相干。推论只有通过理性内容的规定性进行推论，才能得出理性的概念。三段论只是在形式上能够帮助实现理性思维，不能在内容上帮助实现理性的规定内容。

推论的目的。推论就是对现实事物达到概念的认识，就是对现实事物进行推论，判断认识现实事物各个环节，个体事物通过特殊性进而达到普遍性，并且使自身各个环节的特殊性与自身同一为普遍性。推论把判断现实事物特殊性联系起来，推论达到普遍性就是概念，即判断与概念统一起来了。推论乃是依据一切真理之本质的根据进行的，这是推论同一性的根本性的东西。现实事物是一，是同一于本质的根据，概念各个环节是多，具有具体丰富的内容，推论便表示它的各个环节的中介过程的圆圈式行程，把各个环节的规定性与形式同一起来，通过这一过程，现实事物的概念得以实现其统一，得到真理性的认识。三段论只是一个手段而已，单纯依靠三段论无法实现概念和真理性认识的。

绝对就是推论，通过推论得到对现实事物绝对性的认识。一切事物都是一个推论，一切事物都是一概念，意思是要认识一个事物，必须通过推论来认识它的概念。概念开始作为它的特定的存在（一个体事物），通过推论使它分化为完整的各个环节，从而得到普遍性，即任何同类个体事物都具有同样的本性。但是普遍的本性要想成为外在的实在性，必须通过特殊性来实现。因为普遍性就是概念性的东西，要想成为现实性。必须通过特殊性和个体性来实现。普遍性是类，是抽象的共性和大前提，是根本性的东西。特殊性是种，即普遍性各个具体的范围或系统内各个环节，是普遍性的具体化。特殊性是普遍性与各个具体环节的实在性相结合产生的规定性。特殊性看普遍性内各种现实事物各个环节的具体性，普遍性看同类现实事物的共性，不看具体的区别性。个体性是特定存在物，独立主体存在物，是具体实在的存在，包含有普遍性和特殊性。因此概念作为否定自身的抽象性，回复自身成为个体。认识一个体事物必须通过推论，对现实个体事物一个环节一个环节的进行推论，就能得到对这个体事物概念性的认识，就达到对现实事物真理性的认识，具有圆圈式的没有遗漏的认识，就具有绝对性的认识。

譬如历史唯物主义理论是生产力决定生产关系，经济基础决定上层建筑，这是人类社会发展的普遍性，世界各国都离不开这个普遍性。这是从各个国家的个体性和特殊性，经过理性推论上升到普遍性。从普遍性的概念即唯物主义历史观作为研究国家的根据，就能够得到各个国家的特殊性和个体性的正确认识。

推论不纯粹是主观思维形式，具有客观性。推论正如概念忽然判断一样，也常常单纯被认作我们主观思维的一个形式，推论被称为证明判断的过程，判断只是得到个体事物一个方面的认识，要想得到普遍全面的认识，必须进展到推论，把个体事物的各个方面的特殊性联系成为一体的东西，才能与普遍性即概念联系起来。由判断进展到推论的步骤，不单纯通过我们的主观活动出现的，而是由于判断个体事物自身具有客观的统一性，必须通过推论返回到自身的统一，即概念的统一。在必然判断里，我们有一个体事物，通过它的特殊性，使它与它的普遍性即概念联系起来。在这里，特殊性表现为在个体性与普遍性之间起中介作用的中项，是连接二者之间的媒介。个体性与普遍性无法直接联系，因为个体性注重整体性，缺乏对自身各个环节和每一过程的深入分析，对自身的认识是抽象的。因此包含的个体性多，包含的普遍性就少。而特殊性则是对个体性各个环节和每一个过程进行深入地分析，把每一环节和过程的规定性分析的透彻、具体而深刻，没有抽象笼统的东西。因此特殊性包含的普遍性就较多，包含的个体性就较少，能够与普遍性联系起来。普遍性是具体后的抽象，即普遍性是对特殊性的具体作出的抽象。

特殊性在个体性与普遍性之间起中介作用的中项，这就是推论的基本形式。推论的进一步发展，就形式看来，即在于个体性和普遍性也可以取得这种中介的地位，以便使个体性、特殊性和普遍性三者相互中介，不断否定肯定，才能得到具体丰富完整的内容与形式。推论由一到多，现实个体事物是一，是统一体，但同时概念的个体事物又是由多个环节组成的。推论就是由一到多，分析各个环节，再由多到一，统一各环节，实体事物返回概念统一。

理性推论与理智推论的区别。理智推论是概念的规定作为抽象的东西，彼此仅处于外在关系之中，没有一点内在关系。"这玫瑰花是红色的"，这玫瑰花（个体）是红色的（特殊性），红色与这个玫瑰花没有内在联系，具备红色性质的东西太多了，红色与玫瑰花二者，只有外在联系，没有内在联系，这是理智推论，不能形成概念。概念的理性推论不仅有外在关系，而且还要有内在关系。理智推论两个极端，个体性与普遍性作为包含这两者的中项的特殊性的概念，均同样是抽象的特殊性。因为特殊性是抽象的不是具体的，因此这样一来，这两个极端彼此之间，以及它们的概念中项之间的关系，都同样被设定为莫不相干地独立自存着，而不是紧紧联系为一体的。任何事物的外在关系都是彼此不相干的，只有从内在本性联系上看，才有不可分的一体联系。理智推论的主词与一个别的规定性相联系，不是自身规定性联系，主词通过中介包括的外在性，是与自身的普遍性毫无不相干的。反之，在理性推论里，主词通过中介过程，使自己与自己相结合，即通过自身的本性把自身各个环节联系成为一体，这样才能成为真正的主体，自己认识自己，不被外在的规定性所迷惑，自以为认识了主体自身。只有主体本身才能成为理性推论，以我为主，以自身的一切本质的规定性为主，而不是以事物的外在性来推论。譬如孔子具有仁义道德精神，是由各个方面的思想和行为构成的精神内容，具有无限性，无论是他活着还是死亡，这个精神是永远存在的。而这个玫瑰花是红色的，随着玫瑰花的凋零，红色也要消失。如果推论玫瑰花的固有概念属性，即使玫瑰花消失了，但是它固有的概念认识是永远不会消失的。

理智的推论是以主观的方式表述的，这只是一种主观的推论，没有按照事物本身的客观性推论。但是这种推论也有客观意义，它也表述事物的部分客观性，是表达事物的有限性，不是一点认识价值没有，理性的推论开始也要依靠理智的推论认识事物的外在性，认识事物不可能一下子认识事物的理性或者普遍性。有限事物的特点是具有主观性，作为事物的单纯性，只是表述事物的特质、外在的特殊性，它们与自身是可以分离的，它们的主观性与它们的普遍性也是可以分离的，因为这些特质或特殊性是外在的，没有形成有机的统一体。

有人将知性界说为形成概念的能力，将理性界说为进行推论的能力，这是一种肤浅的说法。这种将知性与概念排列在一起，将理性与推论排列在一起是错误的。知性推论不可能得到概念性的认识，只能得到片面的特质的外在特殊性的知性认识。概念不仅仅是只看作是知性的规定，还要进展到理性的规定，同样推论也绝不仅是理性的规定，而且还要推论到理念和绝对理念的规定。形式逻辑只是一种理智推论外，并不能得到别的东西，不能得到概念性的东西。这种推论够不上享受"理性形式的美名"，更够不上享受"代表一起理性"的尊荣。知性概念是停留在概念的否定和抽象的形式里，而理性概念真实本性是把概念理解为同时既是肯定的又是具体的，否定概念的抽象性和肯定概念各个环节的具体规定性。譬如我们把自由看成是必然性的抽象的对立面，那么这就是单纯的自由的概念。反之这真正的理性的自由概念便包含着被扬弃了必然性在真自身内，即在遵循必然性的基础上，把自在的必然性改造为自为的必然性，让必然性为人的自由服务。而不是以自由为由违反必然性，这样必然遭到必然性的惩罚。

二、质的推论——以现实事物的规定性作为前提的推论

　　质的推论。质的推论就是以定在为前提的推论，即以事物的外在规定性为前提，其形式为 E—B—A。E 代表个体性，B 代表特殊性，A 代表普遍性，从个体开始，而不是从概念开始，这样只能从个体的外在性开始，因为我们开始对个体还没有达到概念性认识。这就是说，个体主词通过一种质，即个体的一种外在规定，即个体的特殊性与普遍的规定性相结合。如果个体不通过特殊与普遍的规定性相结合，我们就无法看到个体包含特殊性和普遍规定性的。譬如我们说这玫瑰花是红色的，红色是颜色中的特殊性，才能与普遍性的颜色相结合，确定玫瑰花在颜色中的特殊性。

　　个体性中包含特殊性和普遍性，普遍性也包含个体性和特殊性。在质的推论中不加以考察。

　　定在的推论是单纯的理智推论，表现为个体性、特殊性及普遍性就内在规定性来看，各自处于抽象对立的状况，没有达到内在的统一性，只是就某一点上有联系，不是全体性的联系，因此就是一种抽象的理智推论，不是概念性的推论。所以这种推论可以说是概念的高度外在化，只能表现概念的外在性，没有表现概念的内在的和全体的规定性。质的推论是从一个直接的个体事物开始的作为主词，于是从主词里只能挑出任何一特殊方面，一种特质，并且通过这种个别的特质就证明这一个体事物就是一个普遍的东西，不过这种普遍的东西也是一种外在的东西。因为我们开始对个体事物没有达到概念性的认识，只能从个体事物的外在性开始推论。这类形式的推论对于实践生活和科学的研究没有更多的好处。各种形式的推论不是没有一点意义，譬如我们根据一个个体事物的外在性，可以推论另一个个体事物的外在性，根据冬天街上马车碾轧

声，可以推想夜里冰冻得可能很厉害。这样的推论无需先研究逻辑，才可作出正确的推论，完全可以凭借常识作出推论。但是得到概念性认识，则必须研究推论才能达到。亚里士多德虽然创立了三段论法的各种形式主观意义第一人，但是他在自己的哲学里所应用的思维方式，却并不是理智推论的诸形式，而是具有理性推论的形式。

这种推论的各项是完全偶然的，缺乏必然性。因为作为抽象特殊性的中项（红色），只是主词的任何一种特性，不是属于主词的内在的唯一的根本属性，尚有许多别的特性譬如这玫瑰花的形状、味道特性等，与许多别的普遍性相联系。这样主词得到的普遍性就是多样的和不确定的，就不是必然的。同样个别的特殊性也具有许多不同的特性，所以主词可以透过这同一中项（红色）与别的一些不同的普遍性相联系。红色还有红红火火的意思等，白色有肃穆严肃意思等。理智推论特殊性多而杂乱，普遍性也是如此。

人们对于形式的推论的效用不加以研究，认为是合理的。没有人去研究形式的推论所以没有效用的原因。形式的推论对于追求真理是空疏无用的。因为同一主词不同的中项，得出的结论不同，甚至相反。一个对象愈是具体，它所具有的方面愈多，作为中项的东西愈多。要在这些方面去决定哪一方面较另一方面更为主要，是根本做不到的。对象的各个方面彼此都是排斥的和对立的，没有形成一个统一的整体。虽说我们在日常生活中时常用到理智的推论，譬如在民事诉讼里，辩护律师在于强调对当事人有利的法律条文，虽然不一定有真正的联系。从逻辑的观点来看，这种法律条文不过是一个中项罢了，当事人与法律条文结合，得出一个有利于当事人的法律结果。譬如各个强国都要求占有同一块土地，在这种争执中，继承权、土地的地理位置，居民的祖籍和语言，或任何理由，都可以提出加以强调，作为中项，得出一个对本国有利的结论。

　　不仅这种推论中的各项是偶然的，这种推论形式也是偶然的。按照推论概念来看，真理在于通过中项来联系两个不同的事物，即一个事物主词是没有认识的事物，一个体事物的普遍性是已经认识的理性，这中项就是两者具有内在的真正的统一。但形式推论的中项来联系两个极端是一种直接的和外在的联系，不是间接联系，缺乏理性联系，即它们中间没有可以作为联系的真正的中项，都是虚假外在的中项（红色）。中项不是事物内在的本质的理性的东西。

　　这样就出现了矛盾，在继续进行推论中出现的前提，即两个前提中每一前提，都是直接的前提，不是经过证明的理性前提，都要求一新的推论加以证明，才能作为真正理性的前提。只要推论是直接性的前提，就需要不断地推论予以证明，永远需要重新推论，直至无穷。

　　为了克服直接推论的缺点，在对推论的进一步规定中必须扬弃自身的直接性。定在的推论的中项是外在的，都是直接性和经验性。因此推论必须扬弃自身的直接性和经验性，因为我们现在已经进入概念的范围，让个体性和特殊性不能是单纯的外在性，而要把相反的特性不单纯是潜在的，而且是要明白建立起来时，才能建立起来对立的本性。所以要分析推论逐渐进展的过程，逐渐扬弃直接性和经验性，我们要在推论在它的每一阶段里，通过自身的本性推论过程，才能建立其本身具有特殊性和普遍性的概念的东西。

　　我们认识事物从个体开始的，因此直接推论第一式就是 E—B—A。认识个体性先要认识其特殊性，与普遍性相联系。因为我们要认识个体事物达到概念的阶段，必须认识个体事物的普遍性。但是我们认识个体事物不可能一下子就认识普遍性，必须先对个体的整体性进行分析研究，就要研究个体的特殊性，并且以特殊性为中项，才能与普遍性联系起来。因为个体事物具有多重属性，不能同时与普遍性联系，必须一个方面一个方面与普遍性联系起来。个体性通过特殊性为中介，与普遍性联系建立一个具有普遍性的结论。所以那个个体本身就通过特殊性的中介，得到包含有普遍性的个体性。这个体是通过自身的特殊性得到的普遍性，因此只是反映了普遍性的一部分，而不是通过个体本身全面反映普遍性。因此个体性与普遍性还没有形成具体的统一。同样普遍性与个体性相联系后，普遍性就包含这个个体的特殊性，不是纯粹的普遍性。但是这样的普遍性不是具体的全体的普遍性。因此，必须继续推论，以包含个体的特殊性的普遍性为前提，以个体为中介，使普遍性与个体性全面联系，能够使个体性得到自身全体的特殊性。第二式是普遍——个体——特殊（A—E—B）。第二式的推论便表达出第一式的真理：即中介过程只是在个体性里面发生的，便是偶然的。第二式前提的普遍性是第一式的结论，即包含有个体性的普遍性，比原来抽象的普遍性具体一步，普遍性与包含有普遍性的个体性结合，使个体得到全面的特殊性，使结论的特殊性包含有普遍性和个体性。第一式的特殊性只是包含个体性的特殊性，没有包含普遍性。第二式的特殊性包含有普遍性和个体性的特殊性。第二式的普遍性通过第一式的结论而被建立的包含有个体性和特殊性。推论就是不断寻找个体事物各个环节的联系性，不断丰富发展。

推论的原则就是将上一式推论包含有前两项的结论，作为下一个推论的前提，推论才能不断丰富发展。第三式自然是第二式的特殊性作为推论的前提，特殊——普遍——个体（B—A—E）。以个体的全体特殊性为前提，这个特殊就是个体全面的特殊，不是片面的特殊，以普遍性为中介，使特殊性与普遍性有机的结合，得到的个体性就是包含有特殊性和普遍性统一的个体，个体性、特殊性与普遍性达到真正的统一，就是推论真正完成的过程。只有全面的特殊才能与全面的普遍相结合，得出一个全面的个体，达到对个体概念性的认识。

在通常研究推论的诸形式，很少有人指出它们的必然性，更少有人指出它们的意义和价值。后来仅被当作空疏的形式主义来处理。这些推论形式只有建立在必然性上面，即推论的每一形式都是规定概念每一环节的规定性，都包含个体性、特殊性和普遍性，都要成为概念的全体，并且成为起中介作用不断推论下去，得到自身具有根据的必然性。每一环节都要起到中介作用的，互相包含，从不断的差别中得到统一。譬如国家、集体和个人利益也是如此，没有个人具有集体和国家观念，没有人民的团结一致和共同努力，国家和集体怎么可能兴旺发达。国家和集体不兴旺发达，个人怎么可能发展。

　　人们想通过一个命题在各式的推论里推绎出正确的结论，这是一种机械的研究思维方式。因为不可能通过机械性和无内在意义的推论得到概念性的认识。机械的推论没有意义，理应被人们忘掉。亚里士多德离开了理智的抽象推论，以思辨的概念主导他的原理，不然他的概念一个都不会产生出来。最初表述的理智推论，决不让它闯入这种思辨概念的领域里。

　　推论三式的客观意义，表明一切理性的东西都是三重的推论。只有三重推论，才能完成个体、特殊与普遍的具体和全体的统一。个体包含有所有的特殊性，具体的普遍性。同样普遍性也包含所有的特殊性，完整的个体性。无论是个体、特殊和普遍，都作为前提、中介和结论轮回一遍，才能全面的反映自身和反映其他两个方面。孙子兵法说，知彼知己百战不殆，就是这个意思。个体要想真正认识自己，就要从特殊和普遍了解自己，同样的特殊或普遍要想真正认识自己，也要从对方的两个方面推论的联系中认识自己。推论中的每一环节都既可取得一个极端的地位（前提或结论），同样可取得一个起中介作用的中项的地位。三者相互过渡，相互中介，相互包含，相互扬弃，最后达到三者真正的统一。正如哲学中的三部门那样：即逻辑理念（主观范畴），自然（客观）和精神（主客观统一）。逻辑理念首先是主观形式范畴，人们认识世界要从逻辑理念开始的，即书本知识开始的，继承前人的研究成果。逻辑理念借助自然的直接客观性作为中介，才能使逻辑理念得到实在性，达到主观与客观同一，得到精神认识。我们所说的实践是检验真理的唯一标准，就是我们学习和研究逻辑理念（真理）后，这是主观性的东西，不经过客观验证，不敢肯定是正确的。因为人的主观认识往往是抽象的，与客观往往不一致，会出现错误或者偏差，只有经过自然的客观性才能够给予矫正或验证。个体性、主动性的精神在不断地研究新的客观现实中，形成新的逻辑理念，个体性和主动性的精神使新的逻辑理念与客观统一，就是时代的绝对精神。

推论每一环节都可以依次取得中项和两极端的地位，每一环节都包含个体性、特殊性和普遍性，不是各自处于对立状态，而是彼此互相融合，因此它们彼此间的特定差别便被扬弃了。就像君子之间他们是和而不同，既保持自身的独立性，作为一个主体存在，有自己的思想和自由，又有自身的特殊性即特色，这就是不同性，同时又具有人的仁义道德的普遍性，才能彼此保持君子之间的和谐性，消除人与人之间的对立和矛盾。如果一个人不具有人的仁义道德的普遍性，只有坚持个人的名利观，那么人与人之间只有个体性和特殊性，没有普遍性，人与人之间就不能互相包含，就要产生对立和矛盾冲突。

在质的推论中，这种各个环节之间的推论就是无差别的形式推论，首先就是以外在的理智同一性和等同性作为它们的联系。这就是量或数学的推论。如两物与第三者相等，则两物就相等。只看数量相等同一，不看本质的不同与差别中的同一。理智推论只找到个体一个性质的同一性，如果按照理智推论，甲与乙是朋友，乙与丙是朋友，那么甲与丙应该也是朋友。其实甲与丙不一定能够成为朋友。因为一个人的本性复杂，甲与乙在一个特性上具有同一性，能够成为朋友。而乙与丙在这个方面没有同一性，就不能够成为朋友。在量的推论里，概念所规定的各环节之间的差别已被扬弃了。理智的同一性表现在量上，就是一个人的身高或者重量与他人相同，两个人就是一样的。量的推论的前提，是以已经在别的地方被确立了并证明的东西作为前提，而不是经过推论自己得到的理性前提。

在三段论式里，形式推论方面就产生两个结果：第一，每一环节取得中项的特性和地位，与前后两项联系，譬如一式的中项特殊性，既包含个体性，又包含普遍性，因而即取得全体的特性和地位，因此便自在地失掉其抽象的特殊片面性了。譬如中国社会的中国革命与马克思主义相结合，中国革命与中国社会相结合，具有个体性。如果中国革命不与中国社会真正结合，只是空洞的特殊性，譬如在新民主主义革命以前，无论是洋务运动还是孙中山的资产阶级革命，都因为脱离中国社会的实际进行革命，没有取得成功。如果中国革命不与马克思主义相结合，得不到普遍性的指导，也不可能取得革命的胜利。三段论式的中介过程已经完成，也是自在地完成，理智推论也只是圆圈式的彼此互相以对方为前提的中介过程，没有形成一个概念的中介过程。理智的推论只是个体抽象的特殊性，这样的个体只是得到一个圆圈式的中介过程。

在第一式推论个体——特殊——普遍里，个体是特殊，特殊是普遍，两个前提个体和特殊没有得到中介，都是直接性，缺乏间接性和理性。前一前提个体要在第三式里（特殊——普遍——个体）得到中介的结论；后一前提特殊在第二式里得到中介（普遍——个体——特殊）。但是两式中的每一式，为了使它的前提得到中介，同样须先假定其他两式，而不是从普遍性的理性出发去得到中介，因此缺乏理性和概念性。

要否定质的推论，即否定抽象的特殊性，就要得到个体具体的具有内在本性的特殊性。这样个体性才能通过具体的特殊性，才能上升到普遍性，与普遍性达到真正的统一，即个体性同时可以被设定为普遍性。譬如一个人有善的行为（特殊），体现了人的善性。同样一个人又具有恶的行为，体现了人的恶性。如果从一个方面看，只是一个人的特性，是抽象的特殊性，不具有人性的普遍性。而从一个人善与恶两个特殊行为联系来看，也就是从它们的具体关系来看，善恶不同具有对立的一面，作为一个个体的人又有统一的一面，从这两个规定的统一性作为推论来看，就是反思的推论。这种中项便发展出反思的推论。

三、反思的推论——从个体各个环节的特殊性，归纳为本质的普遍性

反思的推论。如果中项首先不仅是主词的一个抽象的特殊的规定性，而且是反映主词的特殊本质属性，这样一切个体的具体主词都有那种特殊的本质规定性，不是一个个体事物特性。那么我们就得到（一）全称的推论，凡金属皆导电。导电是金属的本性之一，所有金属皆有此本质属性。所以才能进行全称推论，而不是质的个体推论。但是这种推论的大前提，以特殊性为中项（导电），主词为全体性（所有的金属）假定大前提，大前提已经包含结论的意思，所以也已经假定了结论，即假定了其中任何一种金属都导电。大前提没有得到推论的论证。因此需要进行归纳推论，通过归纳推论来证明全称推论的大前提。

全称推论克服了理智推论只对个体事物的特质进行推论，而是找到个体事物本性的东西进行推论。

归纳推论。全称的推论应该建立在归纳上面。这种归纳式的推论里，中项就是所有个体的完全列举，甲乙丙丁等，能够得到所有个体的普遍同一性。归纳推论：特殊 B，个体 EEE，普遍 A。这样得出的全称推论的大前提，才能得到反思的证明。但由于直接经验的个体性与普遍性总有差距，反思推论的个体性只是反映个体的一种本性，没有反映个

体的全体性，而且个体具有直接性，与具体的普遍性只是具有抽象的同一性。而且对于个体事物又要陷于无穷的进展之中（E，E，E）。因为在归纳的过程里，我们无法穷尽所有的个体事物。当我们说所有金属时，我们只是意味着，直至到现在为止，我们所知道的所有金属，还有我们没有发现的金属无法列入归纳里面。我们无法观察所有的个体和所有的事例，因此归纳推论又缺乏真正意义上的普遍性。而且归纳推论归纳起来特别繁琐，不能提高人的逻辑思维能力和效率。因此导致我们进入类推的推论。

类推的推论。在类推的推论里，我们由某类个体事物具有某种特殊的本性，而推论同类其他个体事物也会具有同样的特殊的本性。类推的中项是一个个体，但这个个体却被了解为它的本质的普遍性，即它自身的本质具有类的本质规定性。以一个个体的本质普遍性，或者类的本质规定性，来代替归纳无数个体的本性，类推真正达到了反思的推论。类推的推论：当我们说直至现在为止，我们所发现的星球皆遵循运动的规律运动。因此一个新发现的星球或者也将遵循同样的规律而运动。类推的方法在经验科学中占有很高的地位，而且科学家按照这种推论方式获得很重要的结果。类推可以说体现了理性的本能。理性本能具有以一个对象的内在本性或类为根据，依据这个规定而作进一步的推论。类推推论的依据很重要，类推推论的根据深刻结论就深刻，根据肤浅结论就肤浅。譬如尤卡斯这人是学者，提图斯也是一个人，古提图斯也是一个学者。这类类推是一个很坏的类推，因为一个人有无学问并不是一个人的本性，而只是一个人特性，有的人有这个特性，有的人没有这个特性。这是用空疏外在的类推作无聊的游戏。

类推的推论存在一定的缺陷，就是以一个个体事物同一性为中介，得出的结论就是一个方面的本质规定性，还有许多规定性没有作为中介，就不能够反映个体事物全体的本性。

四、必然的推论——以普遍性为中项，从差别中推论出同一性的概念

必然的推论。必然的推论，以普遍性为中项，而反思是以个体性为中介。以普遍性为中介，就是个体之间通过反思推论已经形成必然联系，以此接着进行深入推论，使个体事物之间形成整体的联系。反思推论属于第二式，研究每一个个体各个方面的特殊性，必然推论属于第三式推论，以普遍性为中介，研究个体各个特殊性如何统一为完整的全体的概念式的统一的个体。

直言推论。在这里推论开始只能以普遍性明白设定为本质上具有特殊性的，因为具有全体特殊性的普遍性，人们不可能一下子认识，只能从一个方面一个方面开始认识普遍性。这里的特殊性是类或种的特殊性与普遍性结合，不是个体的特殊性与普遍性结合。从类或种的自身的各个方面研究其特殊性。譬如像中国这样农业大国搞社会主义革命具有特殊性，马克思主义作为普遍性在与中国革命这类相结合时，马克思主义的普遍性只能被设定为本质上的特殊性，才能与落后的农业各国革命相结合，不可能一下子得到完美的结合。首先，特殊性被理解为特定的类或种而言，则特殊性就是在两极端之间起中介作用的规定（中项）。直言推论就是这样。直言推论是把作为概念的类或种的个体事物各个方面的特殊本性与普遍性联系起来，推论出来类或种的自身各种具有普遍的特殊性来。

假言推论。直言推论只是推论出来类或种自身具有普遍性的各个特殊性，没有得到它们之间的联系，而要建立联系必须进入假言推论，即如果这个方面与另一方面结合，会产生什么结果，与那一方面结合又会产生什么结果，把类或种的各个方面都联系起来看，就研究明白类或种

各个方面特殊性之间的关系。就个体是指直接的存在而言，个体起中介作用的中项是一个特殊的类具有普遍的本性，同样是被中介得到一个结论，假言推论就是这样。假言推论是分析推论类或种的特殊性各个方面的必然联系，都是以具有普遍性的个体为中介的。但是假言推论只是研究类或种的特殊性各个方面的必然联系，没有研究特殊性的类或种的全体性或整体性的联系。因此，假言推论要进展到选言推论。

选言推论。把有中介作用的普遍设定为它的特殊环节的全体，并设定为个别的特殊事物或排他的个体性，就是选言推论。普遍性作为中介，把类或种的特殊环节全部统一出来，形成一个全体，而不是分割开来。全体特殊环节的每一环节，都具有具体的普遍性，而不是反映本质的特殊性或两个方面关系的特殊性，而是反映全体关系的特殊性。所以选言推论中的诸项，只是表示同一个普遍体的不同形式，即以自身的具有一定特殊形式的普遍体去反映统一的普遍体，而绝不是以自身的本质的特殊性或必然性去反映普遍体。选言推论是以具有全体特殊性的普遍作为中介，使得普遍体的各个特殊环节都与普遍性统一。任何一项特殊环节，都包含有具体的全体的普遍性。如果特殊环节与普遍体的普遍性有差别，只是部分同一，不是全体统一，就不是选言推论，就不能推论到概念或理念的环节。

推论是被认作与它所包含的差别取得与自身概念一致的过程。推论的过程就是自己扬弃自己，扬弃自身的外在性的东西，与自身概念有差别的东西。扬弃自身有差别的东西后，自身每一环节皆表明自身为各环节的全体，就是每一环节都包含其他环节，单独自身的与其他环节差别与对立的东西扬弃了，各自独立互相排斥的东西取消了，每一环节没有与其他环节不同的地方，即每一环节包含的东西都是其他环节的东西，只是以自身的形式存在而已。譬如细胞包含生命体各环节一切东西，给它合适的条件，就能克隆出来一个同样的生命体。君子和而不同，君子之间的品德和才能互相包含，各环节都具有相一致的地方。而小人则同而不和，表面上相同，内在品质差别巨大，因此在各方面不可能达到一致。因此推论的目的就是扬弃各环节自身的差别，排除各环节自身外在的东西，达到各环节的一致。

对各个环节之间的差别的否定，和对它们中介过程的否定，构成它们的自为存在。自然存在的东西是千差万别，以自在的方式存在，有一致的地方，也有差别的地方。通过人的主观思维，对自然存在同类事物的各个环节的差别，通过中介进行否定，否定各环节不是自身的东西，得到各环节自身的东西，才能得到各环节的统一。譬如电子计算机，人的计算能力是自在的，计算速度很慢。而电子计算机扬弃了妨碍人的计算能力每一环节的东西，保留能够提高计算能力的东西，并且创造了新的东西，一秒钟能够计算几百亿次。这就是自为存在。推论使各环节得到理想性的东西，推论活动可以说是否定它自己在推论过程中所建立的规定性，即否定各环节不是自身固有的东西，推论活动可以说就是扬弃中介性的过程。所谓中介性的东西，就是好像化学添加剂的东西，只是对化学元素自身反应起变化作用，不起实质性的作用。中介性的东西，不是自身固有的东西，而是外在的东西。譬如一个人的天赋是自身的东西，自身努力和远大的理想等，也是自身的东西，而老师等条件只是外在的东西。当然遇到一个好的老师，对自己的成长会有大的帮助。但是自身不努力，自身没有天赋，这个老师再好也是没有用的。如果自己努力，又有天赋，即使遇不到这个老师，也能自己寻找遇到类似那个老师，天下好老师有很多，就看你想不想去寻找。老师在一个人的成长过程中只是一个中介性的东西，自身潜在的东西才是要永远保持的东西。譬如植物无论在什么外在环境和条件下，都是种瓜得瓜，种豆得豆，按照自身固有的本性发展变化，不可能出现与不同他物结合，会产生不同的结果。外在条件不同，结果相同，结果只能出现一些差异而已，不会改变本性。植物的根以其自己的形式包含植物的基因，植物干、叶和花也以自己的形式包含植物的基因。虽然植物的各个环节形式不同，内容和形式也有一定的差别，但是本质的根本的东西是相同的，它们之间都是相互畅通的，可以自由转换。推论的主词不与他物相结合，而与扬弃了的他物后剩下的东西相结合，亦即与自身相结合的过程，推论就是通过中介把自身固有的潜在的东西发展出来，展现出来。

知性逻辑认为客观与主观思维是对立和相反的。知性逻辑不知道客体是从那里来的，客体与思想的客观性之间是什么关系。它们认为思维是一种单纯的主观的和形式的活动，客观是固定的和独立自存的东西，与思想没有关系。但是这种二元论不是真理，武断地接受主观性与客观性两个规定而不追问其来源，乃是一种没有思想性的方法。黑格尔认为无论是主观性还是客观性两者无疑地都是思想，甚至是确定的思想。也就是说只有在思想上，主观性与客观性才能达到真正的统一，在其他方面都是有差别和对立的，是各自独立的。而这些思想必须表明其自身是建立在那普遍的和自身规定的思维上面的，不是建立在各自片面性或特殊性上面的。因为知性逻辑的思想都是建立在片面性和特殊性上面的，所以主观性与客观性必然是有差别的和对立的，各自独立的。黑格尔这里所说的客观性不是客观的自然存在，而是经过思维提炼后的客观实在性，反映客观各个环节统一的普遍性，不是客观的表象存在。主观性是存在于思维之中，而客观性则是存在于客观自然界和社会之中，像一个无形之手，在掌控自然界和社会的一切变化。因此，主观性与客观性在普遍的和自身规定性上，不是外在性上，才能达到统一。

就主观性而论，我们在经过逻辑理念最初两个主要阶段（即存在和本质两阶段）的辨证发展过程，以及主观的概念（包括概念本身，判断及推论），我们初步做到了主观性达到了普遍的和自身规定的思维上面。说概念是主观的或只是主观的，在一定程度内是对的，因为概念的表现形式无论如何总是主观本性本身。普通逻辑所谓思维规律初步理论内容（同一律，相异律，充足理由律），也是主观的。但是我们必须指出，所谓主观性的规定、概念、判断、推论等内容，都不能认作是独立的一套空架格似的，固定不变的，而是根据客观性内容的变化而变化的。因为逻辑理念认为主观性的东西与客观性具有同一性，可以互相融合的，是内容决定形式，形式固定和反映内容。因此，主观性自身的辨证发展，发展到一定的顶点，就会走向它的对立面，就会突破自身的限制，通过推论以展开它自身具有的客观性，进入客观性。主观性的东西，只能以范畴或概念的形式存在于人的头脑意识中，必须有客观性的客体作为实现的依据。主观性自身要辩证发展，必须突破它自身的主观的抽象性的限制，通过推论以展开它自身普遍的具体规定性进入客观性。主观性不进入客观性，从客观性找到新的根据与内容，就不能辩证地发展。理性思维不能空想，必须依据客观性作为存在和发展的基础。任何科学理论的重大发现，都是科学家有了科学的主观设想以后，依据科学的客观实验活动来实现。哲学概念和理念的推进，也必须依据科学发现客观性的本质和规律，不断地进行主观性与客观性互相印证，互相扬弃，才能防止主观脱离客观，防止主观理性认识停止不前。因此，主观性必须进入客观性，与客观性合二而一，才能验证主观性是否正确。

所以存在于差别形式之中的东西，不是决定性的东西，人的理性思维不要被它们迷惑，有能力穿透差别，找到决定性的统一的东西。我们对于中华民族的思想文化，哪些是在中华民族发展繁荣昌盛起决定作用的传统思想文化，哪些是阻碍中华民族发展的糟粕思想文化，一定要分清楚，才能知道哪些是需要我们保留的宝贵精神财富，需要继承和发展。哪些传统文化的糟粕经过今天的新形势需要中介扬弃掉。否定就是否定各个环节的不同性和外在性，扬弃不起决定性作用的东西，保留起决定性作用的东西。

　　主体与客体的关系。主体是由概念作为推论的一种活动，不是理智推论的一种意识活动。客体不是单纯以抽象的方式存在的，或实存的事物，或任何一个现实的东西。这些都是片面的客观存在，不能代表客体的全体性和完整性。抽象存在，或者实存的事物，都是表示事物的表象规定性或者本质规定性，都是表示事物的片面规定性，没有反映事物全体的和整体的规定性。客体是一个具体的自身完整的独立之物，这种完整性就体现在与概念统一的全体性上。客体体现了概念性的具有丰富规定性内容的东西，存在体现了客观世界的空虚和虚无性。

　　客体与主体具有对立性，客体表现为直接性和朴素性，以表象的方式存在着。主体具有主观的范畴性和逻辑性，以概念的形式存在着。但是无论主体和客体，它们的统一性是主观概念的普遍规定性与客体的客观性相统一。

　　客体开始是一个本身尚没有经过规定的整体，整个客观的世界，绝对的客体。这是说客体是一个整体的东西，不是那个个体的客体能够代表客体本身的，不是分割的各自独立的客观存在或表象存在。客体自身也有差别性，也是有各个层次和各个环节的客观规定性，客体自身不是完全一样的本性，客体也可以分化为每一个个体，而且个体化的部分仍然是一个客体，一个自身具体的、完整的、独立的定在。一叶一世界，一叶能够完整地具体地反映客观世界的规定性，就是一个客体。如果只反映客观世界片面的规定性，就不是客体，只是单纯的定在。

　　主观性向客观性过渡，可以从根据向实存和现实性过渡来看。它们只是尚未充分实现的潜在的概念，都是概念的抽象方面，根据是概念内在本质方面的同一和差别的表现，实存是由根据出发的，是根据向客观存在过渡，与外在他物相结合，使自身产生潜在概念的一个环节，是本质向实际存在发展的一个阶段。现实则是本质与实际存在一个完整的过程，产生的事物就是现实事物。现实只是反映本质一个方面的关系，而关系是返回自身真实方面的各种联系，是所有方面的联系。概念则是把全体性各个方面的关系，用本质来统一各个环节，概念就是两者的统一。客体不仅具有客观本质性的，而且是自在地用本质性把杂多性统一为普遍性，不仅包含真实的差别，而且包含这些差别在自身内作为整体。存在因为是最初的、最抽象的，完全是直接性的东西，没有差别性和普遍的规定性，就不能概括客观存在的差别性与统一性。

这些过渡的意义，一方面证明思维与存在不可分离性，存在离开思维，无法得到客体的差别性与统一性。因为存在只不过是简单的自身联系，而且这种贫乏的范畴没有什么规定。同样思维离开存在，得不到实在性和真实性。另一方面并不是仅将那包含在里面的各种规定或范畴予以接受，而是在于理解概念本身应有的丰富的有层次有差别的规定，远比抽象的存在或客观性要与概念更为接近。因为我们接触客体是复杂的，不是单纯单一的，我们只有对客体具有差别性的认识，才能够在面对杂多的客观世界时，不会显得手足无措，而是能够应付自如。

概念与客体的关系。当概念达到具体的普遍性时，就要过渡到客体，概念就消失在之中了。但是概念与客体不是完全具体的同一，只是潜在的同一。因为概念与客体是不同的，概念是主观的普遍抽象的，而客体则是直接的表象的，概念在向客体过渡时，是要经过一个过程的，不是自然而然完成过渡的。也就是我们平常所说的理论与实践相结合应该有一个认识和实践的过程。如果我们把肤浅的潜在的同一，等同于思辨的同一，就是错误的。教条主义就是不结合实际，按照书本的条条框框去做，在实践中会被碰的头破血流。很多人只是一般去理解概念与客体的统一，不知道开始只是潜在的统一存在的那种片面形式，用这种理智的思维方式，去作为证明上帝存在本体论的前提，被认为是上帝作为本体，证明上帝与世界存在是最完善的统一性。安瑟尔谟首先提出本体论，他原来的意思知识论及某种客观世界的内容是否存在我们的思维里的问题，他设想一个更伟大的东西（本体），不可能仅仅存在于理智中，应该存在于什么之中他没有提出来，但是他认为理智是不可能证明本体的存在。他认为有限事物的客观性与它的思想和普遍性是不一致的，即人的思维能力具有无限性，而客观存在都是有限的，它们之间是有矛盾的。笛卡儿和斯宾诺莎很客观地说出了概念与客体的统一。但是那些坚持直接确定性或信仰原则的人，较多地按照安瑟尔谟的主观方式去了解这种统一，认为有限事物的存在与我们对于有限事物的观念在我们的意识联系着，其联系是情形与上帝的存在和上帝的观念，在我们的意识里联系的情形是同样的，把上帝的无限存在与无限观念理解为有限了。依靠感觉情感信仰上帝，而不是依靠理性，即无限性来信仰上帝。这样就会太缺乏思想性了，因为有限事物是变化无常飘忽即逝的，思想或者信仰与有限事物联系仅是暂时的，不是永恒的，而是可以分离的。信仰上帝应该是永恒的，不可分离的。人们无论如何反对本体论的证明，但是本体论仍然存在于人们素朴的心灵中，返回到每一哲学中，甚至为它自身所不知，但是仍然存在于人的思维之中。虽然当时思维无法突破认识的有限性。

安瑟尔谟论证的缺点，也是笛卡儿和斯宾诺莎直接知识原则所共有的缺点，在于他们所宣称为最完善者或主观地当作真知识的统一体，只是预先假定的东西，只认作是潜在的统一，思维与存在只是抽象的同一，没有中介过程，没有差别的具体的普遍的统一。因为只是抽象的同一，只要有两个不同规定，立刻就会产生对立，无法解决同一问题。他们事实上把有限事物的观念和存在与无限的东西对立起来，没有真正解决有限与无限的对立，因此有限事物的客观性，与它的目的、本质和概念不相符合，而是有了差异。本来客观性也具有无限性，只是人们没有认识到，不能与自身的概念相符合。换言之，它是那样一种观念或一种主观的东西，其本身并不包含存在。上帝作为观念性的东西，因为是预先假定的，与存在只是抽象的同一，因此它自身实质并不包含无限世界的存在。这种分歧和对立只有这样才能解除，指出有限事物为不真，并指出这种有限规定在自为存在中乃是片面的虚妄的，因而就表明了有限事物就是要过渡的，一直过渡到无限的客观世界，才能在其中消除概念与有限事物的对立，得到和解同一。

第七章

客体——世界存在客观性的统一体

第一节　客　体

一、什么是客体

客体是直接的存在，就是扬弃它里面表面的差别，所以客体对于表面的差别来说，与客体是没有任何关系的，即不是客体的东西，只是存在中定在的东西。此外客体本身又是一全体，不是分割为独立的各个实体，具有客观世界万事万物的同一性，这种同一性是它的各环节潜在的同一，没有达到直接的统一。客体内在本性是有差别的，分裂为许多有差别的事物，其中每一事物本身又是一全体。这样客体与概念或主体才能统一起来，因为概念每一环节就是一全体。因此客体就是杂多事物的完全独立性，与有差别的杂多事物同样完全无独立性之间具有绝对的矛盾。客体从每一事物自身看具有独立性，能够反映客体全体性的东西，但是又不完全等同，从整个统一的客体来看，每一事物只是客体的一个环节或者一部分，因此没有独立性。

绝对就是客体。客体包含有绝对意思，前面说的绝对是本质一样的含义，只不过本质包含的绝对同客体包含的绝对范围与含义不同而已。这一界说的含义是用绝对的东西来统一客体，即客体的一切东西都可以用绝对来表述，把有差别的客观表象世界统一于客观绝对性。莱布尼茨的"单子"论，用单子统一客观世界的千差万别，但是这种统一只是简单的统一性，没有复杂的差别性的统一。认为每一单子都是一个客体，但它只是一个潜在地表象着世界客体，甚至是世界表象的全体。因为单子只能够以自己的表象来表示客观世界的一切属性。单子只有简单的统一性，没有与客体统一的差别性，不能表现客体丰富多彩的世界，也不能表现丰富多彩客体的同一性。譬如生命的细胞能够代表生命体，但是单子不能反映生命体的东西，一切差别只是观念性的，不是客观存在的差别，与客观实际不符合。单子，是形式的同一，是没有客体差别的同一。没有任何东西进入单子里面，单子独立性强，是基本的东西。单子就是概念本身，差别在于这个概念较大较小的发展。单子的发展又可分裂为无穷多的差别体，每一差别体都是一独立的单子。这个思想具有概念的思维，单子在发展过程中，又同样归结为非自身独立性，莱布尼茨看到了单子之间的发展和变化性，存在着对立和矛盾。

如果认为绝对（上帝）是客体，并且停止在那里，那么这种看法代表了迷信和奴隶式恐惧的观点。上帝与人不是对立的，上帝作为绝对的客体，是把人的主观性包含在自身，不是与人的主观性相对立的，因为上帝愿意所有人得救，愿意所有人皆幸福，这是上帝与人合一的意识。上帝停止其为外在的单纯的客体，而是与人具有统一性一体的东西。上帝有"爱"，让人类获得解救，客观性与主观性的对立自在地被克服了。

所谓克服客观性与主观性的对立，是指上帝不仅作为客体给人类以启示，而且在人类面对苦难深重的现实客观世界，给人的主观具体指出如何得救的具体道路，如何得到幸福和快乐，而不是虚无缥缈的东西。至于人类想不想得救，是否能够放弃我们直接的主观自私与私欲，（摆脱亚当的欲望），并证悟到上帝即是我们真实的本质自我，那就是我们自己的事情了。上帝无论作为绝对客体还是主观性，都已经给我们以启示了，给我们指出一条光明大道，就看你自己能不能走下去了。

二、概念进展到客体有一个过程

科学特别是哲学是通过思维以克服这种对立外，没有别的任务。认识的目的在于排除与我们对立的客观世界的生疏性，让我们居于世界如回老家之感。这无异于说，把客观的世界导回到概念，即把客观世界规范为概念，与概念同一。概念我们易于掌握，客观世界纷繁复杂，包罗万象，瞬息万变。而概念则简明扼要，既抽象又具体。我们把主观性与客观性统一起来，就能够随时在主观与客观间转换自如自由。主观性与客观性不是僵硬的抽象对立，而是辨证地统一的。概念最初只是主观的，无须借助外在的物质或材料，按照它自身的活动，就可以向前进展以客观化其自身。因为概念进展到客观事物所有的规定性，进展到各个环节，而且各个环节都是自由畅通无阻的，与客观性达到完全一致的时候，就会自然进入客观性，即客体。同样客体也不是死板的、没有变动过程的规律，它与概念的活动是一致的，即它的过程证明它自身同时是主观的，这种客观与主观一致的过程，就是形成了向理念进展。我们一定要明白主观性与客观性的辨证关系，才能够进入理念阶段。

客体或客观性从变化过程或者从本性看，包含有机械性、化学性和目的性三个形式。机械性的客体就是无差别的客体，意思是用机械的观念看客观世界，一切都是无差别的外在性的东西。譬如看生命体也是机械的构成，把生命各个肢体或器官分开来看。机械的物体即使包含差别，彼此也是莫不相干的。譬如石头木材和钢铁等的机械加工，只是外在的加工，改变外在形状，不改变内在的性质。反之到了化学性的阶段，客体本质上表现出差别，即客体之所以如此，是因为本质差别的关系造成的，化学变化是本质一个方面的变化必然引起另一个方面的变化。从本质的差别与同一看客体。目的是机械性与化学性的统一。目的也如机械的客体那样，是一个自成全体的东西，机械是把客观世界看成是无差别的同一来看客体，目的是把客观世界有差别地统一来看客体。目的包含有化学性中展开出来的本质的差别的原则所丰富了，把客体各个环节的差别都展示出来，这样目的便使自身与它对立的客体完全相联系了，最后予以统一就形成了到理念的过渡。

第二节　机械性——客体的外在联系

一、机械性

客体在它的直接性里，只是潜在的概念。客体的许多规定性没有得到展现，机械性只是包含概念外在的规定性，没有涉及内在的规定性，没有表现出来概念的一切普遍的规定性。客体最初把概念看成是主观的东西，因为二者有巨大的差别。客体只有达到客观概念的目的性阶段，客体与主体的主观性才能够统一。作为许多差别事物的统一，客体是一个拼凑起来的东西，只是一个没有内在统一联系的外在聚集体。

它对于别的事物的作用只是外在的关系。譬如汽车、造船等机械切割加工产品，只是改变外在的形状，不改变内在的本性。这些客体保持外在关系，互相抵抗着。压力和冲力就是机械关系的例子。死记得来的知识也是机械的表面的，不看知识的内在联系和系统联系。宗教上的虔诚也是机械的。因为只是在仪式对宗教虔诚，没有在精神和意志上接受宗教思想，更没有贯注在自己的思想和行为里。

机械方式的优点是能够观察清楚事物外在的东西，机械记忆在学习中有一定的地位，学习音乐反复练习声调、音符等，都是不可或缺的。机械性不仅仅在机械领域存在，在物理学和生理学也存在着，如物理学的重力、杠杆等，生理学的胃有压力，健康不佳的人四肢沉重等。譬如一个人的身高和外貌等等，注重人的外在的感觉和感情。人与人感情的建立，主要依靠外在接触，关心、爱护，一句温暖的话，一个举动等等，都是外在的东西。但是，这不是一个人与人建立感情的主要方面。一个人内在的灵魂文化思想修养等等沟通，所谓心有灵犀一点通，那是比外在更高尚的知己之情。内在比外在的东西价值要大无数倍。士为知己者死吗！那是高尚的感情。但是无论如何，外在的价值不能没有，内在不能完全替代。机械的东西，能够解决人们的感官问题，譬如服装设计等。精神领域机械也有地位，不过是从属地位罢了。譬如人的宗教信仰，也有私欲的力与信仰力量在一个人的内心相互作用。

机械性客体有缺陷，物理的光、热、磁、电等现象，虽然也是外在的呈现，热力和磁力，但是不能用单纯的机械方式能够解释清楚内在的引力和斥力。把机械的范畴运用到有机的自然界里，更显得不充分了。人是由灵魂和肉体所构成的。灵魂和肉体好像是两个自存之物，只是一种外在联系。其实人的灵魂与肉体是有内在联系的，两者有不可分割的联系，灵魂是追求高尚永恒的品格，肉体则是食色欲等感官的东西，两者内在存在对立的关系。一个人的肉体的欲望过度，必然抑制人的灵魂追求。一个人只有克制自己肉体的欲望，才能有力量使一个人的灵魂在心灵中得到发展，灵魂才能逐渐在人的心灵中占据主导地位，控制人的欲望的泛滥。但是二者不是完全对立的，一个人的灵魂不能单独建立起来，灵魂不会自动产生的，一个人只有经历肉体欲望的严重伤害，才能有积极建立起灵魂的强烈欲望。二者是在相互作用中产生的。没有肉体作为物质基础，灵魂也没有地方构筑，灵魂也要通过肉体身体来表现。

机械性的客体非独立性与独立性。因为客体受到外力的支配，不完全自己决定自己，所以具有非独立性。但是它自身也有独立性，因为客体是潜在的概念，则它的诸规定中有一个规定属于自身，具有独立性，它决不能扬弃自身到对方里去。客体由于非独立性否定自身，即受到外力的支配，这个外力就与它的自身相结合，所以它才是独立的。譬如公民个人都有自己的利益诉求，各自有自己的独立诉求，他们之间是矛盾的，就是一个利益诉求的聚集体，整体没有独立的统一性。但是经过国家的统一意志，公民的利益又有非独立性，服从国家人民利益。但是即使那样个人利益不能完全失去，还要保留一部分，这就是机械的独立性。

客体否定自身的外在性（个人自身利用诉求），就会与自身相结合，得到自身的统一性、中心性（国家人民利益）。这样一来客体才具有独立性，便联系外在事物了。如果客体没有潜在的统一性、中心性，只有外在性，就不是一个独立的客体。譬如一个学生缺乏独立性，即缺乏对学习的正确认识，当学习有压力的时候，经过他人开导舒缓了，但是遇到其他问题，压力马上又产生了。因为他人改变的只是外在的东西，这个人的内在东西没有改变，没有建立真正的学习态度和观念，独立性差，就会处于摇摆不定的状态，容易受外力影响摇摆（非独立性）。

客体以外在事物为中心联系外在事物，同样别的事物也以自身为中心相联系事物，它们中心性不同，这就是有差别的机械性。譬如公民利益诉求提出后，国家经过筛选，按照各个阶级和阶层利益诉求，划分为不同利益要求，这就是差别的机械性。

二、机械性的推论

上面所说的差别的关系，充分变化发展便形成一种"推论"。客体以自身为中心与非独立性相联系，在这种推论里，通过内在的否定性，作为一个客体（抽象的中心）的中心个体性，通过一个中项（特殊物）与一些作为另一极端的非独立的客体相联系，而这个中项的结合，使这些客体的中心性和非独立性于自身内，而成为一个相对的中心。这就是绝对的机械性。譬如公民利益诉求经过国家确定为法律后，确定每一个人的最终权利，就是绝对的机械性得到肯定。

机械性推论，就是客体的个体通过特殊性，推论出各个客体的普遍机械性。个体——特殊——普遍，那些非独立的个体的客体是外在的规定性，是形式的机械性阶段所特有的客体，是不真实的个体性。由于它的非独立性，同样普遍性也是外在的普遍性罢了，是各个客体个体的聚集体，没有达到真正统一的普遍性。个体通过特殊得到个体的普遍性规定，这些普遍的规定性是外在的，由于没有独立性，只是外在性的联系，个体与普遍两极端彼此是分离的，没有形成内在的联系。譬如每个人的诉求都是站在个人利益的角度，没有站在国家的角度，各个个人诉求必然是外在的，不符合国家意志和利益，因而没有统一性。达到概念阶段的个体，个体的本性一定要符合普遍的本性，二者是有差别的同一。这些客体既包含绝对中心的东西，又包含相对中心的东西，它们之间的中项二者兼而有之。这些客体虽然是外在的规定性，但是也反映一些内在的东西，譬如个人利益诉求虽然是外在的，但也部分体现了人们的共同要求，普遍只有通过这些客体个体的中介，才能得到真实的特殊性。推论以这个外在的普遍性，即以个体的外在统一为前提，以各个个体性为中介，用外在的普遍性来否定分包含有普遍性的个体性，才能得到比较真实的特殊性，即普遍性以个体性为中介，由外在性变化为具有内在统一的特殊性。其推论形式为普遍——个体——特殊。这诸多的包含有普遍性和个体性的特殊性，以包含有特殊性和个体性的普遍性为中介，相互否定最后才能得到真正的个体性的东西。其推论形式为特殊——普遍——个体。

譬如国家具有三个推论的体系，（1）个别人（个人）通过他的特殊性，如物质的和精神的需要，经过进一步的发展，就产生公民社会的需要，即各个阶级和阶层的需求，才能与普遍体相结合，普遍体就是国家法律、公民权利和政府管理等，开始无论国家法律还是公民权利等，都没有达到概念阶段，还是外在的规定性，有许多不合理的东西。因此必须继续推论，以这个外在的普遍性为前提，以包含经过特殊和普遍否定的个体的种种利益和意志为中介，得到符合各个阶级和阶层特殊利益和意志的诉求。再以符合普遍体的各个阶级和阶层特殊需要为前提，以包含个体和特殊需要的普遍体为中介，最后使个人利益和意志真正符合国家利益和意志，以及符合各个阶级和阶层的利益和意志，三者达到了真正的统一。三式中的每一规定，由于中介作用而和别的两极端结合在一起，同时也是自己与自己结合起来，并产生自己。譬如个体开始自己的诉求不符合国家和集体利益，与特殊和普遍相结合后，使个人的利益和意志得到真正的符合国家和集体利益和意志的诉求，就是自己与自己结合，产生了真正的自己。这种自我产生就是自我保存，保存自己本真的东西，通过与特殊和普遍结合，否定不是自身本真的东西。只有明了这种结合的本性，明了三式的推论，一个全体在它的有机结构中才可得到真正的理解。不然只能得到片面的理解。

经过推论，这样客体在绝对机械性里具有的实际存在的直接性也就自在地被否定了。这是由于开始它们是独立性的东西，通过推论表现为无独立性的中介过程，否定了客体的独立性。绝对机械性是指客体具有同一性，彼此都是外在规定性的东西，没有什么差别。经过推论后出现内在规定性，机械性的独立性的东西在它的实际存在里与它的对方是有差别的。它们表面上具有相对的独立性，彼此互不联系，通过无独立性的中介过程，个体通过特殊与普遍的联系，各个个体由外在的机械性联系，转化为内在的差别性联系。我们必须设定客体在它的实际存在里，与它的对方是有差别的，也有同一性。譬如个人与个人的利益表面上看是一样的，好像他们之间没有什么不同，也没有什么差别。但是个人与个人利益联系在一起，个人和集体、个人和国家利益联系起来就是有差别的，甚至是对立的。这样客体的机械性就进展到客体的化学性。

第三节　化学性——客体的内在变化产生新的事物

一、化学性

化学性是有内在有差别的客体，内在不同的东西构成它的本性，显示出它的本性的规定性。根据这种规定性，它就有了它的实际存在。机械性是根据它的外在规定性而得到存在的。譬如水是由两个氢原子和一个氧原子构成的，不是纯粹同一性的东西。机械性外在联系是纯粹的同一性，看不到内在的差别。譬如机械性看红色就是单纯的红色，没有看到颜色的内在差别性。从化学性上看颜色，红色不仅是红色，包含其他许多颜色。紫红色包含蓝色或黑色多一些，粉红色包含的黄色多一些。这就是颜色本身存在的差别。一种颜色从内在看，不纯粹是一种颜色，而是有差别的不同颜色构成的，这就是本质的规定性。

根据这个本质的规定性，它就产生了它的实际存在。本性只能告诉人们它的存在的根据是什么，化学性只是事物内在本质最根本的抽象的表示，没有表示事物内外全体的统一性。譬如根据两个氢原子和一个氧原子产生了水。本性的规定性不能反映客体的整个存在，但是作为概念设定起来的全体性，能够告诉我们客体的全体性的东西。譬如水的概念就是在整个生命客体中的功能，小分子团水对生命体的细胞具有高渗透力、高扩散力、高溶解力、高含氧量和弱碱性等性质，小分子团水容易进入细胞，将更多的水分和营养带入细胞，同时将废物和毒物排除。弱碱性水能够有效地控制人体酸性化，防止病菌产生。小分子团水能够使细胞处于低电位状态消除细胞内的自由基等功能。水作为一个客体具有许多功能，不仅仅是两个氢原子和一个氧原子所构成的规定性那么简单。水的客体就是所有与水有内在和外在联系的东西，都是水的客体的概念。这样从化学性和概念性看，客体就存在着全体性与它的本性实际存在的规定性之间的矛盾，即根本性与全体性的矛盾。本性的存在是包含客体一切潜在的东西，没有全部展示出来，作为概念的全体是把本性潜在东西的具体各个环节的差别与统一都展现出来了，把本性的东西融化为具体的内容和形式，表现在全体性之中。因此客体不断地扬弃这个矛盾，并使得它的特定存在符合它的概念，这样才能使本性的东西在概念全体性上表现出来。

化学性与机械性的区别。化学性与机械性都是自在地存在的概念，目的性是自为地实际存在的概念。自在存在是自然发展变化，自为存在是具有主观性参与发展变化。在自在性上化学性与机械性有相同性，但机械性是彼此互不相干的自身关系，与他物没有联系。

譬如机械加工材料，可以任意切割，不会影响其规定性。而化学性的两个方面不能任意更换，更换后就不是那个本性的东西。当机械性发展其自身时，才能与他物发生联系，但也是外在的联系。譬如当一个人自身存在时，好像是自己可以独立存在，与他人没有什么关系。当一个人开始活动的时候，必然与人发生联系，从机械性上看，也是外在联系，做完事就不联系了。机械性只看事物之间的外在影响的作用，与他物联系也是外在联系。化学性看内在相互作用的内在变化，化学反应是内在分子构成变化，化合物发生本性的变化。机械性从外在的抽象的关系看，即使脱离了他物的关系，仍保持它们的原状。化学性则相反，事物一个方面的变化，必然引起另一方面变化。研究客体不同的问题，以及不同角度，有时候需要用机械性的方法研究，譬如服装设计，有时候需要用化学性的方法研究，譬如人的阴阳变化。

化学过程的产物就是潜在于两个极端中的中和性的东西（化合物）。概念或具体的普遍性，通过与诸客体的差别性和特殊性，与个体性（即化合的产物）相结合，正是概念与它的自身相结合。个体性只是反映概念或具体普遍性一部分，通过与诸多有差别的个体和特殊性相结合，不断从个体和特殊发现概念自身每一环节的东西，直至达到全体性和完整性为止。科学家进行科学研究，一定要先有一个科学设想，即根据普遍性的科学原理推论新的具体设想，然后进行科学实验，用各种元素（特殊元素）进行实验，最后科学实验成功，普遍性与个体性和特殊性结合，产生一个新的发明和创造（个体性）。同样在别的推论中，作为活动的个体性以及具体的普遍性，均同样是起中介作用的东西。只有这样才能完成一个完整的推论过程。具体普遍性即是两个极端的本质，即任何推论最后都要达到以具体普遍性作为一切推论的本质和目的。

二、化学性的缺陷

化学性是以客体的直接独立性为前提的，缺乏哲学思维对全体客体的反映。化学性作为客观性的反思的关系，只是反映客体内在两个方面有差别的本性为前提，只是截取客体一个过程一个环节的内在部分作为研究对象，没有从客体的整体或全体作为前提。化学的过程即是从这一形式到另一形式变来变去的过程，盐变成碱，碱变成酸，形式都是一样的重复变化，没有进展的过程，无法进展到客体的全体，进展到概念。在中和产物里，那两极端所保有的彼此不同的确定特质便被扬弃了，达到了同一性。这产物虽说符合概念，但是因为沉陷在原来的直接性里，没有分化作用的诱导原则性存在于其中，即没有概念变化原则作为指导，客体只是在直接性里变化，这些中和物仍是可以分解开的，因此化学变化不会向具体的普遍性进展。中和物虽然对立的两个方面统一了，但是中和物仍然是一个具体的物，没有与无差别的机械性变化联系起来，就不能从客体的全体和整体上去观察这些个体事物。总是在差别扬弃与同一的形式重复变化，陷于坏的循环，没有新的因素诱导逆转化学性变化向更高一级的变化。譬如一个孩子学习成绩不好，原因是没有好的学习习惯，而没有好的学习成绩，也就不能养成好的学习习惯。没有从孩子学习成绩不好的客体全体性上去看这个问题，即孩子缺乏学习动力是学习成绩不好的另外一个更高的原因。有的孩子为父母学习，有的为中华之崛起读书，其学习动力就会无比强大，学习成绩不好也能够彻底改变。

因此化学过程只是反映客体内在两个方面的变化，仍然只是一有限的受制约的过程，彼此相互作用的变化是有限的，没有反映客体的整体变化过程。本质不是客体变化的内在核心，只有概念本身才是这过程的内在核心。但在化学性的阶段，概念还没有达到它自己本身的实际存在，只是反映本质两个方面的实际存在。如果我们否定化学过程，而那诱导客体变化的原因却落在这过程的外面。

化学性虽然是有内在性，但是由于其对象是直接性的东西，以具体的事物为对象，没有脱离事物的现象，就没有进入纯粹的思维形式之中。因此，化学性的反思思维，仍然没有完全脱离外在性和直接性。譬如两个国家利益有对立和矛盾，但是在世界大局中，由于共同利益远远大于分歧，因此对立自然服从于统一的大局，从全体看对立就消除了。

化学性向目的性过渡。将有差别的东西的变化归结为中和的过程（化学变化过程），和将无差别的东西予以分化的过程（机械变化）中，好像它们的两个过程显得彼此各自独立，互不相干似的。概念则是把它们看成是自身的变化发展过程，具有内在统一性和联系性。化学性是看事物内在和外在变化过程，在向新的产物过渡的过程中，表现了它们的直接性和有限性。如煤炭不仅燃烧产生热量，而且加入一定的酶分子，能够变化为酒精和其他化学分子，从化学变化过程看，过程到此为止了。如果对煤炭达到概念阶段的认识，煤炭还会有无数的变化，煤炭作为一个客体的全体和整体来看，而不是只看一个变化过程。就像居里夫人从沥青里面研究出来铀分子一样，会有许多东西需要研究。在化学产物的过渡中，要看到它们的有限性，另一方面这过程表示有差别的客体作为假定在先的直接性，即把无限的绝对机械性的客体，看成是有限的有差别的客体，乃是不真实的、虚假的东西。概念通过对客体的外在性（机械性）和直接性（化学性）的否定，于是概念便得到解放，回复其自身真正的独立性并且超出其外在性和直接性，只有目的能够做到。

由化学性到目的性关系的过渡，包含在化学过程的两个形式彼此相互扬弃里。化学性思维只看到化学过程两个方面对立与统一的形式，目的性不只是看两个方面的对立统一，以此为根据扩大到整个绝对的机械性客体的全体，去看部分与部分，部分与全体的多方面的差别与统一。由于这样产生的结果，原来潜在于机械性和化学性中的概念，在目的性里，即在客体的全体性便得到了解放。譬如老百姓之间互相产生矛盾和对立，都是在机械性和化学性的对立和矛盾，无法根本解决。在具有仁义道德领袖站在全局的高度，站在全体人民利益的高度，在这样的领袖带领下，人们就能够团结一致，形成一个坚强的国家和民族利益整体，全民才能团结一致，奋发图强，过上和谐美好的幸福生活。达到了独立实存的概念便是目的。目的一定要在客体的全体上才能实现概念，在部分内不能够实现。

第四节　目的性——具有主观与客观统一的能力

一、目的性

目的由于否定了直接的客观性，而达到了自由的实存的自为存在着的概念。目的否定直接的客观性，就是否定化学性研究只是根据客体事物的现象的运动形式来研究存在的规定性，离开直接性化学性就没有存在的依据。而目的则是根据直接性运动形式背后的东西——共同的普遍性来研究客体各个环节的规定性，去掉直接的形式，从共同抽象的关系或形式的各个环节来研究客体的全体性。只有从客体各个环节之间的全体性和完整性来研究客体，才能对客体得出概念性的认识。客观世界就是全体性和完整性的，认识客体的全体性和完整性，就能举一反三，达到对客观世界全体性和完整性的认识。譬如我们研究细胞，如果只从外在或者内在差别去研究，只能得到对细胞外在性和本性的直接性认识，不能得到对细胞整个生命体的认识。只有对细胞各个环节得到全体和整体的统一性认识，才能从细胞按照各个环节的步骤克隆出来一个完整的生命体。

目的是被规定为具有主观性的，一是目的不以客体的直接性作为研究对象，目的把客观性的统一体作为研究对象，这样客体就完全脱离了直接性，具有主观性。二是因为它对客观性的否定最初也是抽象的，具有片面性，没有达到对客观性具体的全面的认识，与客观性仍是处于对立的地位。这种主观性的认识与概念的全体性比较起来，也是片面的。目的虽然开始具有片面性，但是目的自身具有一种扬弃或主动的力量，目的具有极强的理性思维能力，可以在研究具体事物直接性的基础上，借助思维判断和推论能力，从直接客观存在范畴，推论到脱离直接的客观性达到自由概念阶段。譬如研究人的身体健康，开始研究外在与内在，研究舌苔与五脏的关系，研究肝与肾、脾与肺等关系，这些都是外在性和直接性，都有人体的现象和脉搏等直接的东西作为研究对象。而涉及人体健康还有许多无形的东西，譬如五脏之间的关系，以及五脏与气血经络的关系，这些与饮食、运动和心理等关系，这些关系都是无形的，不是直接性的东西。这些关系依靠感觉和知觉都无法解决，只有依靠目的的思维能力——判断和推论，即人的辩证思维能力才能解决。目的一切片面的特性，均在目的的推论中被扬弃在它自身里，即把这些片面的东西包含在自身各个环节里，目的与客体对立的和矛盾的，在它的自身同一性里具有一种扬弃和主导的力量，它能够否定这种对立而赢得它与它自己的统一，这就是目的的实现。目的被规定为主观的，目的就有主动性、自由性和选择性。譬如一个动物捕捉食物是机械性的，捕捉食物永远按照一个轨道行走，不会有根本的本质性的改变。星球永远不变地运行，化学性变化也是一定的和必然的，缺乏自由性。只有人的主观思维自由性极大，在必然性和客观性的基础上，运用理性辩证思维，扬弃认识的片面性在自身里，对于机械性和化学性那些假定在先的客体，对于目的只是一种观念性的不实的东西，目的就是要解决主体与客体的对立。目的开始自身的否定是抽象的，与客体是相对立的。目的否定客观是从部分开始否定的，由浅入深，由表及里，由部分到全体，最后主观与客观才达到统一。在这个过程里，目的转入它的主观性的对方，进入客观化。譬如中国共产党在新民主主义革命时期，不断探索一条救中国的道路。在新民主主义革命初期，不断地出现错误和失败，与国民党合作，被国民党的大屠杀造成革命的重大损失，在城市进行工人武装起义也失败了。中国共产党不断总结革命的经验和教训，就是不断扬弃主观性的认识与中国客观实际的差别，最后终于找到了一条符合中国客观实际革命道路，就是农村包围城市，武装夺取政权。当自己的革命思想理论与客观实际相一致时，就取得了新民主主义革命的最终胜利。

目的一方面作为概念是不足的，目的是一个完成概念的过程。一方面也包含理性的概念，与知性的抽象普遍相对立。机械性只是以抽象的普遍的形式上的外在概括了特殊，譬如老虎都是黄黑斑斓的毛皮，但并不是以内在性质来概括特殊。化学性也只是概括了内在的抽象的普遍关系，没有特殊的内在性。而目的则包含了概念的各个环节的特殊性，作为它固有的性质。机械性和化学性缺乏客体内在的特殊性，没有显示客体各个环节的差别性，只有目的的概念却包含特殊性，亦即主观性，因而更进一步的差别包含在自身内，这样才能够深入认识客体的客观性，直至达到概念阶段。

目的因的目的与致动因的原因的区别。原因是未揭示出来的盲目的必然性，原因是根据这么一个内在环节走向现实的过程中包含有必然性，但是不一定能够完全实现，因为各种偶然条件的影响，会出现偶然性，所以是盲目的必然性。原因实现就是过渡到对方，从而失掉其原始性而成为设定的存在，且必须依赖对方。对方是什么性质的东西，自身具有什么性质的，不是自己独立的存在。原因唯有在效果里才成为原因，才能回复它自己。没有效果，原因就不能实现，这就是原因依赖对方的没有独立性的存在。譬如一个孩子，跟什么样的父母在一起生活，就会依赖父母的言行决定孩子的结果。而目的因是效果已经在它的本身之内，即目的自身已经包含效果必然实现，不会出现偶然性。目的在它的终点里和它在起点或原始性里是一样的，目的仅通过效果实现其自身，目的有这种自我保持性。如果一个成熟的人，就不会受到他人的决定性影响，而有自身独立性，即自己决定自己的一切。所谓独立的存在就是能够完全按照自身的本性实现自己的必然性，不会出现偶然性。目的则是包含效果在它本身之内，因为目的已经达到自由实存的自我存在的概念阶段，已经达到主观与客观的统一，能够否定和扬弃与客体相对立的矛盾，自己保持自己，自己实现自己，即目的开始就知道结果如何，目的就要从必然性走向自由性。譬如一般人看不到成功与失败有什么相同的一面，认为成功与失败是相反的。而目的因则看到失败是成功之母，在失败中不断发现成功的因素，一直按照自己的目的发展变化下去，最后才能实现自己本来目的，即成功的东西。我们从思辨的观点来理解目的，须将目的理解为概念。这概念在它自己的各种规定的统一性和观念性里包含有判断或否定，包含有主观与客观的对立，并且同样对这种对立和否定的扬弃，才能最后得到概念性的东西。

目的不单纯是主观的东西。目的既有主观性，也有客观性，目的能够统一主观与客观。康德提出内在目的性之说，是把目的同一般理念，特别是生命理念的认识联系在一起的，即目的具有理念性的东西，而不单纯是主观意识的东西。亚里士多德对于生命的界说，也包含有内在目的的观念，即目的能够认识生命的东西，与生命的东西达到统一。因此他远远超出了近代人所持的目的只是有限的外在的那种目的论。

人的需要和意欲是人的目的最切近的例子。人的意欲有一种主观能动性，面队客观需要不断地活动，就是主观对客观认识的片面性以及对立不断扬弃的过程。目的具有主观性，通过人的认识活动，不断认识客观事物的矛盾，不断扬弃对客观认识的片面性，通过与主观的理性相结合，扬弃事物的有限性，达到无限性。如果人只认识客观的外在的和内在的一部分，只能是主观片面的认识，必然与客观性产生矛盾和对立。人们只有发挥主观能动性，不断克服主观与客观的矛盾，才能认识客观的全体性，达到主观与客观统一起来。对于那些大谈有限事物以及主观事物和客观事物的固定性和不可克服性来说，每一意欲的活动都可以提供主观与客观具有统一性的认识过程。意欲可以说是一种确信，即确信主观性与客观事物是一样的，不仅仅是片面的，是完全可以认识的。人的认识往往要被主观与客观限制住，主观理性思维能力不够，或者客观世界还有许多未知的领域未被认识。人的意欲促使人们只有不断认识新的客观性领域，探索新的主观认识的理论，使主观与客观不断地由对立达到统一，才能不断地从新的有限走向更加广阔的无限。

目的的活动还表现在目的的推论中，为了实现目的，目的作为中介的手段，与其自身相结合，对两极端进行否定，即一方面否定目的里的直接主观性，即存在和本质阶段认识的主观性，另一方面否定了前提的客体里的直接的客观性，即客观表象或内在的客观存在。目的推论就是否定主客观的直接性，使目的活动上升到精神和神性的高度，这种否定一方面否定了客观偶然事物，即在实体事物变化阶段的偶然性，一方面否定了自身主观的片面性。神是具有神灵的东西，需要人的主观辩证思维基础上的灵感和想象力来感悟，人主观的知性思维是无法想象的。用知性推论的形式去证明上帝的存在，只能从外在证明上帝的存在，不能从神性证明上帝的存在。用辩证理性思维证明上帝的存在，不能从外在的表象去证明，必须用无限的理性思维去证明上帝的存在，上帝就像一只无形的手，创造和控制客观世界的一切东西。什么是神性？譬如同样一个音乐，一般的琴手演奏，只能是音乐旋律的传递，不会震撼人心和灵魂。如果让一个音乐大师演奏，就会震撼人的心灵。因为音乐大师演奏的不仅仅是音符，而是把音乐中灵魂的东西传递给听者。大师有目的地去领悟音乐作品的灵魂的东西，才能演奏出来，而一般乐手根本不知音乐灵魂为何物，如何演奏出来。

二、目的的阶段

直接的目的关系，最初只是一种外在的目的性。在这个阶段里，目的一方面内容是主观的，与客观实际有差距，一方面实现目的的客体材料是外在的有限的。因此直接的目的与概念是对立的，在这种情形下，目的自身只是形式的，缺乏完整的概念直接性的目的还有一个特点，它是特殊性的内容，只是反思事物自己内在两个方面的关系，因而它的内容表现异于它的形式的全体，异于它的潜在的主观性或概念。这种差异构成目的自身内的有限性，这样目的的内容便受到限制，具有偶然的，是人们主观给予的，目的的客体是特殊的，缺乏普遍性。

因为目的的外在性，不具有自身的使命，就不能实现自身所有的东西。任何事物都有自己的神圣使命的，即按照自己的本性发展变化。人的直接目的性把事物的神圣使命歪曲了。这就是一般实用的观点。实用的观点不足以达到对于事物本性的认识。譬如现在饲养的鸡，大部分都是速成的。原来鸡按照自身的本性生长，需要一年左右的时间，才能下蛋或者屠宰，现在人工喂养，几个月就下蛋或屠宰，给人类健康带来极大的危害。

目的只是外在地使用客观性的材料，用来作为实现自己目的的工

351

具，或者实现自身以外的目的，不是实现自身全部的目的，这就是实用的观点。这个在科学范围内占有很重要的地位，但是实用的观点对认识事物的本性来说是极其轻视的。有限事物的性质指向于超出自身之外的，包含自身很少的东西。譬如我们研究橡树，仅从用处的观点来研究橡树，其皮可制软木塞用来封瓶。不研究橡树本身的本性。我们研究有限事物，必须从有限事物的外在性和直接性开始研究，并且只有对有限事物不断否定，由表及里，由浅入深，通过事物的外在性或直接性，认识它们的积极内容和内在本质，以及内外联系，才能不断接近事物的本质和概念。但是外在的目的性只是直接站在了理念的门前，要进入理念必须以此为阶梯，引领人们认识事物的全部。

目的的关系是一推论，经过三段推论后，在推论或统一体内，主观的目的通过一个中项与一个外在于它的客观性相结合，使主观的目的具有客观性。中项就是两者的统一，一方面是合目的性的活动，要证明目的，一方面是被设定为从属于目的的客观性，即工具。譬如我们对于一个植物有一个主观性的认识，不知道客观性如何，就要进行推论。这个植物有治疗功能，中项是治疗哮喘的功能，与一个具有哮喘的病人联系起来，达到了目的性，即具有治疗哮喘的客观性。这个植物还有其他治疗功能等。对一个植物概念性的认识，就是对这类植物全体性的和普遍性的认识，通过目的的客观性来实现。

由目的到理念的发展须经历三个阶段：第一，主观目的，即人认识概念，首先从主观开始认识，还没有与客观性相结合地认识概念；第二，正在完成过程中的目的。目的经过三段推论的过程，从主观与客观的差别、对立到统一的过程；第三，已完成的目的。主观目的作为概念，与客观性达到完全的统一，就是完成的目的，就是理念。

首先，主观目的作为自为存在的概念，其本身就是概念各个环节的全体，第一环节就是自身同一的普遍性，对概念得到一个基本的初步的认识，好像最初中和性的水一样，这里面包含一切，但是没有区分开来。譬如我们研究历史唯物主义，生产力决定生产关系，经济基础决定上层建筑，这是基本普遍原理，没有具体内容。第二环节为这种普遍体的特殊化，结合各个具体的客体，通过这种特殊化的过程，普遍体就有了特定的内容，这些特定的内容再结合普遍体的活动过程而得到确立时，即特殊内容与普遍体同一的时候，这普遍体通过这种过程回归到自身，实质就是自己的普遍体与自己的特殊内容相结合，使普遍体具有丰富的内容。譬如马克思主义与各国革命的实际相结合，使马克思主义的普遍原理具体化和特殊化，能够与各国的革命实际真正地结合起来，普遍性与特殊性和个体性之间没有抽象的隔离，而是具体的结合。目的是主体从单纯的自为存在着的内在性向前走出来，要与那外在的与他对立的客观性打交道。于是形成了由单纯的主观性转向外面的合目的的活动的进展，即主观要与客观相结合。目的是要在客观中实现自己主观性，而不是停留在主观的认识和想象中。

主观目的是一推论，即三段式的统一体的推论。在这个推论里，普遍性的概念（马克思主义），通过特殊性（中国实际）与个体性（毛泽东）结合，使得具有自我决定力的个体性成为一个能下判断的主体，即个体性依据普遍性，对特殊性进行分析研究，才能具有主体资格的判断力。单纯的个体没有普遍性作为依据，无法对特殊性进行理性分析，就是一个没有判断力的个体存在，不具有主体资格。个体作为主体只有依据普遍性对特殊性进行分析研究，才能对特殊性得出一个具有普遍性的结论。通过这个推论，个体性虽然获得了普遍性和特殊性结合，使尚无确定性的普遍概念具有确定性的内容，普遍性包含有特殊性的内容，普遍性与特殊性没有完全统一，这个时候建立起来的主观性与客观性是对立的，即普遍性和特殊性结合后，普遍性只是获得一个环节或几个环节的特殊的本性，没有得到个体全体各个环节的特殊性。所以主观概念与自身全体的普遍性比较起来还是有缺陷的，还没有对个体的特殊性得到全体性的认识，普遍性与个体性还没有达到统一，主观性与客观性还处于对立的状态。譬如中国共产党开始进行新民主主义革命的时候，运用马克思主义的普遍原理，结合中国社会的特殊实际，研究具有中国革命自己的革命道路。开始是依靠与国民党合作进行革命失败了。进行城市工人武装起义又失败了，这些革命道路探索就是普遍性与特殊性相结合的过程，这时候普遍性与中国革命的特殊性还是处于对立的状态，还没有找到适合中国这个个体的革命道路。最后还要转向外面，转向中国革命的实际，才能找到了适合中国特殊国情的农村包围城市，夺取政权的正确革命道路，建立起了毛泽东思想。普遍性与个体性和特殊性只有进行多次结合，才能最后达到三者真正的统一。

这种转向外面的活动就是个体性。个体性在主观目的阶段与特殊性是同一的，个体性依靠概念，面对客体不断认识客体的特殊性，个体利用概念的力量，不断否定客体不符合概念的东西。客体的存在仅仅是观念性的，是个体依据概念分析客体自身所包含的概念性的东西。由于个体具有概念的活动力量，客体才作为实现概念的工具，直接与概念结合，并从属于概念的活动力量。客体完全被概念的活动力量所掌控，不像在存在或本质阶段，主观被客观所左右。

在有限的目的性阶段，中项分裂两个彼此外在的环节，即目的作为力量认识客体的活动，与作为认识工具的客体，这个认识客体是部分不是全体的，所以它们二者之间的联系是外在的环节，缺乏内在的联系。认识的对象客体是受目的支配的直接过程。目的是以普遍性主观概念为指导，支配认识对象，分析客体是有目的性的，即客体注入主观概念的认识，客体就是一种自为存在的观念性的东西，这个东西与客体的全体性比较，本身是被设定为不实的东西。有限目的得到的自为存在的观念性东西，这种关系或第一前提本身成为中项，这中项就是推论自己，自己具有主动性和创造性，不是被动地被推论。孙中山以资产阶级民主革命理论为指导，同样的中国这个实际，得出建立资产阶级民主共和国的理论，在中国行不通。普遍概念不同，同样的客体，得出不同的结论。因此，对象受目的支配，不同的目的，会有不同的前提，得出不同的结论。这中项就是自己推论自己，即自己根据自己目的，分析选择客体的东西，推论客体与概念达到统一，实现目的。目的通过客体把自己包含在其中，目的在并且在其中不断起主导作用，发现客体的客观性，不断地与普遍性结合起来。

目的的贯彻就是实现目的，需要在中介的方式下才能实现。目的在普遍概念的指导下，通过客体作为中介，达到概念与客体的统一，客体实现了自己。在这个贯彻中，目的也同样需要实现自己，实现自己为理念。目的要实现，就要直接地抓住客体，只有客体能够帮助目的实现自己。目的在认识直接客体时，就是认识客体的特殊性，这些特殊性包含客观性，当目的认识客体，推论客体特殊性到全体普遍性的时候，目的就实现自己了，达到理念的门口了。人们认识客体，需要运用机械的和化学的认识方法，从机械方法到化学方法，再到目的方法，这才是由浅入深地真正的理性的认识方法。譬如一个中医治病，虽然要从一个病人身体的整体来治疗疾病，但是也要望闻问切，望，就是观察病人的外在。闻，就是闻病人的气味。问，就是问病人有哪些病症。切，就是给病人把脉。病人的胃胀等消化系统的机械和化学反应等，都是治疗疾病的症状。高明的中医把这些联系起来，再结合自己的中医理论的理解，任何病情都能够有一个科学的治疗方案，就能给妙手回春，药到病除。任何现象跟客体的整体联系起来，就具有客体的整体性了。

一个有生命的存在的肉体就是一个直接性的客体，灵魂如同目的，灵魂控制住肉体是一个过程，目的有许多工作要做，肉体具有强大的力量，各种欲望、主观偏见、固执己见等等，不断排斥灵魂的东西。灵魂不断地从肉体的对立中，认识肉体的本性，找到制服的弱点，才能战胜肉体的力量，统摄肉体和控制住肉体。就像一个棋手要想实现自己，成为世界冠军，必须与世界顶尖高手的对决中，才能提高自己对抗世界冠军的能力，最后找到战胜对手思路和能力，才能成为世界冠军。目的要想实现自己，也必须抓住客体，彻底认识客体，具有控制住客体的能力，才能实现自己。

目的没有完全实现，在第一前提里，以概念为直接力量，对客体进行联系和否定，客体的存在仅仅是观念性的，根据概念与客体的联系，客体只是一种自为存在的观念性，没有从客体的直接性上对概念得出客观性的认识。目的对概念和客体的联系，只是对客体得到一个初步的概括的尝试性的认识。在第二前提，作为工具的客体与三式中的另一极端材料有直接联系。因为这时候客体是材料的直接性，必须运用机械性和化学性分析研究。这样作为支配机械和化学过程的力量，作为主观目的只能观察客观事物彼此互相消耗，互相扬弃，目的只能超脱于它们之外，因为目的真正实现的过程没有出现，即使直接干预也无济于事。只能在它们彼此消耗中保持目的的认识。这就是理性的机巧。中国是一个农业大国，工业不发达，工人阶级不是中国革命的主要力量，而农民则是中国革命的主力军。因此进行新民主主义革命，必须依靠农民阶级，在农村建立革命根据地，进行土地革命，建立工农武装政权。进行了一系列革命的尝试。因此，在目的没有真正实现前，必须依靠客体（客观实际）作为实现目的的工具。单纯依靠普遍概念，目的则无法实现。譬如中国共产党在新民主主义革命时期，照搬苏联社会主义革命城市起义失败了。机械性和化学性是最直接性的客体，是外在的和简单内在的客观性，是认识客体客观性的入口，是最容易认识的客观性，能够保证目的初步实现。根据中国是一个农业大国的实际，工人阶级人数很少，广大的农民才是革命的主力军。因此把武装斗争从城市转移到偏僻农村，进行武装割据，直接建立狭小的革命根据地，中国革命的火种才得以生存和发展。如果坚持在城市进行武装起义，因为革命力量极其弱小，反动力量极其强大，革命力量很快就会被消灭。如果目的开始在客体的全体上进行尝试，因为太复杂，目的肯定就无法实现。目的只有开始在客体的外在性和内在性上进行尝试，目的才能进入实现的正轨，随着人的认识深入，逐步实现目的。而且目的实现的过程中，人们不能急于求成，要按照客体的客观发展变化过程进行。客观事物彼此互相对立和斗争，彼此互相消耗，互相扬弃，人的目的既要超脱其自身于它们之外，即不能违反客观事物发展变化的客观过程去人为地干预，同时又要充分利用事物变化的客观性，积极为实现目的有所作为，这就是理性的机巧。

理性不但有机巧，而且也是有威力的。理性的威力是指天意不可违，违反理性就要受到惩罚的。上帝放任人们纵其所欲，最后落得个身败名裂的下场，显示了理性的威力。人们在遭受苦难后，才能够开始信仰上帝。开始让他们信仰上帝，他们坚决反对。不是上帝不想拯救人们，而是因为人们客观本性就是要走这条道路，任何人也无法扭转这个过程，上帝也不能扭转，因此上帝只能超脱事外。等到人们痛苦万分，需要拯救灵魂的时候，上帝才会出现，教诲他们弃恶从善。开始人们的目的和上帝的目的是大不相同的，是南辕北辙的。只有目的具有同一性的时候，目的才能有所作为。

有限目的的实现，就是主观性和客观性的统一。目的站在客体全体直接性上，发挥理性的机巧和威力，把握客观事物的发展过程，目的的主观性和客观性就能够统一。但是像这种统一的主要特性是，主观性和客观性只是在片面性上被中和、被扬弃，没有达到全面性的统一，只是部分统一，只是通往真理性和自由性的一个阶梯。因为目的利用认识的客观材料是有限的，就不能得到目的的无限性认识。目的是以客观性的自由概念作为最终目标，目的能够统摄客观事物，因此目的要在与客观性结合中保持自身，既扬弃客观事物的片面性和有限性，并使自己不能离开客观事物，保持客观事物的客观性。目的除了有片面的主观性或特殊性外，它又有具体的普遍性，是主客两面潜在的同一。只是在有限目的阶段没有实现。目的只有认识客观事物的特殊性与具体的普遍性，才能使主观与客观具有同一性。目的在推论三段式运动中自身返回，仍保持自身同一性的内容。

目的的推论是在材料中进行的，从客体的外在和内在材料推论出来的目的，因此得到的目的都是有限目的，其本身也是残缺不全的东西，正像它在起始和中项的推论中那样的目的。在这里我们所得到的，仅是从外面提出的、强加在材料之上的主观形式，不是客体全体的形式，这种形式由于目的的内容受到限制，只能是偶然性的规定，缺乏必然性的规定。因为客体的全体性的许多环节没有认识到，没有统一起来，这是一个不完整的客体认识。对于这个客体外在的认识，这个客体又成为达到别的目的的手段或材料，认识一直在外在上进行，如此递进，以至无穷，永远不能达到目的真理性的认识。譬如现在医学治疗癌症，只是做手术或者化疗，从外面对癌细胞进行治疗，没有从致癌的根本原因整体进行治疗，因此，杀灭一批癌细胞，又会重新生长出来新的癌细胞，以至无穷。

有限目的的活动，从主观性和客观性看，主观认识客观片面性，没有认识客观全面性和全体性，因此，主观认识就是有限的，就是与客观矛盾的，主观无论如何认识推论，都要陷入解决一个片面的对立，又会产生新的对立。譬如两个人夫妻之间的矛盾，解决一个矛盾，又会产生一个新的矛盾，始终陷于无穷对抗的循环之中。为什么会出现这个无法解决的对抗，就是因为两个人解决的矛盾，不是根本性的和整体性的矛盾，而只是表面的矛盾，更深层次的矛盾始终没有解决，就是人性的矛盾。只要两个人的人性矛盾解决了，其他一切矛盾都会迎刃而解了。

在有限目的实现的过程中，片面的主观性和与之对应的当前客体独立性相对立的假象被扬弃了，概念建立其自身为客体的自在存在着的本质。譬如前面我们所说的中国新民主主义革命，开始是外在的认识，一次次失败了。后来结合中国的实际，在农村开辟革命根据地，建立工农政权，依靠农民作为革命的主力军，才真正认识了中国革命的本质。但是那时候还不知道中国革命如何真正能够取得成功，马克思主义与中国革命相结合，还没有达到理念阶段。在机械和化学过程中，客体的独立性消逝了，对概念地点性也被扬弃了，与概念正在统一的过程中。为实现目的被规定为手段和材料的客体，是本身不实的，只是观念性东西。当目的作为概念活动的力量，就要扬弃它的形式规定的片面性，与它的概念内容结合起来，它自身同一的形式便建立起来了，内容也建立起来了。通过这种过程，目的这一概念的性质一般便确立起来了，主观性与客观性的自在地的统一起来，现在被设定为自为存在着的统一了。这就是理念。

有限目的是把客体作为实现目的的手段或材料。但是客体本身就是潜在的概念，即客体本身包含概念的一切东西。当概念作为目的，而不是机械性和化学性作为目的时，目的实现其自身于客体，也不过是客体自身的内在概念性质的显现罢了。在有限事物范围内，我们不能看见和体察出，在无限目的实现的时候，好像老是没有实现似的。因为无限目的的实现，不是依靠感觉体察，只能依靠理性体察，理性不够的人，当然无法体察出来。如果这种错觉是正确的，可以成为我们去认识理念的力量。理念的行动在于扬弃这种错觉，使无限性和有限性和解。

善是我们实现真理的必然环节。善就能够指导人们扬弃这种主观与客观的对立。扬弃错误，就是达到真理的一个必然环节。没有扬弃错误，真理就会停止不前。譬如释迦牟尼经过六年的苦修，没有得到佛教的真谛，没有得到精神痛苦的解脱。于是放弃苦修，但是善的本性使他没有放弃对佛的追求。五名侍者以为他丧失了信心，便离开了他。释迦牟尼在尼连禅河边菩提伽耶附近，面对东方发愿说，"我今要是不能证得无上大觉，宁可死也不起此座"。他经过七个昼夜的苦思冥想，悉达多终于战胜了来自各方面的烦恼魔障，在最后一天的黎明时分豁然开朗，彻悟到人生无尽苦恼的根源和解脱轮回的门径，从而彻悟无上大觉的佛陀。释迦牟尼的苦思冥想，就是人对于追求真理的善的追求。

第八章

理念——自动实现的真理

第一节　什么是理念——主体与客体绝对统一的真理

一、什么是理念

理念是自在自为的真理，是概念和客观性完全的绝对的统一。自在是符合客观自然性，自为是既符合主观的理性，又符合客观性，自在自为是指自动实现，不用借助外力推动。历史上许多流派和思想，只要是自在自为的真理，就会具有永恒的价值。儒家思想也是具有自在自为的理念，具有无限的力量，几千年来生生不息，有巨大的生命力和永恒的精神力量，现在全世界都在学习和传播，而且历久弥新，永葆青春和生命力。无论是宗教还是任何理念，只要永远有人们接受，就是真理在人们身上的实现。这就是理念自动实现的深刻含义。

概念是主观上具有统一的东西，还不是客观存在，与客观具有对立性，不具有真理性。概念只有与客观性消除对立后的统一，才具有真理性。主观概念具有全体性以及每一个环节与客体的各个三个形式有机地结合，才能与客观性相统一。概念与客观性不是相对的统一，而是绝对的统一。如果概念与客观性有些环节没有统一，就不是绝对的统一，而只能是相对的统一。

理念的理想内容不是别的，只是概念与概念的诸规定。对事物的认识达到理念阶段，就是用概念完整性和全体性统一体的内容来表述，而不是用概念的一部分内容来表述。譬如黑格尔的理念内容，就是从存在、本质和概念一系列概念与概念诸规定的统一体，形成了理念的内容。理念不是几个概念就能给包括它的内容的，一定是所有概念的统一体，才能包括理念所有的内容。理念的内容只是概念的自己表述，不是人们主观去表述，也不是什么权威表述，只能依靠概念的体系来表述，没有其他任何方式能够表述理念。用思想无法表述理念，因为思想缺乏概念的全体性和各个环节的整体性以及一系列诸规定，往往都是主观性和片面性。概念在表述外在的定在形式里规定性那样，表述得十分清晰，概念不是单纯地表述定在自身的外在性，而是与概念内容紧密联系在一起的。譬如围棋大师下的每一步棋，表面上看没有什么，其实大师的每一步棋都是跟对手进行全局的布局，是从战略的角度下棋。一般棋手不是从全局的角度布局下棋，只是从战术的角度下棋。艺术大师创造艺术品，胸中有丘壑，就能够下笔如有神。还包括外在形态与它的理想性中的统一。

绝对就是理念。前面一切界说，说本质是绝对的，都是相对地包含绝对的成分，只有理念才是真正绝对的。它们最后都归结到理念这一界说，组成一个概念全体的和整体的自圆其说的体系，就是绝对理念的意思。所谓绝对就是理念无懈可击，在理论体系上没有漏洞，无论对什么问题和现象，都能够自圆其说，不会出现自相矛盾的问题。理念要达到绝对的境界，理念就是真理。客观性与概念相符合，不是外界事物符合我的观念。因为我的观念只不过是主观观念，是个人不错的观念。理念不是个人观念，客观性也不是外界事物。理念面对的客观，不是外界事物，外界事物只是反映事物的外在规定性，不是符合理性的现实事物。一切现实的事物，才具有客观的统一性。个体的存在只是反映理念的某一方面，不能代表理念本身，还需要别的现实性，即完整的现实性才能体现理念。只有在现实事物的总合中和在它们的相互联系中，概念才会实现。孤立的个体事物是不符合它自己的概念，达到无限性的认识，就是真理性的认识。

理念与特定理念的关系。理念不可理解为某物的理念，理念是概念与客体统一的理念。概念也不可单纯理解为特定的概念，而是包含存在、本质和概念所有规定的一体的完整的概念。理念是绝对的和普遍的唯一的，理念是不可分割的绝对统一体，与概念和客体的全体性绝对统一。但是理念的判断活动是一个特殊化的过程，形成一个特定的理念系统。这些特定理念的系统在于返回到那唯一的理念，这些特定理念系统才有认识真理的价值。如果把这些特定理念系统分割开来，就失去了自身的认识真理的价值。从这种判断的过程去看理念，理念最初只是唯一的、普遍的实体，即实体中包含理念的成分，不仅仅是本质的东西。我们站在理念的高度去看实体，就是从概念与客体的统一上去看实体，而且这个实体是包含概念的生命之类的实体，不是包含存在的机械和本质的化学的实体。实体的发展具有真正的现实性，即具有概念和客体的统一性，比较接近理念的东西。这样的实体具有主体性，具有精神的东西。譬如人就是这样的实体，既是主体的具有主观性，又是具有精神的，能够对客体作出无形的反映，即形而上的东西。

理念与人结合，就成为精神。人类一旦认识到理念，理念就进入人类主观思维之中。人类有了理念，成为理念的践行者，成为主体，人具有主动性和创造性，创造世界的一切，包括精神。按照概念做事，只能说是有思想的人。按照存在的规定性做事，只能说是没有什么思想的人。按照理念做事的人，是具有精神的人，能够把现实世界的东西上升到精神层面。

理念依据什么客观存在为出发点。理论以什么客观存在为出发点，决定理论的范围和价值大小。牛顿以地球为出发点，得到万有引力定律，爱因斯坦以超出地球的宇宙太空为出发点，得到了相对论。理念不以实存为出发点，实存是有限的，只是包含事物的根据，不包含理念。理念是以客体为出发点的，客体本身是无限和无形的，因此理念没有具体的事物内容，常常被当作单纯的一种形式的逻辑的东西。人们一方面把实际存在着的事物以及尚未达到理念的范畴，给予所谓实在或真正现实性的东西，反而把没有具体事物内容的理念，只有逻辑内容的理念给予不实的东西。另一方面又以为理念仅仅是抽象的，没有具体事物内容的。这两种意见都是错误的。理念作为能消融或吞并一切不真之物而言，把具体事物的规定或内容都消融，成为逻辑形式和内容，它诚然是抽象的。但理念自身本质上是具体的，只有理念自己决定自己，自己实现自己，使自己形成一个完整的逻辑体系，成为自由的概念或真理，这才是真正的逻辑具体。而反映具体事物规定和内容的实存之类的范畴，在逻辑上只是反映真理的一部分规定和内容，从真理性上来讲，这些范畴才是抽象的。譬如一个伟人就是达到理念的高度，既认识世界又认识自己，把自己融入主观和客观世界之中，成为世界主宰的主体力量，这样才能自己决定自己的命运，自己实现自己，这就是一个人达到了理念境界。儒家的内圣外王就是达到理念的境界。如果说理念是抽象的，只能说概念是抽象的，才导致理念的抽象。只要概念是逻辑的具体和普遍的，那么理念必然是具体的。

什么是真理。人们把对某物如何存在的，认为就是真理性的认识。这只是主观意识的真理，或者形式的真理，不是真正的真理。真正的真理就是与理念统一的东西才是真理，即真理就在于客观性与概念的统一，不是客观事物与主观认识的统一。譬如一个真的国家，即在于国家的实在性符合于它们的概念，才是不假的。国家如果各个方面不健全，有许多缺陷，不能够服务很好地治理这个国家，这个国家就是不真的，就是不符合国家概念的。如果这个国家各个方面都很好，能够很好的促进社会发展，国家安定团结，就是符合国家的概念，就是真的，就是具有真理性的国家。一件真的艺术品也是如此。这件艺术品是否是真的，就看它符合艺术品的概念，即艺术品要源于生活，又要高于生活，全面反映客观世界的本性，又反映艺术家深刻的思想感情，它才是真理性的。所谓坏人，就是他不符合人的概念标准，就是虚假之人。坏的东西，不真的东西，就是要走向毁灭的东西。虽然暂时存在一时，甚至很嚣张，但是最后终究要灭亡的。中国封建社会历史上许多国家的执政者，以为自己可以决定国家的一切，为所欲为，最后都以亡国而告终。用宗教的语言来说，就是事物之所以为事物，由于内在于事物的神圣思想，即这些事物符合它们的概念才存在，不符合概念早晚要灭亡的。

二、如何从哲学思维上把握理念

理念是此书此前全部思维的一切发挥和发展而来的。许多人认为理念是遥远的和超越人世的东西。其实理念就存在于人的意识之中。因为人的意识具有理性思维能力，世界存在能够彼此分离的外在事物，都是永恒地从统一中发展出来的，并返回到统一。而不是各自发展，彼此分离的。宗教认为上帝创造整体的世界，世界从上帝的统一发展出来的，这世界是由神意所主宰，世界显示的一切都是上帝或神意的东西，这就是具有理念思维的含义。人人相信上帝，就相信上帝是世界的统一创造者和主宰者。黑格尔哲学总是以绝对统一意识为基础的，把世界看成是一个统一体，即世界的统一性在于理念。在理智看来这种统一意识是分离的，互相对立的。黑格尔所说的上帝，其实就是等同于绝对理念的东西。但是因为普通人都不知道绝对理念是什么，只知道上帝的意志是什么，所以黑格尔用上帝的神意代替绝对理念，帮助人们去理解绝对理念。

理念就是此书此前全部思维的一切发挥和发展形成一个逻辑系统，都包含对理念的证明，理念就是这全部的范畴和概念进展到与客观性统一的成果。理念不是依靠自身以外的他物发展出来的中介性的东西，理念乃是它自己发展的成果，从此看理念是直接的，又是经过自身的各个环节作为中介的。理念依靠自身发展，黑格尔此前的存在、本质范畴和概念的进展，都是依靠理念思维才能进展下去的。如果离开理念思维，此前一切思维都无法发挥和进展。前面所考察过的存在和本质以及概念和客观性这些阶段，它们都是有差别的，但是都包含有理念的成分。它们的存在不是以自身为基础的，而是以理念为基础的，是证明自身经过不断的中介，从差别到同一的辩证发展过程，它们的差别并不是固定的，只是暂时的，它们都是理念的各个环节的发展过程的体现，随着逻辑的演绎而消除差别，最后统一于理念。

具有理念的人，就像天一样，天行健，君子以自强不息。君子都具有理念的思维能力和创造力，能够自强不息走向人生的顶点。只有在存在和本质的范畴思维的人，他们的发展是依靠他人的。年轻人和不成熟的人离开他人的帮助，离开了就会止步不前了。存在和本质范畴不能自动实现自身的能力。理念具有自身实现自身的能力。无论是一个政治家或者一个企业家，如果达到理念的境界，就能够创造伟大的事业。如果没有达到理念的境界，只是在本质或概念的阶段，只能创造一些业绩而已。

　　理念是真正哲学意义上的理性。所谓真正意义上的理性是指理念为主体与客体，观念与实在，有限与无限，灵魂与肉体的统一。知性无法统一这些关系，而理念把知性的一切关系包含在自身内，把这些知性关系包含在无限回复中，使这些对立的关系达到自身的同一。理念没有把包含一切知性的关系达到自身同一，还是彼此分离的就是知性的认识，不是理性的认识。譬如概念和客体，从理念角度去看，概念所有的东西和客体所有的东西是绝对统一的，不是有差别的或者对立统一的。不是特定的概念的某一阶段与客体的统一，而是概念本身一切的规定性，即概念在与客观性的统一中，才具有它自己的全部规定性，才是真正的共体，不是特定的个体或特殊体，或者主观的普遍体。理念不是观念与现实，有限与无限，同一与差别等等的统一，这些都是形式的统一，不是真正的全体的统一。只有概念自身的全部规定性与客观性的统一，才是形式与内容的完整的全体的统一，才是理念。

　　主体包括存在和本质，以及概念等，客体包括机械、化学和目的等，它们之间的多次对立统一，肯定和否定，扬弃等往返回复，最后在理念自身内达到真正的统一。主体与客体的统一，就是主体已经具有包含客体的一切东西，虽然在各个环节有差别，但是整体上可以理解为主体具有现实性于其自身的可能性，即可能性与现实性已经实现了统一。不是抽象的主观自身，不是其本性只能设想为存在着的东西，即假象的东西等等，在客观中不一定能够实现，只是具有一种可能性。主体已经超越一切有限性，与客体达到绝对的统一，就已经达到无限性。

　　知性认为理念的关系都是自相矛盾的，譬如说主观仅仅是主观的，与客观的对立，存在与概念完全是两回事，不能从概念中推出存在来。同样有限仅仅是有限的，与无限是对立的东西。逻辑学所推出的正好与上述说法相反的，两者对立都是没有真理性的，都是自相矛盾的，都会过渡到自己的反面。因此在这种过渡过程中，两极端的对立被扬弃为假相，在这个过渡过程之中，两极端达到统一，理念思维便在其中作为启示，使两极端统一而成为真理。黑格尔此书从存在、本质、概念到客体的一个完整的过渡过程，就是两极端统一的过程，得到理念的过程。

用知性的方式去理解理念，就会产生双重误会。第一，它不把理念的两极端（主观与客观，主体与客体）正当地了解为具体的统一，而是把它们了解为统一以外的抽象的东西。知性只看理念两极端一个方面的外在抽象的联系，不看它们内在的、全面的、整体的和具体的联系，那么理念两极端必然是矛盾的。知性不知道从理念思维的辩证关系来看个体，个体即是主体，又同样不是主体，而是共体。因为从理念的思维来看个体，表面上看是一个个体，其实这个个体包含的东西，具有理念的一切普遍内容，它已经超出个体的范畴。因此它不是个体，而是共体。第二，知性总以为它的反思，即理念自身同一否定的反思，仅是一外在的直接的反思，即这个事物过渡到那个事物的反思，而不是理念自身的反思，即理念自身的这一环节过渡到自身那一环节的反思。理念的反思是把有限作为无限同一来看有限的，即有限自身即包含无限，有限的过渡也同时是无限的自身过渡，所以有限过渡到最后，才能实现有限与无限的统一。如果有限自身不包含无限，有限无论如何过渡，也不会过渡到无限的。所谓有限包含无限，就是所有个体的东西，达到与世界上所有共体具有同一性的时候，这个个体就具有无限性了，就能够代表世界一切的现实事物。理念自身的辩证法，只有区别差别与同一、主体与客体、有限与无限、灵魂与肉体的对立与统一，不断过渡，理念才能够否定前者，扬弃前者，不断地达到前者与后者的统一。这样的理念才具有永恒的创造性，永恒的生命和永恒的精神。如果区别不开这些关系时，无法解决它们之间的对立与统一时，就要停止创造了。有了理念的辩证思维，当理念过渡其自身转化为有限存在的时候，也不能被知性观念所迷惑，同样会用理念的思维去看待有限的存在。理念就是辩证法，能够理解理智的东西，差异的东西，以及理念自身的有限本性，并理解理念自身种种产物的独立性只是假相，并且能够使这些理智的、差异的东西回归到理念自身的统一，就解决了理智与理念的矛盾。这种理念的双重运动，不是运用有限事物的时间性和空间性的运动形式能够解决的，必须用脱离时空的理性思维去解决这个矛盾。有限过渡到无限，从时间和空间上看，无法看到在什么时候、什么阶段过渡的，只能在理性思维上进行过渡。所以理念在他物中对自身实现，譬如一个世界要在一叶上体现出来，是在一叶永恒性的直观上体现出来，而不是在一叶的暂时存在中体现出来的。他物之中存在的理念，不因他物的消失而消失，而在其他物中，理念依然存在。就像物质能量守恒定律一样，物质的能量永远不会消失。知性就是片面的、孤立地看事物。理念就是把主体和客体所有各个环节联系起来和统一起来看，才能成为一个完整的全体的统一体来认识，主观与客观才能达到真正的统一。主观对客观稍有差别就要产生对立，就不是理念的东西。所谓对事物的有限的认识，就是对事物的认识片面的、割裂开来的认识，没有真实反映客观性，即没有完整地统一起来认识。

　　一般人的理智认识，往往到表象就停止了，不会透过现象看本质，或者只看到本质的东西，没有通过本质和概念看整个客观世界。因为客观世界是完整的统一体，而人的主观往往以简单粗暴的方法，把客观一体的世界割裂开来认识。因此主观与客观必然产生差异和对立。如果主观真实地反映客观统一的世界，客观世界从根本说是不存在对立问题的。知性的反思只是两个方面的外在联系与同一，辩证思维不仅看两个方面的同一，而且包含着概念的所有规定性的对立中达到统一，最后才能与客体达到真正的统一。所以只有理性的思维和理念的东西，才能完全解决主观与客观认识上的矛盾。

理念的判断不是有限的判断，而是无限的判断。理念的判断使概念与客观性不断的统一，达到理念。理念判断的每一方均各自为一独立的全体，概念是全体的，客体也是全体的，没有任何别的特定的概念在这两方面都能达到完成的全体。特定的概念只是部分的全体，是没有完成的全体。唯有概念的全部规定性的统一，才是自由的，才是真正的共体。概念的规定性只是概念本身，不是理念本身。概念只有在无限的判断中，在与客观性的统一中，概念才具有它自己的全部规定性，概念完成其全体性，才是理念。概念的判断过程中，每一个方面都是各自为一独立的全体，每一方面达到其自己的充分发展，没有任何遗漏的东西，不存在片面性的认识，才能过渡到对方。概念有的环节的规定性没有研究明白，就无法过渡到对方。即使勉强过渡，也是抽象的片面的有限的过渡，错误的认识。只有符合概念或者符合理性的过渡，最后才能过渡到理念。

理念本质上是一个过程，要经过一个过程才能完成理念的全部内容。理念是对概念由相对到绝对，由自在自为到自由的过程，理念要达到同一性，就是对概念的相对性和自为的同一性不断地进行否定，不断地扬弃概念的每一个环节与客观性的对立，达到最后的统一。概念的绝对和自由，是主观范围无法达到的，只有与客观性达到绝对的统一才能达到。理念的运动过程是这样的，即以概念的普遍性作为开始，通过与客观性的个体性结合，使自身达到具有特殊化的客观性，以检验普遍性是否符合个体的特殊客观性，才能使概念的普遍性与个体的客观特殊性逐步相结合。这个个体性是概念的个体，不是质的推论和反思推论，而是概念的普遍性与客观的个体（生命体）的特殊结合过程中，概念的普遍性具有实体化的外在性，是具有客观性的外在性，开始必然与概念的普遍性产生对立。理念通过自身的辩证法，扬弃概念与个体的客观实体的外在性，返回到概念的主观性，达到主观概念与客观性的辩证统一返回到主观性，理念是以主观形式表现出来的。

理念是一个过程，一是说理念不是抽象的统一，而是具体的统一。说理念的绝对为有限与无限的统一、思维与存在的统一等等都是错误的，因为这种统一仅表示一种抽象的、静止的和固定的同一，没有反映理念的具体进展过程和各个环节的具体内容，理念进展的过程是从概念的普遍性开始的，通过个体的特殊化，与客观性相结合，必须有丰富具体的内容。二是说理念是以主观性作为表现形式，也是错误的。因为理念不仅仅是主观与客观的统一，不是自在性和实体性的统一，不是把无限与有限、主观与客观、思维与存在简单统一，好像是中和似的。在理念否定的统一里，是无限统摄有限，思维统摄存在，主观性统摄了客观性。理念的统一是思维、主观性和无限性，意思是主观的和思维的充分发挥理性的辩证思维能力，充分挖掘无限与有限、思维与存在、主观与客观的统一的无限内容，而不是把两极端简单地合二为一。理念过程中的思维、主观性、无限性，在本质上必须与实体的理念相区别，在理念进展过程中由判断过程中的思维、主观性、无限性都是片面的，而理念的思维、主观性和无限性都是全体性的和绝对性的。因为只有理念思维能够把概念的全部规定性囊括进来和统一起来，与客观性统一起来，提炼出概念与客观统一中的一切规定的无限性，表述世界客观存在的一切理念性的东西。

理念作为过程，它的发展经历三个阶段。理念的第一形式是生命，亦即在直接性的形式下的理念，即个体理念。理念与生命体结合，进入生命体后，理念具有直接性和个体性。生命的直接性的理念是有局限性的，从客观所有的各个个体看，有不同的个体即为特殊性，个体的不同环节也具有特殊性。理念进入第二个形式为认识的理念。因为对生命体的认识，只是静止的认识和分析，而要真正认识理念的全部规定和内容，必须以生命为基础，认识理念的各个生命体，必然有差性，各个生命体差别性即是特殊性，需要通过理念个体的特殊性的中介，过渡到理念的普遍性。这种认识过程又表现为理论理念和实践理念的双重形态。认识理念不仅需要理论理念分析生命体的特殊性，特殊化其自身的客观性，还要经过实践理念的活动，通过人的意志活动，发挥人的主观能动性和创造性，不仅检验和补充理论理念的抽象与不足，使概念与客观性达到完美的结合和绝对的统一，而且去认识和发现新的客观性，创造新的理论理念。理念认识的过程就是恢复那经过分析和区别，把特殊性通过中介得到了丰富统一的结果，就得出理念第三个阶段，即绝对理念。这就是逻辑发展过程的最末一个阶段，这个思维的最高阶段绝对理念，最后与最初的存在范畴达到了真正的具体的统一。

第二节　生命——直接性的理念

一、什么是生命

生命就是直接性的理念。所谓直接性理念，就是理念以生命体作为其表现形式，而不是以主观的形式来表现的。生命能够以自身的个体性，而且在直接性中是自己与自己加以联系的普遍性，以直接存在作为理念的特殊化表现，表现概念的规定，没有任何的差别，即各个生命体的概念表现没有差别，具有全体性的。最后肉体的个体性能够表现概念和理念，因此自身包含有无限性，具有否定一切有限性的本性。肉体的客观性从独立实存的假相返回到主观性，即概念性，以此肉体自身一切器官肢体互为一体的，具有互为目的，互为手段，在一个生命完整的体内相互作用，形成一个完整系统。表现理念的生命是一个活生生的东西，具有自身实现自己的能力，不是机械和化学没有生命的东西，需要外力的作用。生命的运转都是按照自己的理念在进行，没有人操作。肉体作为外在的各个部分是没有生命的，生命力是无形的东西，肉体作为一个整体的有机体才有生命力。

生命开始既是特殊化的作用，各个器官肢体具有自己的功能，又要达到否定其自身的特殊化而成为自为存在着的统一体，是一体的不可分割的东西。生命作为理念在它的肉体里，只是作为自身与肉体的辩证的过程，和它自身结合，即肉体包含生命的理念。灵魂作为理念性的东西，不能存在于机械性里，只能存在于肉体有机体有生命力的形式里。生命的理念是一个个体的生命肉体承载着，因为直接性而具有有限性。灵魂与肉体的分离，就是生命者的死亡性。不然二者紧紧地联系在一起，缺乏独立性。

生命肉体由于灵魂的作用，各个器官肢体是不可分离的，一旦分离立即失去原来的价值。理智或知性总是喜欢把肢体分割开来看。生命的肉体只有作为统一体来看，才具有不可思议的东西。生命作为直接的理念是有缺陷的，即概念和实在尚未达到真正的彼此符合。因为生命的灵魂是以直接性的肉体作为自身的存在，不是理念或绝对理念以逻辑概念与客体的统一作为自身的存在形式。肉体作为自然的东西表现灵魂必然有缺陷，与概念或理念的要求还是有差距的。而且肉体里的灵魂只是有感觉的，尚未达到自由自觉的状态，即灵魂或理念的一些内在要求，肉体根本无法实现。但是真正的得道高僧，其灵魂不能仅仅表现在肉体上，要表现在永恒的宇宙里。因此，生命的进展过程在于克服那还在束缚其自身的直接性，而这个过程又是三重的，其发展结果就是到了判断形式中的理念，认识的理念。

二、生命推论的过程

生命之物是一推论，即包含三个成分：个体、特殊和普遍的矛盾统一体，在统一体里面，各个环节（个体、特殊和普遍）的自成一体系和推论。每一环节都是具有概念的全面规定性，而不是概念的片面性规定，相互之间具有具体的统一性，不是抽象的同一性。它们的推论是主动推论，生命体是自动维持其生命力的，不需要人外在地去干预。而机械的和化学的东西，则需要人为的干预才能推论下去。有生命之物的主观统一性内只是一个过程，是自己与自己结合，自己支配自己的过程。因为无论生命之物的进展到哪个环节，都是生命之物本身的进展，不是进展到另外一个截然不同的其他之物。生命之物结合的过程经历三个过程。

第一过程就是有生命之物在它自身内部的运动过程，即生命之物在它的肉体内部运动，生命的理念支配肉体的一切活动。在这个生命之物的运动过程里，从生命个体看它自身发生分裂，一方面它以它的肉体为它的客体，为它的无机本性。一方面是有生命的主体活动。两方面看看客体如何与概念结合的。肉体不是作为生命体来看时，其客体的自身具有无机本性，是具有相对的外在性，肢体各个器官各环节存在着差别与对立，这些不同的对立环节彼此互相争夺，互相同化，在不断地自身产生的过程中而保持自身。譬如人体的五脏，就是相生相克的，互相争夺为相克，互相同化为相生。五脏自身都要自己的独立性，不会因为生命体的统一而失去自身。生命的第一过程就是研究生命体各个环节的功能以及相互关系，只有研究生命之物的各个器官和肢体功能，才能各个肢体器官在生命的主体活动中的作用，不为了是单纯去看生命之物的各肢体器官的功能。西医分内科和外科，把生命一体分割为各器官独立的存在去治疗。而不是像中医那样不分内科和外科，高明的中医从人的整个生命体去治疗各个肢体和器官的疾病。生命之物内部各个肢体和器官的活动产生物，必须回复到主体统一的活动上去，各肢体器官的活动都是围绕生命主体活动的，都是为了主体自身的再生活动。生命第一过程主要看个体生命体维持生命体活动的过程，体现生命体的对立基础上的统一性和和谐性，即生命体各个肢体官能活动互相依赖以及相互支持，这样才能体现出来理念性。

生命之物自身的内部过程在面对自然界的时候，又可分为三种形式，即敏感、反感和繁殖。生命之物的肉体接触外部自然界，第一产生作为敏感性，即对五官的刺激，冷热或酸甜苦辣等，或人与人之间的交流产生的感受，就是生命之物对接触外在自然界产生的感觉。机械物产生的感觉不明显，只能在外在留下痕迹。而生命之物接触自然外界，内在发生反应。譬如生命之物运动，就要前部接触外界，生命之物有敏感性。譬如动物的前部神经不断受到外界刺激，比较敏感从而产生了大脑。尾部接触外界不多，所以神经敏感性很差。

反感是对外界的敏感刺激进行加工，不利于生命之物的东西，予以排斥，好的接受，对外界采取优胜劣汰的态度，趋利避害，这样才能有利于生命之物的不断进化，趋于完善。如果生命之物对于敏感之物没有反感一律接受，对于有害的东西也接受，就要灭亡。

繁殖是生命之物具有再生能力，体现了理念的永恒性。如果生命之物没有繁殖的功能，就要种族灭绝的。繁殖就是从它的各器官肢体的内在差别里，相互排斥之中，不断地恢复其自身相生的功能，有生命之物仅恃自身内部这种不断地更新的过程，而保持自身持续存在。只有消亡，没有繁殖，生命体就要灭亡了。繁殖就是生命之物的细胞不断死亡，不断生出新的细胞。从它的各肢体各器官的内在差别里不断相克相生，恢复其自身的生命体。即生命体每时每刻都有死亡的，也每时每刻都有再生的。人的生命体就像五行一样，木生火，火生土，土生金，金生水，生命之物就是这样仅恃自身内部这种新陈代谢、不断更新的过程维持生命体的生存。没有这三种形式，生命之物就要死亡的。

概念与生命之物的关系。概念的判断为了自由地前进，便放任客观的无机体，让这个无机体与概念保持一定的距离。如果概念不能脱离无机体，概念就无法达到自由。因此让无机体离开概念而成为相对的独立的全体，并且使有生命之物对自身的无机体的否定，成为直接的具有概念性的个体，这样才能使概念自身成为对立的无机自然的前提，主宰无机体的活动。生命的无机体就是自然自在地生存，相克相生，使生命之物无法达到自由的状态。如果被生命体的无机体束缚住了，生命体就失去自身固有的自由性和创造性。概念的判断（思维）为了自由地前进，不能停留在生命体里，这样就要扬弃生命体的无机体，这是对生命体的无机体的否定。有生命之物对自身的无机体和直接性的否定，才能使自身成为概念本身的一个环节，不是概念本身，生命之物与概念的具体的普遍相比较便有了缺陷。个体的生命之物只能包含概念的一部分，不是概念本身。只有所有各类直接个体的生命之物，经过理性辩证判断和推论，才能推论出来概念的具体普遍性，才是概念本身。直接个体的生命之物是自在带有虚幻性的客体的辩证法，必须加以扬弃才能成为自由的概念。生命之物具有能动性，反抗它这种无机自然的过程，在无机体内保持、发展自己，并使自身客观化。个体生命之物离不开无机体，又要否定它和支配它。

有生命之物统摄无机自然。有生命之物与一个无机的自然相对立，它是后者的主宰力量，并同化后者以充实自身的生命力。没有无机自然，一切个体生命体也无法存在。但生命之物与无机自然结合，不同于化学过程产生一个中和物，这个中和物二者是平等的关系，而且可以随时分离，各自独立。而生命之物与无机自然物则是生命之物统摄对方。

被生命之物所征服的无机自然之所以忍受这种征服，是因为无机自然是自在的生命，而生命则是自为的无机自然。而且二者结合，赋予无机自然以生命力的东西，各无机自然的肢体活动自如，与生命之物结合，艺术之手巧夺天工产生无数物质和艺术精神文化等产品。肢体官能都是生命体的一部分，不是自然体孤立存在的。当灵魂或者生命力离开了肉体时，客观性那些基本力量就开始发挥它们的作用了，成为真正的无机自然之物了，成为纯粹的客观存在了。这些无机自然力量不断地准备飞跃着，以求在有机的肉体里开始其自然过程，而生命便不断地在那里与其无机力量作斗争。譬如动物缺乏灵魂的东西，因此它们的肢体特别发达，依靠肢体的力量生存。而人类具有灵魂和精神的思想，因此肢体的力量极其软弱，主要依靠思想、文化和灵魂精神生活。就像一个人，如果有概念性的思想，他的言行举止就能够温文尔雅，能够按照自己的思想有计划有目的地去做人做事，就能够达到事半功倍的效果，取得极大的成功。如果一个人没有概念性的思想，没有多少文化，就会是肉体的力量主宰着他，他就会言行举止粗鲁，为人处世随心所欲，完全按照自己的想象去做一切，必然遭到各种客观的惩罚。譬如事业失败，家庭不幸，身体生病等等。

　　第二过程是族类的实体性的普遍性。有生命的个体，在第一过程里居于主体和概念的地位，生命的个体统摄自身完整的客观无机体，处于主导地位。在第二过程里，生命的主体与另一同类的主体相联系，生命个体的主体在这个阶段不能支配另一主体，而且只能作为族类生命个体，即以外在客观性与其他同类主体相联系。其他族类主体具有自身没有的规定性，在与它们的联系中，自身得到了一种真实的规定性。于是它自己现在就成为潜在的族类，具有实体性的普遍性。生命的个体与"族类"联系，与其他族类具有不同性，就是自身得到了特殊化判断，就是"族类"这些彼此对立的特定"个体"之间各自特殊性的相互联系，产生差别性。从同类生命个体的彼此差别性中判断出同一性就是族类的普遍性。

族类的发展过程使个体生命之物成为自为存在，生命是直接的理念，生命在族类过程中就分裂为两个方面，一方面生命的个体是直接性的东西，现在与族类联系，就作为一中介性的东西，作为向普遍性过渡的东西。另一方面直接性的生命的个体，在族类的普遍性中处于否定的关系，生命的个体便融入普遍性之中了，作为普遍性的一些环节。生命的个体所以沉没在普遍性里，是因为生命的个体缺乏理性和普遍性，而生命的族类包含理性和普遍性，它的普遍性只能存在于族类的普遍性之中。

生命之物自在地就是族类，是普遍性。因为生命之物是直接的概念，包含有普遍性的东西，不是存在的范畴只反映事物外在的规定性，与概念的规定相去甚远。但是这个普遍性只是生命之物个体而存在，具有局限性。生命之物虽然通过中介超出其自身的直接性，但是与其他个体结合又陷入直接性里。生命最初走向坏的无限进展过程。只有动物族类的过程，乃是它们生命力的顶点，不能达到自为存在，屈服于族类的力量。而人类在于扬弃并克服束缚生命形态中的理念的直接性，以更高的逻辑理性思维形式存在。

譬如看一个普通的人，他不具有人的理念的普遍性，是因为他没有把人的普遍性全面地彻底地明显地反映出来，人的普遍理性只是潜在地存在着。因此生命的理念不仅必须从任何一个特殊的直接的个体性里解放出来，而且必须从最初的一般的直接的普遍性里解放出来。理念只有摆脱直接性和有限性的束缚，从而它就能进到作为自由的族类为自己本身而实存，不是自在地适应自然或社会而生存。生命体只有认识自然和社会生存的客观环境，并且能够改造自然和社会，让生命的个体达到与自然和社会和谐自由的统一，生命的个体才能进入具体的理念逻辑体系的统一之中，才能进入自由的境界，即彻底认识生命体的死亡（特殊性），否定一切直接性，完全脱离直接性的束缚，生命的个体向着精神境界进展，才能真正实现。

　　生命是有机的统一体，有主观和客观的统一。因此我们从生命体即可看到概念本身，但是我们看到的是作为概念存在着的直接理念，理念与实在尚未达到真正的彼此符合，作为实在的生命个体虽然是一个完整的有机体，但是也是有限的，而理念则是无限的。虽然灵魂也具有无限性，但是灵魂以肉体为载体，灵魂是有感觉的，感觉是有限的，尚未达到自由自觉的存在。绝对理念是存在于包含客体的逻辑概念体系之中的，不是存在于具体直接客体之中的。生命进展的过程就在于克服还在束缚自身的直接性，其发展的结果就是出现判断形式中的理念，亦即作为认识的理念。

第三节　认识理念——主观与客观理念达到统一认识的过程

一、什么是认识理念

　　理念是自由地自为地实存着，因为它以普遍性作为它的实存的要素，不是个体生命理念作为实存的要素。普遍性没有个体生命理念的有限性，理念的普遍性就不是虚假的存在，不是人的主观想象的存在，而是主观与客观真正地完全统一的存在，概念完全符合客观性本身。理念就是作为概念与客观性完全统一，存在于客观性之中。存在论里只是包含客观的表象存在，本质论包含客观内在的根据及其存在，只有理念包含一切符合理念的无限的客观存在。老子的"道"就具有无限的普遍性。理念以自身为对象，就是以理念的无限性和普遍性为对象，以思维与存在的具体统一为对象。

理念从内在看是被规定为普遍性的主观性，在它自身内存在纯粹的差别，有各个环节的差别，是有差别的普遍性的同一，不是抽象普遍性的同一。理念从外在客观上看是一个内外全体性的东西，因此自身是直观的。部分性的东西是不完整的，就不是直观的东西。只有完整的全体的直观才能体现理念的全体性。概念没有与客体真正统一，就不能直观的表现完美的理念。就像一幅伟大的美术作品，艺术大师构思如何美好，如果没有完美地创作出来，再好的构思都是无法呈现在人们面前的。

理念作为特定的差别，就需要进一步的判断消除差别，达到理念最后的统一。理念的判断开始只能从部分开始，由片面达到全体，这样开始就要把理念的全体性从排斥差别中得到，并且假定其主观自身为一外在的宇宙作为判断的标准。于是便有了两种判断，主观判断和客观判断。一种是理念的主观性判断，一种是理念的客观性的判断。这两个判断虽然是潜在地同一，但是还没有实现其同一性。这两个作为生命来说是同一的，但它们的关系却是相对的有限的，不是绝对的无限的，这就是反思关系。在理念的开始阶段，理念的主观性是直接的，客观的生命体也是直观的，这是理念在它自身内的区别中的第一判断，即一种判断的前提。对于主观理念来说，客观性就是直接出现在自己面前的世界，或者作为生命理念就是个体的实存的现象界，是实存现象的客观存在，而不是理念的客观性。如一叶一世界中的一叶，就是生命理念的实存现象，二者还是对立的。

生命的理念通过在自身内的不断的区别判断，使理念在它自身内产生纯粹的区别，那理念实现自身的主观性与实现对方的客观性，便是一回事。因为在理念的主观自身内与客观本身已经是潜在地同一了。因为在理念内，从主观自身能够看到客观对方，从客观对方也能够看到主观自身，它们之间都是相互贯通的，有差别也具有潜在的同一。所以理念深信它能实现它自身与客观世界之间的同一。虽然在生命的理念里，主观性与客观性没有达到真正的统一，只是潜在的统一。但是理性出现在主观和客观世界上，具有绝对信心去建立主观性和客观世界的同一，并能够确信成为真理。因为理性具有一种内在的冲力，因为理性思辨能力，能够把本来看来是人的有限认识与空无认识是对立的，人不能够认识空无，只能认识有限的实存的东西。但是理性确实能够证实世界确实为空无的，存在为空无，绝对理念具有脱离有限的空无性。世界有形的东西好证明，两个现象之间的联系或关系是有限的有形的，而思维与存在的联系或关系则是无限和无形的东西，确实难以证明。理性确实就具有这种能力，理性能够证明存在为空无，即从世界的存在与思维的统一性来看，世界一切现象界的事物都是空无的，但是它们的联系和关系确实是空无的，是看不见感觉不到的，都是无限联系和无限关系的。因此任何有限事物都不能概括或者代表客观世界的无限性。从世界的无限性看，任何有限事物都是虚假的、空无的，都没有真实反映客观存在的客观性。任何事物的有限规定性都无法反映客观存在的无限性，因此客观存在就是空无的，只有绝对理念能够反映客观存在的空无性，即世界一切有限事物皆为空无。

实现理念的过程概括来说就是认识的过程。在这种认识过程的单一活动里，主观性的片面和客观性的片面之间的对立，自在地都被扬弃了。认识过程的单一活动，是指认识纯粹在理性思维里活动，即在普遍性里进行认识活动，不在具体事物里认识活动。但是这种对立最初只是自在地被扬弃了，没有自为自由地扬弃。一方面认识的过程由于接受了存在着的世界，还不是改造的世界，所以使存在着的世界进入主观自身内形成的是表象和思想，与客观世界的表象结合，只是扬弃了理念片面的主观性，把这种真实有效的客观性当作它的内容，借以充实它自身的主观抽象性，使理念的主观性得到客观性的内容，就是认识的理论活动。另一方面，在人们得到理论理念的时候，认识过程又要面对客观世界运用理论理念，就需要认识过程扬弃了客观世界的片面性，才能面对客观世界的一堆偶然的事实和假象，凭借理论理念主观的内在本性，以规定并改造这些客观世界的聚集体，能够自由地扬弃客观世界的片面性，对客观世界的聚集体得到客观理念的认识。这是善的冲力，或者意志或理念的实践活动，即直接针对客体作出的理念活动。正如毛泽东在《实践论》中所说的，认识——实践，再认识——再实践的认识过程。认识是以认识为主，结合实际解决认识真理问题。实践是运用真理去指导实际，面对的实际都是千差万别的一堆偶然的事实和假象，要理论联系实际，对这些实际的偶然事实作出与理念认识融会贯通的境界，就达到了再认识的目的。经过实践后，会发现真理存在一些瑕疵，要予以修正，以便为了下一步更好地指导实践。譬如我们结合实际例子掌握经济规律的基本理论，但是对于具体的经济现象和问题不可能完全了解，理论还要结合各种经济现象，对真理性认识作出全面深刻具体的丰富的理解，经济现象与经济理论融会贯通，才能说是克服了主观的抽象性，真正掌握了经济基本理论和规律，这就是理念的意志活动。再运用经济理论和规律去解决具体经济问题，即人们运用具体丰富的理论理念，去解决各种各样的经济现象和经济问题。

二、认识

开始认识的普遍是有限的，人的认识不可能一下子认识世界的无限性，总是从有限到无限，循序渐进进行认识。因此认识活动本身的前提就是有限的，便是对这种有限前提的不断否定，才能不断突破认识的这种有限性规定，包含这些规定在它自身的理念内，最后才能形成一个主观与客观统一性的认识，才能逐步从有限走向无限。开始这种规定的过程，使得认识的两个方面取得彼此不同的形式，即主观与客观存在有差别的认识，就是反思的关系，而不是概念的关系。认识过程开始将客观外界材料予以同化，只能进入主观外在的范畴，因此这些范畴显得彼此各不相同的，缺乏同一性。只有概念的理念的认识，才能是统一性的认识。这种认识过程就是作为知性活动也是理性认识的必经阶段，理念认识活动不可能一下子进入内在以及全体性的认识，必须由外在到内在，再到全体。因此这种认识过程所达到的真理，也同样只是有限的。而概念这个阶段的无限真理只是一个自在存在着的目的，没有与客观性统一，还没有达到理念阶段的无限真理的自为自由存在着的目的。远在彼岸的无限真理非认识活动本身所能达到，必须经过人的意志活动，即概念与客观世界相结合达到统一才能达到。认识的意志活动能够突破自在存在着的客观世界，将自在存在着的客观世界加以理性的改造，让人的理念或真理在自为自由存在着的客观世界才能够实现。在概念这个阶段虽然是知性的活动，但是仍然受概念的原则指导，构成认识进展的内在线索。没有概念作为认识进展的内在线索，知性活动便无法走向理念。

认识的有限性在于事先假定了一个业已在先的世界，这个业已在先的世界还没有被认识，需要逐步认识。因此认识活动开始必然是有限的。认识的主体面对客观世界就显得是一张白纸。因为认识开始面对的是一个没有认识的客观世界，需要以概念为指导进行认识。世界的无限性与主体逐步认识的有限性，必然产生矛盾和对立。概念活动的这种外在认识过程是依据自然的存在进行的，因此只是自在的，还不是自为的，还没有对认识对象进行主观理性的改造。但是这种认识过程不是被动的，而是主动的，因为这种认识过程是以概念指导的，不是以知性为指导的。这只是概念认识过程的开始，而不是结束。

有限的认识开始只能把认识的对象当作预先存在的，与它对立的东西，因为概念是主观性的东西，认识外界的自然多样性事实时，对客观世界外在的有限认识，只能认识客观世界的一部分，不能认识全部，主观的概念与自然的外在性必然产生差别和对立。对于认识对象的多样性，主观首先假定自己的认识活动形式只能是形式的同一性或抽象的普遍性，不可能达到具体的普遍性和具体内容的同一性。它的活动在于分解客观对象的具体内容，区别其中的差别，从差别中分析同一性，得到抽象的普遍性的形式。譬如东亚各个国家，都具有相同的肤色、相近的文化，这就是同一抽象普遍性的形式。或者以一部分的具体内容为根据，将那些显得不重要的特殊的东西抛开，通过抽象作用，揭示出一个具体的类的普遍或定律。科学定律就是采取分析的方法得到的。譬如东亚国家的中国人和朝鲜、韩国人，虽然语言不同，但是崇尚儒家仁义道德思想文化，主张和平和谐的生活。而日本开始学习中国传统文化，后来崇尚西方思想文化，到处进行侵略扩张，成为东亚另类民族。分析方法就是认识个体事物的第一步，分析同类个体事物的差别性，抛开不同的特殊性，得出同一的抽象普遍性，为进一步分析内在的同一性奠定基础。譬如生命体感冒高烧的度数，不用化验炎症，就能够从外在看到感冒炎症的程度，从而决定大夫用药。从个体人的感冒高烧度数，界说所有人感冒高烧的炎症形式的同一性或者抽象的普遍性。分析方法就是用外在的形式同一性的简便方法，代替概念内外的统一性的复杂方法，在实践中还是具有一定的用处的。

分析方法着重于从当前个体事物中求出抽象的普遍同一性，分析同类个体事物差别中的共性。在这里思维只是一个抽象的作用，只是形式上的同一性，或者部分内容的同一性，不能达到全体的统一性。这就是洛克以及所有经验论所采取的立场。分析方法是有缺陷的，就如同把全体的和整体的统一体的对象，分割成为各自孤立的许多抽象的成分，并将这些成分孤立起来观察，对整体事物只能得到零碎的认识。譬如一个化学家取一块肉，放在他的蒸馏器上，加以分割分解，告诉人们这块肉是氮、氧等元素所构成。但这抽象的元素已经不复是肉了。

分析方法从个体出发而进展到普遍。综合方法是从普遍性（分析的界说）为出发点，对普遍性进行特殊化的分类，与个体性联系上，把普遍性中的各个特殊性罗列出来，认识活动顺着概念的三个环节进展。概念就是经过理智的规定的概念，把各个外在的规定性列在形式的概念里，缺乏具体内容的，这就是综合方法。

综合方法为个体的符合概念的特殊性和普遍性，即达到个体定理。综合方法只是对个体有一个完整的认识，对类的普遍性没有具体的认识。综合方法注重概念的联系性和整体性，注重研究概念自身整体各环节内的发展。

无论是综合方法或分析方法，皆同样不适用哲学。在理念认识阶段，当客观对象在认识过程中首先就要被带到特定的一般概念形式内，不是被带到存在的外在性之中，也不是普遍性的概念内。因此只能使这个对象得到它的类和它的普遍规定性的明白表述，不能得到概念具体内容的普遍性表述。这个普遍的规定性只是对认识对象的抽象认识，不是逻辑的具体性认识，于是我们对于这个对象便只能有一个抽象的界说。这抽象界说的材料和证明都是由于运用分析方法得来的，分析事物符合这个概念的普遍规定性的形式，不符合概念普遍具体内容的规定。因此，这样得到的界说只是一个外在的标志，只是一个主观的认识。

界说本身包含有概念的三个环节：普遍性或类，特殊性或类的诸特性，和个体性或被界说的对象本身。只有从这三个环节看概念的外在规定性，才能对一类事物得到一个有限的概念认识。任何界说都是一个前提，这个前提是否合乎概念或理性，对于界说的结论具有重要的意义。

界说可以得到抽象的普遍性或类，但是界说没有正确的概念认识，只能以一个知觉作为出发点，不是以概念为出发点，得出的观点将具有巨大的差异。譬如关于生命和国家等复杂的对象，从不同的知觉作为出发点，就会有不同的界说，可以对此得出多种抽象的普遍性，没有对客观对象得出必然性的认识。譬如国家可以说是统治阶级的工具；国家是调解社会矛盾，维护社会稳定的机器；国家是上层建筑，促进经济发展；国家是对付外来侵略，保卫人民的机器等等。这些分析和综合的方法都是从对象的不同方面得出的抽象普遍性，没有把对象所有普遍性有机的统一起来，形成一个全体的具体的必然的和统一的具体普遍性，必然无法对国家得出一个理念和真理性的认识。因为这些方法不是理性的方法，就无法解决对这些对象理念性的认识。科学采取分析和综合方法，譬如几何学、植物学、动物学等，只是研究一个抽象对象的定理，不去研究这个对象的整个发展过程的必然性。哲学则是研究事物的普遍性、特殊性和个体性整个关系，以及发展过程的来龙去脉，找到这类事物的终极原因以及终极结果，得出其发展的必然性。哲学上有不少人运用综合方法尝试，斯宾诺莎就是从界说开始的，譬如说实体是自因之物。所谓自因之物，就是实体发展变化的原因在自身，不在他物。如果事物的原因在他物不在自身，就必须研究他物这个原因。自因之物是以自身为中介的开始到结束的变化过程，自身的原因产生自身的一切结果，找到个体事物发展的必然性。他的界说虽然有不少思辨的真理，但是没有从根本上解决理念的认识方法问题。黑格尔是从存在开始的，因为存在包含概念或理念，而实体根本不包含概念或理念的。另外存在是无限的，实体是有限的。从存在逻辑演绎能够得到理念性的东西，从实体出发只能得到有限的本质性的认识。

概念第二环节是对普遍事物的规定性作为特殊化加以陈述，就是根据某一类事物的外在规定性对客观事物进行分类，为研究不同类型的事物打下基础。普遍性都是比较抽象的，不对普遍事物加以特殊化的分类的，便不能区别这些普遍事物具有不同的规定性，不能为研究普遍事物的具体的规定性进行下去，使概念与普遍客观事物联系起来。只有依据普遍事物的规定性区别不同类别事物，才能深入进行研究。譬如哺乳动物依据牙齿和趾爪为准则，便不难观察出不同类哺乳动物的普遍类型，为研究不同哺乳动物打下基础。

关于分类必须求其完备。又必须寻求分类所依据的原则和根据，才能达到分类完备。分类原则必须具有概括性，涵盖界说所包含的全部范围，不能有遗漏。分类的原则必须从被分类的对象本身演绎出来，而不是依据主观演绎出来。这样的分类对于自然界比较适用，对于复杂的普遍事物不适用。对于复杂的普遍事物，必须以概念为准则，而概念又包含三个环节，即普遍、特殊和个体三者统一为准则，不能以一个方面的规定为准则。以概念为准则进行分类，能够对普遍事物加以特殊化，对各个环节的内容加以理性的规定，对个体达到理念性的规定，而不仅仅是外在普遍性的规定。精神的东西则更不能用外在作为分类的准则，应以三部分为主，这是康德的功绩。

在界说具体的个体性里，当界说中的简单规定性被认作一种关系时，不是认作各个环节的关系，或者所有关系时，这对象只能是有许多差别在一种规定性的综合联系，这就是一个定理。譬如数学里的勾股定理，就是三角形的角与角之间关系的必然性。每一个具体对象作为个体性来看，它们的规定性是有差别的和不相同的，它们的不同主要体现在外在的不同规定性，它们之间要想同一，必须经过一种中介，即定理才能达到同一性。而概念的统一则是普遍具体各个环节内容的统一，不是一种规定性的同一。要提供材料的一种规定性来构成中介环节，不是依靠概念包含一切环节的内容来构成中介环节。这种由出来构成的中介形成的认识达到的那种联系的必然性，只能证明一种规定的必然性。

　　无论综合方法还是分析方法，都是以抽象的命题构成证明的前提和材料，都是基于外在的前提开始的。因此这些方法的前提开始就具有有限性，不能进展到无限性。综合方法是根据人类已经得到的外在规定性的定理作为前提，来研究事物之间的关系，直观就是把事物用外在的联系来分析它们之间的同一性，不是把它们看作是有机的统一体来看的。运用两种方法对事物进行分析和综合，为研究个体事物各个环节的统一体做基础性的工作。分析方法注重研究个体事物的差别性，形成一般的抽象概念形式，即一种抽象的概念规定性，而综合方法注重研究同一性，把这些抽象的规定性统一起来，形成界说作为前提。

　　这些方法在科学的范围内无论如何重要，如何有辉煌的成效，产生多少定理和定律，但对于哲学认识却没有多大用处。因为哲学是研究主观与客观世界的无限性的，用分析和综合的方法，必须有具体的材料才能进行分析和综合研究，因此分析和综合的方法只能研究表象的或者感性的东西。分析和综合的方法，它们研究事物的前提是有限的，界说的事物结论必然有限的。它们的认识方法是抽象的理智的方式，即把整体有机统一体的各个部分分割为各个独立的规定性，只是形式的同一性，没有深入普遍事物内在的整体有机统一体进行研究。斯宾诺莎用几何方法来表达思辨的概念，但这个方法的形式主义却很明显，缺乏丰富的客观性内容。因为数学方法就是理智的方法，就是用数量关系，用感性直观的抽象规定，来解决主观与客观以及事物之间的同一性问题。生物学以及社会科学等，其复杂程度是数学方法无法解决的。用不可言说的无形的思辨方式，才能解决宇宙无限统一的问题。康德用一种形式主义的表格方式，即主要依据事物的外在特性，对事物加以分类。康德想用这些方法，把客观世界划分为各种类型，目的是想用理念和概念把客观世界统一起来。康德这样无疑隐约地提示了关于理念、概念与客观性的统一的问题，以及理念是具体的等想法。但是康德依据事物外在特性划分类别的方法，只是表达客观世界直观的感性的具体性，不能表达出理性和理念的具体性。

综合方法只有在几何学才能使用，因为几何图形是感性的和抽象的空间的直观，不像生命体那样具有那么复杂的关系，无法用感性的和抽象的关系来表述。理智原则在遇到不能用量来衡量的时候，它们便打断了推演的进程的逻辑顺序，随其所需接受一些外在条件，甚至不惜违反它们所出发的前提的规定性，另外采取意见、表象、知觉或别的外在东西作为出发点。这种有限的认识自己意识不到它的方法的有限和内容与对象关系的有限，不知道必须接受概念的指导，才能进行分类界说，不知道进展到什么地方是它的限度，更不知道超过它的限度，原来的知性规定已不复有效。

必然性有外在和内在的。有限的认识在证明过程中所带来的必然性，最初也只是外在的，就是为了主观的认识在某一抽象的方面而规定出来的必然性，不是客观事物本身的必然性。个体事物的必然性是多方面的，有内有外的，还有内外统一的必然性，必然性的范围大小也不同。鸡蛋经过加温变为小鸡的过程，就是从外在温度的发展变化来揭示鸡蛋变为小鸡的必然性。内在鸡蛋作为生命体如何变为小鸡的变化过程的必然性，并没有揭示出来。真正的内在的必然性里，认识本身就是要摆脱它的外在的前提和出发点，摆脱给予外在的现成的内容。真正的必然性必须是自己与自己联系着的概念，即自己内在的本性的各个环节互相联系。譬如鸡蛋作为生命体，自己如何通过鸡蛋的自身细胞演变，由鸡蛋的生命体的各个环节，如何变化为小鸡生命体的构造。这样主观的理念与客观理念统一起来，便从自在地规定达到了自在自为地规定，即揭示了个体事物发展变化的内在必然性，而并非主观给予的外在变化的必然性。揭示客观事物的自在自为的规定，必须有主体理性的思维参与客观事物的内在变化之中，才能发现其内在的必然性。如果只从外在观察个体事物的变化，不可能发现真正的必然性。譬如科学家居里夫人研究发现了放射性元素镭，就是通过科学实验发现沥青铀矿的放射性比纯粹的氧化铀强四倍，她依据理性的判断，认为铀矿石除了铀元素之外，还含有一种放射性更强的元素。最后经过科学实验的反复提炼，得到了放射性更强的镭元素。要想得到客观事物内在的必然性，仅仅依靠外在的观察远远不够，必须依据理性的判断，加上理性实践，改变客观事物内在的变化过程，才能验证主体的理性推论。通过主体的作用，主观理念进展到客观理念，于是便从认识理念过渡到意志的理念。

理念不是面对客观性自动得到的，必须有人的主观意志去思辨，挖掘客观事物中存在着的理念东西，才能不断地实现主观性与客观性统一，才能真正得到理念的东西。所谓人的主观意志就是人要发挥自己的主观能动性，根据客观性创立一些思辨的方法，去寻找客观理念的内在联系，而不是被动地反映世界的客观性。就像居里夫人发现镭元素，就是运用理性的思辨思维得到的。如果没有主观能动性的理性思维，永远不可能发现客观理念内在的辩证联系。理智的方法就是自在地被动地直观地反映客观世界的表象性。哲学的历史就是哲学家运用主观理念的思维方法，不断去发现世界的客观性的历史。黑格尔就是充分发挥人的思维的主观能动性，即主观上思辨的方法，积极主动地创立了辩证法的主观概念，为发现客观理念和绝对理念奠定了基础。于是由自在地认识客观理念的方式，便过渡到通过意志自为自由地认识客观理念的方式。

认识作用是为了通过一个认识过程，证明出发点和结论是有必然性，但是出发点却是偶然的内容，到了它运动结束时，才知道这内容是有必然性的。因为面对客观事物时，一切都是未知的，只能以一个偶然内容作为出发点，而且这种必然性是通过主观活动的中介才达到的，即主观理性参与其中，研究偶然内容的内在联系，得到内容的必然性。最初主观性面对客观偶然内容是异常抽象的，只是一张白纸。在认识和证明的过程中，主观性依靠思辨思维，不断发现偶然内容中的内在联系，依据客观性得到一个能够决定偶然内容的主导原则，即必然性的原则。这就是由认识的理念过渡到意志的理念，由单纯认识活动转变为以理念为指导原则，主观理性思维主导认识活动，而不是认识活动由有限前提指导认识活动。这个过渡的意义在于表明，真正的普遍性必须理解为主观性、为自身主观性的运动、能动的和自己建立规定的概念，而绝对不是依赖外在事物建立概念。如果不经过人的主观能动性即意志去挖掘客观性，根本得不到任何真正概念性的东西。因此意志理念在理念的建立过程中，具有重要的地位。譬如科学家进行各种科学实验，面对各种偶然的内容就是在认识理念的指导下，构想各种主观理念的东西，依靠人的主观能动性去尝试各种科学实验，以求得客观科学实验活动能够验证主观理念的正确性。哲学家更要依据主观性和理性，能动地发现客观偶然的内容中的必然性和普遍性的东西，建立客观世界的概念规定。离开主观性和理性思辨思维，任何概念和理念也无法建立起来。

理念的认识活动是面对客观世界的一切东西，理念的意志活动是依据主观理性的自身运动，去规定客观世界的自身概念。宁静致远，人就是依靠主观理性思辨，在认识理念的基础上，按照一定的理性遐想，即充分发挥人的主观想象力和穿透力，主观能动地认识客观世界的无限性。老子能够把世界万事万物想象为"道"，黑格尔能够把认识理念最后思辨为主观性与客观性绝对统一的绝对理念世界。孔子所说的学而不思则罔，思而不学则殆，也是比较恰当地表述了"玄思"含义。

三、意志——主观能动认识客观性

什么是意志？作为主体依据主观的理念，能够决定当前世界的东西，使其符合自己的目的。人们在认识客观世界后，就要让客观世界为人们服务，即改造客观世界。主体面对客观世界，能够运用理念的内容，对客观进行独立自决的能力，能够使主观与客观达到自身一致的内容，消除割裂的、对立的内容。依靠有限的东西是无法达到主观理念自身内容的一致的。意志就是人面对假定在先的客体，确信能够对它们改造。其实客体已经包含主观理念的内容，只是没有认识而已。同时在决定当前世界的时候，不受客观有限事物的限制，又要符合客体的独立性为前提，主观不能违反客体的客观性。确信主观理念具有主观独立性，能够以客体的独立性为前提，不是把客体设定为主观性的东西。

意志活动的目的是无限的，活动开始又是有限的，这是一种矛盾。客观世界也是自相矛盾的，客观世界的诸规定既有有限性，又有无限性。同样那善的目的既是实现了的，也有还没有实现的。在当前的东西，既是主要的，又同样是非主要的；既是现实的，又仅是可能的。这种矛盾的表象为善的无限递进。如何消除这种矛盾，意志活动扬弃目的的主观性，也同时扬弃与主观联系的客观片面性，并扬弃使两者成为有限的那种对立，从根本上扬弃了一般的主观的有限性和片面性。因为如果只是扬弃当前的主观有限性，面对新的客观时，又要出现新的主观有限性，就会陷入坏的无限。这种主观回归到自身（理念），同时就是理念内容对自身的回忆，这内容就是善（目的）与主客观两方面自在的同一性。意志是在理念目的的指导下，才能真正解决主观与客观有限性的矛盾。无论是科学家还是哲学家，都是依靠理念的意志活动，不断探索客观的奥秘和主观自身的奥秘，才能不断创立新的内容丰富的理念和发现客观真理。

理智思维与理性思维的区别。理智的工作仅在于认识世界是如此，即认识自在的自然存在的世界。反之，意志却要努力使得这世界成为应该如此，不是面对客观世界无所作为，而是依据世界的客观性去改造世界。当前世界给予的东西对于意志来说，就是只能当作一个假象，当作一个虚妄的东西，不像理智那样欣然接受。康德和费希特的抽象道德哲学认为，善是应该得到实现的，意志只是自身实现的善。但是他们理智地认为意志的东西都是表象的世界，因此意志是有限的，这样就降低了意志在善的实现中的作用，意志本身的目的并没有得到实现。意志活动本身既是有限的，又是无限性的，它本身的过程即是通过意志的活动，将有限性和有限性包含的矛盾予以扬弃的过程。要得到这种矛盾的和解，即在于在它的结果里回归到认识假定的前提里，即假定的前提就是理论的理念，而意志活动的过程就是实践理念，人在主观理念的指导下，通过实践理念活动，使理论理念和实践理念得到统一。意志的目的具有无限性，而理智认为世界为现实的概念，有限的认识，不是理念的东西，无限的东西。理性认识认为世界的本质就是自在自为的概念，世界本身就是理念。一切虚幻不实、倏忽即逝的表象东西，这些不能构成世界的真实本质。世界目的的最后完成要有一个过程，只要人们按照自己的认识理念和实践的理念去创造，世界的最后目的一定能够完成，因为理念的东西有自身的发展轨迹，是不以人的意志为转移的，也不是客观世界的假象呈现的那样。宗教意识认为这世界受神意的主宰，因此它的是如此与它的应如此是相符合的。因为神意主宰世界，神意能够把世界的是如此与应如此达到统一。如果没有神意主宰或者理论理念和实践理念主宰，世界是如此和应如此不会相符合的。

譬如今天无论是创造智能机器人还是量子通讯卫星，其客体都是在人的科学理论理念指导下建立的。只有在这样的客观存在中进行科学实验，才能创造出来伟大的发明。今天人类面对的客体都是人类自身根据理论理念创造出来的，理论理念与实践理念是紧密地联系在一起的。只有这样才能达到理论理念和实践理念的统一，这就是理性认识世界的正确态度。那虚幻不实的、倏忽即逝的客观存在东西，根本不可能认识世界的理念。主观理念面对这些虚幻的客观存在，必然被它们所迷惑。因此，意志必须紧紧抓住世界自在自为概念的东西，一切不能满足这些意志追求的客观存在的东西都会被理论理念和实践理念活动所扬弃。年轻人认为这世界坏透了，年轻人没有看到世界具有美好的一面，即具有理念的一面。成年人则认为这世界就是如此的，有不好的一面，也有美好的一面。人们不能认为世界不能完全按照人的意愿运动就坏透了。人要尽自己最大的意志努力，就能得到美好的结果，就是无比美好的世界。世界的好与坏，要完全依靠自己的主观理念的意志努力，不是坐等世界自己变得美好。要积极地看待人生，世界美好与否，完全在个人的意志努力，不在于世界本身如何。儒家提出的内圣外王思想，就是强调人的主观意志的伟大作用，人的意志能够改变客观自然和改变人类社会。《易经》提出自强不息的思想，也是强调人的意志的作用。世界再美好，没有属于你自己的一份天地，也是没有价值的。世界再黑暗，如果你有能力改变世界，让世界变得光明灿烂无比，一样也是美好的。美好不是表面上的东西，有时候是内在的，内心体验很重要。我们国家的科学家，物质生活并不富裕，但是他们为国家和民族创造了伟大的科学成果，为祖国赢得了荣誉，他们的精神生活很富裕，一样幸福快乐无比。理念告诉人们，世界表面上的现象不能说明好与坏，只有自己内心的感受才是决定你自己好与坏的关键的本质的东西。善本的目的就是让人们不断地创造其自身美好的东西。精神世界与自然世界之间仍然存在着这样的差别，自然的存在有许多不尽人意的地方，即后者经过人的意志的努力，不断地回归到自身理念的东西，与精神世界才能统一起来，而精神无疑地向前进展，也才能要让后者与前者真正地统一起来，追求美好的世界，这就是理念或善的目的。

绝对理念。善的真理就是设定为理论的和实践的理念的统一，就是人的认识理念与实践理念活动得到了真正的统一，由片面到全面，由可能到现实，由主观到客观，由有限到无限，就是自在自为善的目的达到了。客观世界也通过人的意志活动达到自在自为的存在，就是理念的东西，不是自然存在着的东西。如果理论理念与实践理念存在矛盾，就是理论理念在客观世界中没有实现，不是理论理念自身有缺陷，就是理论理念与客观世界没有达到统一，达到自在自为的状态。现代人类社会创造各个各样美好的东西，就是主观理念在客观世界中的实现，即通过善的目的去促使客观世界实现自己的客观理念。由于认识的有限性、抽象性和区别性，单纯依靠认识，无法使主观理念和客观理念实现统一。只有主观理念通过意志活动，不断发现客观世界的本质和理念性的东西，使主观理念回归其自身，通过概念活动和实践理念活动，与理念自身达到真正同一像生命体一样，使主观理念与客观理念达到绝对的不可分割的统一，就是思辨的理念或绝对理念。

第四节　绝对理念——彻底自由和最高阶段的理念

一、什么是绝对理念

理念是主观的和客观的理念的统一，就是主观理念认识与客观实际存在的统一，就是我们对任何客观存在都能达到理念认识，给予理念的界说。而不是杂一存在和本质阶段，对客观的东西只能给予外在的或内在的界说，在概念阶段对理念只能给予主观的界说。主观与客观的统一就是理念。理念是以自身作为对象，理念体现了客体的全部。理念不是以主观或客观为对象，也不是以部分为对象，而是以客体的一切规定汇集一起为对象。这种主观与客观的统一乃是绝对和全部的统一，没有任何相对的差别和对立的统一，这就是真理。以自身为对象，自己思维着自身的理念，不是思维主观或客观一部分作为对象。这是思维着的逻辑理念，即以逻辑的方式存在着。

绝对理念首先是理论理念和实践理念的统一，理论理念完全融合到实践理念之中，认识理念还处于分离和差别的形态下，因为认识理念是从主观与客观部分结合开始的，必然存在分离和差别的形态。认识过程的目的，即在于克服这种分离和差别，恢复其统一。这统一在它的直接性里，最初表现为生命的理念。绝对理念同时也是生命理念和认识理念的统一。生命理念是个体的整体的，认识理念是特殊的部分的，二者的统一是全体的和具体普遍的。生命的缺陷即在于只是自在存在着的理念，体现个体性，缺乏普遍性，缺乏人的理性思维的抽象和概括，缺乏人的理念性的意志活动。认识过程的目的最后达到了自为存在着的理念，即主观与客观统一的理念。生命理念与认识理念的统一，就是自在自为存在着的理念，因而就是绝对理念。在这以前，我们所有的理念，都是经历不同的阶段，是发展中的对象理念，即相对理念，不是绝对理念。在生命理念阶段是以个体理念为对象，在认识阶段理念是以多样性的理念发展变化过程为对象，到了绝对理念阶段，理念是以自己本身为对象，理念自身是无限的。理念自身就是以纯思或无限思想为对象，就是思维不是以具体事物为对象，而是以理念自身的无限性为对象。亚里士多德称为最高形式的理念了。

绝对理念由于在自身内没有过渡，也没有前提。这句话的意思是绝对理念由于自身已经包含世界的一切规定，已经形成一个循环封闭的统一体，每一环节都已经过渡完毕，已经形成一个流通的和透明的规定性，一切都是自由流畅的。所谓有过渡是前一个范畴与后一个范畴有差别和对立，需要中介的内容才能消除二者的差别和对立，才能使前一个范畴过渡到后一个范畴。譬如数学的不等式的两边，要想一边过渡到另一边，必须以数量相等为中介，才能过渡。如果数量不相等则无法过渡。绝对理念各个概念之间已经互相包含一切东西，依靠自身规定的内容自由进展，形成一个流通的和自由畅通的规定性，互相转换不需要通过中介来过渡。前提是指有开始有结束，前提是有限的，才有开始和结束。如果自身是无限的，就没有开始和结束。无限的东西是无穷无尽的，绝对理念自身包含的东西是无限的，哪一个环节也不能认作前提或开始，也没有结束。绝对理念自身已经形成一个封闭的循环系统，没有起点和终点。在绝对理念里，不能单独去说明或者证明一个原理，也不需要设置一个前提去证明，而是要从绝对理念整个体系去解释或证明，用概念的纯形式去说明或证明，不存在解决不了的矛盾和对立。在绝对理念阶段，根本不能用前一个范畴或概念去说明或证明后一个范畴或概念。也不会像前面那样，范畴或概念在进展的过程中，出现矛盾和对立无法解决，或者进展出现坏的无限。在绝对理念里，任何范畴或概念之间都能用绝对理念的内容解释和证明，它们之间的进展都是流通和畅通无阻的。

因此，绝对理念本身就是概念的纯形式，不包含非概念性的内容。就像纯金一样，不是在存在阶段，概念的范畴还包含很多不是概念性的内容。譬如在存在阶段，概念还不是纯形式的，概念还包含外在的东西。譬如质的同一性就是事物外在同一性的表现，本质的同一性和差别性只是事物内在的反映，根本无法体现绝对理念的全部的规定和内容。当然绝对理念也离不开外在的规定性。就像一个高明的中医，从病人的外在脸色、舌苔、脉搏等表现，就能够判断病人的病症所在。如果这个中医不懂得整个中医理论和实践，不可能判断的那么准确。这个中医是在彻底研究明白中医理论，又在中医理论的指导下，大量地给无数病人诊治的过程中，得到了大量的就医经验，才能从外在一眼看出病人的病症所在，并且能够对症下药，药到病除。

概念的纯形式包含它的直观内容，作为它自己本身。这个意思就是说概念的纯形式包含直观内容，体现在事物的外在性上，这个纯形式的概念才有应用价值。如果纯形式的概念没有直观内容，无法与客观世界联系起来，因为客观世界都是以外在的形式存在的。纯形式概念的直观内容，体现了绝对理念本身的内容。就像刚才所说的，一个高明的老中医，他能够从病人外在各个方面的病症，判断病人整个病情。绝对理念或纯形式的概念一定要与直观的东西联系起来。绝对理念自身就是一个完整的内容，在客观世界里就像生命体一样不能分割开来。人们在观念上可以区别起来使用，不是每一次遇到什么对象，都要用绝对理念所有内容，只要部分内容可以解决。

绝对理念从两个方面看，一个就是自我同一性，这种自我同一性中包含有形式的全体，就是由一个个逻辑范畴或概念构成的全体。另一方面看绝对理念形式诸规定所包含的内容也是一个体系，这个内容就是逻辑体系，这些内容就是解决理念各环节矛盾进展的特定理念内容。理念的每一个范畴或概念的进展，都要用理念诸规定的内容来解决，缺少一个内容或方法，就无法解决理念各环节的矛盾进展。在这里理念作为形式的方式存在，它的内容就是为了解决世界一切差别和矛盾的方法。譬如必然性与偶然性的关系，用本质与现象的内容来解决这对矛盾，事物发展的必然性是从本质内在去看的，偶然性是从事物发展的外在性去看的。理解每一对范畴，以及它们的过渡，都要从绝对理念的高度，用其他范畴的内容去解释，才能得到真正的理解。在存在阶段或者本质阶段，有许多范畴只能作出有限的解释和理解，只有到了绝对理念阶段，其本身的内容与形式是完全绝对的统一，才能作出无限的解释和理解。

如何理解绝对理念的内容。不要以为认识绝对理念的形式，就以为我们总算得到全部真理了，对绝对理念信口说一些很高很远毫无内容的空话。理念的真正内容不是别的，就是前此曾经研究过的整个体系，把以前整个体系的内容形成一个有机的统一体，达到融会贯通的理解和运用，才可以说对绝对理念自身的内容和形式有认识。绝对理念是具体的普遍的，是包含特殊内容的普遍，而不是与特殊内容相对立的抽象形式，是绝对的形式，一切规定和全部充实内容都要回复到这个绝对形式中。不是对某一类特殊内容的普遍形式。在这方面绝对理念可以比做老人，老人讲的那些宗教真理，虽然小孩也会讲，可是对于老人来说，这些宗教真理，包含着他全部生活意义内容的丰富理解和领悟，包括对整个人生和世界的理解和领悟，真正达到宗教真理的内容。而小孩没有老人丰富的生活经历，所以小孩讲的宗教真理没有什么丰富的生活内容，只是对教义的背诵复述和抽象的说教，只是主观的、抽象的和干巴巴的东西。同样人的整个生活与构成他的生活内容的个别事迹，就像绝对理念与个别概念一样。人的一个工作目的达到了，好像没有什么意义。但是这个目的与自己人生的整个目的联系在一起的，就有巨大的价值和意义。无论什么伟人要成就一番大业，必须是千里之行，始于足下。绝对理念的内容就是我们迄今所有的全部生活经历的精华，那最后达到的见解，构成理念的内容和意义，乃是整个展开的过程的结果，是对人生的大彻大悟。哲学的识见在于，任何事物孤立起来看，变显得狭隘而有局限，其所取得的意义与价值即由于它是从属于全体的，并且是理念的一个有机环节。我们要明白一切哲学范畴或概念的内容，都是理念的活生生的发展，形成一个活生生的有机体系，不是范畴和概念自身的内容。而这种单纯的回顾也包括理念的形式之内，因为理念的内容离不开形式。我们前此所考察过的每一个阶段，都是对于绝对的一种写照，不过最初仅是在有限方式下的写照。只有从理念的全体去看每一个阶段的写照，才具有无限的意义。这种从每一阶段向前进展，以求达到全体的过程，我们就称之为方法。

中国有句古话，说一个人只见树木不见森林，意思是说只看见一棵树木的存在，没有看见树木与森林的关系，以及涉及森林所有理念的认识。无论植物和动物都是有一个生态平衡的体系，如果只研究一颗树木本身，没有看到植物本身以及整个生态平衡的问题，就不会对树木达到理念的认识。

二、思辨方法的各个环节

理念思辨方法开始的环节是存在或直接性。理念开始接触的就是客观存在的东西，只能从存在或直接性开始思辨。古代人缺乏思辨思维，就没有存在的概念，只有从具体事物的直接性。作为开始的存在，最初只是抽象的肯定，没有具体的内容，其实是对概念的否定，只是一种没有具体内容的间接性规定。但是这种思辨是理念的自我规定，不仅仅是外在性的规定，而是通过外在的直接性去看理念的内容。因此这种自我规定，是存在作为概念的绝对的否定性或运动，而不是从存在的外在性否定特定存在，是从理念的绝对性去否定存在的有限规定，不是一般的相对否定。对存在要进行理念性的判断，因为这种存在还没有设定为真正的概念，只是自在的特定概念，没有经过理性思维规定的概念，得到的普遍性也是特定概念的普遍性，不具有理念的普遍性。

如果理念的方法从直接的存在开始，就是从直观和知觉开始。一切认识都从直接存在开始的，这是符合认识规律。要从直接开始，就必须运用有限认识的分析方法作为出发点，运用理性的思辨分析直接存在的东西。譬如围棋高手下围棋，每走一步棋都是直接的，都要根据对手的每一步棋进行有限的分析研究，最后结合自己的围棋理念思辨思维为指导，才能战胜对手。如果单纯依靠有限认识与对手对弈，后来没有围棋理念思辨思维作指导，就根本没有能力与高手对弈。如果从普遍性开始，即是以概念为前提对存在进行综合研究规定，得出普遍性的认识。但是逻辑的理念从概念存在的形式整体上看是普遍的，不是个体的和特殊的，从客观的整体上看又是存在着的，不是特定的存在。逻辑理念既是以概念为前提，不是以存在的定在或者本质的什么范畴为前提，这样就能够对存在或直接性进行综合研究，这就是综合的方法，研究对象又是实际存在的直接性，这就是分析的方法。在哲学的开始阶段，因为涉及到普遍的概念作为前提，离不开综合的方法，又涉及直接的东西，离不开分析的方法。因此哲学方法既是分析的又是综合的，不能截然分开。但是哲学不仅仅单纯使用这两个有限认识方法，而只是在某一个节点上需要，哲学还是要扬弃这两个有限的认识方法，主要还是依靠理性的思辨方法，才能真正认识理念的内容。哲学思维只是在对象、理念处于静观或运动和发展的部分阶段使用这两个方法。这种分析方式下的哲学思考完全是被动的，不会形成普遍的理念内容。概念本身的运动也是综合的，但是综合的方法也要结合理性的思辨内容，才能对理念形成真正的认识。

进展就是将理念的内容发挥成判断，即把复杂的理念内容与直接的普遍性联系起来，形成对直接的普遍性的判断。因为开始是存在的直接性，那么进展也是与直接性联系的，理念本身是具体普遍的，联系存在的直接性就是直接的普遍。理念在开始阶段一切都是萌芽状态的，必须经过充分发展，各个方面的内容才能充分展示出来，人们才能够清楚认识到各个方面的内容。因此理念的内容必须从存在进展为特定的环节和具体的环节。在理念进展过程中，将理念的各个环节的内容予以判断，确定理念各个环节的内容。这样概念自己本身就把自己的直接性和普遍性降低为一个环节，是理念客观具体化，是对开始理念抽象肯定的否定，对最初者的内容予以规定。这样理念在具体一个环节上便有了相关者，与相异的方面有了联系，这样就进入反思阶段。

这种进展同样既是分析的，分析理念在进展过程中各个环节的内容，通过内在辩证法发挥出那已经包含在直接的概念内的东西。就像植物的根茎枝叶，前一环节都包含后一环节的东西，进展只是展示出来概念自身包含的东西而已。同时这种进展过程又是综合的，因为在这一直接概念的进展过程中，这些差别尚未明白发挥出来，在进展的过程中需要对概念各个环节的差别予以统一，形成概念的普遍统一性，就需要综合的方法。

在理念进展里，"开始"表明自身还是自在的东西，即自然存在的东西，与理念联系不密切，包含理念的内容很少。譬如围棋高手开始下围棋，看不出多少理念性的思维，只有到后来围棋下到显示全局时，才能显示比较完整的理念内容。从开始本身的本性来看，开始是存在的或直接性的。从理念进展过程来看，"开始"则是被设定的东西，是理念内容的中介性的东西，开始就不是存在着的东西，也不是直接性的东西了。这个"开始"是理念逻辑演绎的开始，而不是存在的空无的开始。对于直接意识来说，自然才是开始的、直接的东西。对于概念来说，自然不是开始的，存在才是开始的。而精神又是以自然为中介的东西，精神只有通过自然的中介，才能证明自身的力量和价值，即精神变物质。精神与自然就像灵魂与肉体的关系一样，精神离开自然就成为空无的东西。中华民族精神就是从中华民族的存在社会中产生出来的，西方的民主精神则是依据西方社会的自然存在产生出来的。精神离开自然就成为无源之水，无本之木。但是自然或社会表面上杂乱无章，只有精神把自然设定起来，精神以它为前提，才能演绎出绝对精神。

在理念进展的抽象形式中，运用三大部分的哲学范畴或概念的内容，对理念进行分析或综合。在"存在"范围内，是一个对方过渡另一个对方，相互之间还是对立的隔绝的，缺乏内在联系；在"本质"范围内，它是映现在对立面内的，是一个形式的两个方面，互相包含具有同一性；在概念范围内，它是与个体性相区别的普遍性，这个普遍性与个体性比较是抽象的，普遍性与个体性结合，力求内容的具体性，但是继续保持其普遍性以区别个体事物，因为个体性只能部分反映概念的普遍性。在进展的过程中，普遍性不仅要从个体性中得到具体的普遍性，也让个体事物得到具体普遍性的内容，这样普遍性与个体事物就具有同一性。普遍性就不是抽象的了，个体事物也不是与普遍性没有联系的了。理念的普遍性能够进入任何个体事物之中，对个体事物进行分析和综合，运用思辨思维看待一切事物。

在第二范围（本质里）里，那最初自在存在着的概念，达到了映现，使外在联系的事物（某物与他物）统一于实体（个体）事物之内，从一体的内在映现看待一切，那样就可以把一切特定的存在联系为一体来看，不再是一方过渡到另一方的对立隔绝状态，实体（个体）包含概念的普遍性，而自在存在根本不包含概念的普遍性。所以在本质里已经是潜在的理念。理念的目的就要把世界作为一个实体或整体完全联系起来，成为一体的东西。理念这一范围的发展，即由个体到特殊和普遍，把世界各个个体事物连接为一体的东西，又回归到第一范围世界统一性的存在。唯有通过这种双重的运动，区别才取得它应有的地位。在存在里，没有本质的区别，世界都是浑然一体的，只有在本质里，才把事物或者世界区别开来，形成各个环节，各个环节每一环节又包含全体，由区别的双方的每一方就它自己本身来看，都完成它自己到达了全体。因为双方以及各个环节都到达了全体，都扬弃了片面性，那么一方在全体中就实现其自身与对方的统一。

目的能够解除矛盾的无限递进。在第二范围里，有差别的双方的关系发展到它原来那个样子，即发展到矛盾自己本身，虽然有同一性，只是暂时的同一性，随着事物的发展变化，新的矛盾又出现了，矛盾没有真正彻底解决。譬如夫妻俩一辈子吵吵闹闹，一个矛盾或问题解决了，又会产生新的矛盾。因为双方始终处于对立的实质状态，即各自都是自私的，都不肯为对方多付出，都想少付出得到多的回报，就是矛盾的根源。如果自身不从根本上改变自己的自私德行，矛盾就会永远存在。在第二范围里，思维只研究矛盾双方的无限进展，一个矛盾解决了，随着事物的发展，又出现新的矛盾，矛盾没有得到彻底和真正的解决。只有在概念的目的里，矛盾才能得到真正的解决。目的在矛盾进展的过程中，是站在概念的高度，即统一体的高度去看矛盾，而不是从对立双方看矛盾。目的对最初的起点是否定的，否定起点的对立性为主，因为起点只是直接的普遍性，缺乏概念具体的普遍性。因此目的对开始的否定同一性为辅的关系。譬如化学性都是研究双方的对立性的，从对立性到统一性再到对立性的循环过程。用这个观点看待夫妻关系，就是夫妻双方都看对方缺点毛病，不看自身缺点和毛病，夫妻双方就要永远对立下去矛盾下去。只有对自身进行否定，克服自身的矛盾，一切矛盾都解决了。只有在目的阶段，才能站在全体的高度思考矛盾，脱离站在自己一方的角度看矛盾，即脱离直接性。目的只有对自身一方的否定，才能进展到概念的统一体之中。在这个统一体里，开始的起点和目的最初作为观念性的，作为一个环节在进展的过程中直接性（人的自私性）被扬弃了，作为一个环节而保存住了在统一体的和谐关系，两者有机地结合起来，成为不可分割的统一体，每一方和各个方面达到了和谐统一的关系。譬如在动物界，如果只看两种动物，食肉动物与食草动物之间的关系，就是矛盾的关系，老虎只有吃了牛羊，才能生存；牛羊只有逃脱被老虎吃掉，才能生存。但是如果从生态平衡统一体看，它们之间具有同一性与和谐性。如果老虎和狼等食肉动物都不存在，食草动物就会繁殖泛滥，食草动物就会把草原的草全部吃光变成沙漠，食草动物就会被饿死。只有食肉动物存在，吃掉一部分食草动物，使食草动物保持一定的数量，这样才能保证食草动物不会把草吃光。这样食草动物与食肉动物保持一定比例，它们才能生存。

概念以它自身的自在存在为中介，在概念的进展过程中，它自身的差异和矛盾不断地扬弃，才能保持自身的各个环节的统一性或和谐性，最后才能达到它自己与它自己本身和谐的结合，这就是实现了的概念。概念包括它的目的所设置的不同的规定，即前面一切规定的逻辑整个体系，在它自己的自为存在里，形成一个完整的统一体，这就是理念。概念因为以自在存在为中介，它的理性差一些。而理念是以自为存在为中介，理性比较强。概念依据的是普遍体的东西，理念依据的是逻辑性的东西。作为绝对的最初理念来说，目的的达到好像只是消除误认开始是直接的东西，理念似乎是最后的成果，是一种假象。其实开始最初也包含有最后的成果，只是开始我们没有认识到而已。开始和结果都是一个东西，不是截然分开的两种东西，即开始的存在是潜在的理念，最后的绝对理念只是开始存在的展示。前提没有的东西，结果不可能出现。这就达到了"理念是唯一全体"的认识了，即理念包含有存在的全体与思维的全体。

哲学方法不是研究外在的形式，而是内容的灵魂和概念。哲学方法只有内容才能够推动理念进展下去，只依靠形式或方法，离开内容的灵魂和概念，任何理念进展都将停止不前。形式逻辑是研究外在的形式，与研究对象的内容没有丝毫关系，没有内在的同一性，只有外在形式的同一性。方法与内容的区别，只在于概念的各环节的不同出现了区别，即在概念这个环节是内容，在那个环节就是方法。譬如对立统一在本质阶段是内容，在概念阶段就是方法，运用对立统一的方法去分析和解决个体与普遍的关系问题，就是方法了。如果方法与内容分离，没有同一性，那么这个方法不能得到真正实质性的内容，只能是表面上的虚假的内容。从概念的全体来看，哲学的方法与内容是不可分离的，是合二而一的，哲学概念本身就既是内容，又是方法。方法与内容构成了概念的全体。

概念的这种规定性或内容自身和形式，成为统一的完整体系，就要返回到理念，理念便被表述为系统的全体，这系统的全体就是唯一的理念。概念只是一个主观认识的统一体，不是系统的全体，即包含主观与客观，理论理念与实践理念的系统的全体。理念的各个特殊环节中的每一环节既自在地是同一理念，又通过概念的辩证法，不断否定自在的理念，才能推演出理念的简单的自为存在。理念在自身各个特殊的环节自在自为地存在着，就能够与主观与客观、思维与存在每一环节有机地联系起来，融会贯通，自由畅通。在这种方式下，逻辑科学便能够真正把握住它自身的概念，没有任何矛盾的阻碍，理念就达到了自由的境界，作为理念之所以为理念的纯理念的概念就告结束了。

绝对自由的理念具有自己决定自己的自由。在自为理念阶段，理念是在依据存在基础上产生的理念，按照它同它自己的统一性来看，就是直观的，而直观的理念就是自然的。直观的需要通过外在的存在进行反思，具有直接性和否定性，理念这时候自然就有片面性。绝对自由的理念，不仅仅包含有生命，也不仅仅作为有限认识映现在生命自身内，而是要脱离自然存在的束缚，作为具有绝对真理性的自身，它能够自己决定它的特殊性环节，即自己依据绝对真理性的内容，创造自然生命没有的一切特殊性环节，作为直接性的理念，自由地外化为自然。譬如现代科学创造的量子计算机等科研产品，都是科学家依据科学理念创造出来的，在客观世界的自然存在中根本不存在的。譬如一叶一世界，从绝对理念来看，一叶包含着绝对真理性的东西，一叶映现了整个理念世界。理念的最初的规定和它的异在的环节，原来都不包含理念的全体，只是理念的开始。但是到了绝对理念阶段，最初的规定和它的异在，都是以直接性来映现绝对理念，这最初的规定和异在，都是绝对理念直接性的反映，是绝对理念自由地外化的自然，不是自在的自然。

我们从理念的概念开始，现在又返回到理念的概念了。这种返回到开始，就是一种进展，不是简单的返回。开始的理念是主观性的，缺乏与客观性的统一。返回的理念的概念，是与客观性达到了绝对的统一。
我们借以推演理念的开始的存在，抽象的存在，而达到了包含理念的存
在，则不是抽象的存在，而是理念的自然存在，这种存在着的理念就是
自然，理念与自然绝对的统一。

后　记

　　1982 年，我在吉林大学学习期间，一个偶然的机会听同学说哲学系的邹化政教授正在讲授黑格尔的《小逻辑》课程，我们几个同学出于好奇就去听课了。开始听了两个月的课，听得一塌糊涂，在逻辑思维上磕磕绊绊，根本跟不上老师的思路。接下来再听一段时间，思维渐渐进入了邹化政教授讲课的逻辑思维意境，开始听得津津有味，后来就是如痴如醉，对黑格尔的逻辑思维略有所得。当时在校时，我就能够运用黑格尔哲学逻辑思维，对大学的哲学教程逻辑演绎了一遍，写出了几十万字的读书笔记，对提高自己的逻辑思维能力有很大的帮助。在大学期间，我就开始对一些实际问题进行哲学的逻辑分析和推理，颇得同学们的认可。当时一个同学在毕业留言上对我的评价是：不鸣则已，一鸣惊人。在大学的时候我就对哲学非常痴迷，经常在晚自习从教室回宿舍的路上，滔滔不绝地给一个同学讲述哲学思想。

　　参加工作后，工作上无论遇到什么难题，都能自觉不自觉地运用黑格尔的逻辑思维，轻松解决各种疑难问题。譬如检察机关是国家法律监督机关，而审判机关在前些年，在刑事案件的量刑上往往存在重罪轻判的问题。检察机关如何很好地监督并予以纠正，我依据哲学思维苦思冥想，想出了一套针对法官对刑事案件自由裁量权的监督方法。一个法官每年审理刑事案件上百件，把每一个法官判决的同类刑事案件放在一起进行研究。同类的刑事案件譬如盗窃案件，分析同类案件的犯罪原因，犯罪手段，犯罪数额等犯罪情节比较接近的案件，法官对如此接近的案件，有的判处有期徒刑三年，有的判处有期徒刑七年，量刑差距如此之大，就比较出来一个法官明显存在徇私枉法判决的问题。

人们都知道黑格尔《小逻辑》特别晦涩难懂，虽然我在大学听过邹化政教授讲授过黑格尔《小逻辑》课程，但是毕业后一直没敢研究黑格尔的《小逻辑》。直到去年女儿在大学学习历史，对历史的学习和研究达不到真理性的认识。我建议她学习研究黑格尔的《小逻辑》。为了给她讲授黑格尔《小逻辑》，我不得不硬着头皮开始研究黑格尔的《小逻辑》。开始我在研究黑格尔《小逻辑》的时候，开头部分看来几遍都没有看明白。经过反复研究，一个问题重复多次研究，写出了一百多万字的读书笔记，才一点点领会了黑格尔的哲学逻辑思维。这一生如果不是为了女儿学习黑格尔哲学，我是不会去研究黑格尔哲学的。

学习和研究黑格尔《小逻辑》，我认为要想真正学明白，我的体会就是要理解黑格尔每一个哲学范畴或概念的范围和含义，以及它们之间的区别与联系，并且要用黑格尔的哲学思维内容作为方法，研究每一个范畴或概念是如何从上一个范畴和概念演绎而来的，绝对不能把哲学的各个范畴和概念割裂开来研究。这样才能把黑格尔哲学的各个范畴和概念融会贯通起来形成一个统一体，才能真正理解黑格尔绝对理念的真正含义，使自己的思维真正融入到黑格尔的逻辑思维之中。开始学习和研究黑格尔哲学的每一个哲学范畴和概念，就像一个人学习武术一样，开始是一招一式地学，苦练基本功。掌握了一招一式的基本功以后，再把每一招每一式衔接起来练习，等动作连贯练习熟了以后，就能够把一招一式衔接的天衣无缝，得心应手，进而烂熟于心，融会贯通。在实战的时候，根本不用记得什么一招一式了，才能见招拆招，能守能攻，战无不胜攻无不克。学习和研究黑格尔的哲学范畴和概念也是一样的，只有掌握每一个哲学范畴或概念的联系和区别以及演绎过程，才能把各个哲学范畴和概念融会贯通起来，形成统一体融入到自己的思维之中，才能在实际工作中针对存在的问题，自如地运用黑格尔的哲学内容和方法，解决一切难题。譬如我研究人类社会历史，从古至今有三种基本的治国统治方法：一是依靠军事官吏阶层统治国家，就是依靠暴力治国，这是最低级的动物式的统治方式。这种治国思想就是崇尚暴力，提倡暴力至上。现在世界上还有一些国家就是典型的提倡暴力治国的国家。因此，至今一些国家还是战乱不断，人民生灵涂炭，后患无穷；二是依靠贵族即有钱人统治国家。一个国家崇尚贵族治国，必然导致人们追逐财富，以经济利益为最高价值。因此，人与人之间必然为了经济利益而产生矛盾和斗争，必然形成不同的利益集团。因此国家必然党派林立，国家就没有统一的意志，就不可能有安宁和团结。西方所谓发达国家，至今还是财团主宰国家命运。因为各个财团利益不同，甚至对立，导致政治上党派争斗不断，矛盾不断；三是依靠仁人志士和文人阶层治国。依靠仁人志士治国，就是提倡人们要去追求仁义道德思想文化，追求大智慧。依靠仁人志士和文人统治国家，他们就能够代表人民的根本利益，这样国家和民族才有统一的利益和意志，即全体人民的利益高于一切，才能消除人们之间的矛盾和冲突，人民才能团结一致，才能形成民族精神和民族之魂。中华民族就是这样的民族。

有一些人问我什么是哲学？我说哲学就像庖丁解牛一样，庖丁懂得牛的骨骼脉络，就能够用一把锋利的刀轻松解开牛肉，而一点都不伤害锋利的刀刃。如果不懂得牛的骨骼脉络，在解牛的时候，虽然刀很锋利，但是常常碰到牛的骨头，再锋利的刀刃，也很快就要卷刃了。懂得哲学的人，在实际中无论遇到什么难题，都会像庖丁解牛一样，都能够轻松地找到解决问题的方法和道路。

哲学不是可有可无的。一个国家和民族,如果没有哲学思想作为指导思想,这个国家和民族就像一个无头的苍蝇一样,不知道如何使自己国家和民族团结和强大起来,不知道自己的国家和民族如何繁荣富强。中华民族五千年为什么创造了灿烂的文明,就是因为在远古时期产生了八卦哲学思想,这是中华民族产生伟大文明的根源。一个国家和民族没有仁义道德人文哲学,就不会产生民族英雄和领袖人物。中华民族五千年来因为有儒家和道家哲学人文思想,产生了无数名仁人志士和民族英雄,创造了中华民族的物质文明和精神文明,使我们中华民族的古文明延续五千年没有灭亡。

感谢编辑和出版社对出版此书的大力支持,感谢同学对出版此书的大力帮助。

原启光

2018 年 4 月